非凡的阅读
从影响每一代学人的知识名著开始

知识分子阅读，不仅是指其特有的阅读姿态和思考方式，更重要的还包括读物的选择。在众多当代出版物中，哪些读物的知识价值最具引领性，许多人都很难确切判定。

"文化伟人代表作图释书系"所选择的，正是对人类知识体系的构建有着重大影响的伟大人物的代表著作，这些著述不仅从各自不同的角度深刻影响着人类文明的发展进程，而且自面世之日起，便不断改变着我们对世界和自身的认知，不仅给了我们思考的勇气和力量，更让我们实现了对自身的一次次突破。

这些著述大都篇幅宏大，难以适应当代阅读的特有习惯。为此，对其中的一部分著述，我们在凝练编译的基础上，以插图的方式对书中的知识精要进行了必要补述，既突出了原著的伟大之处，又消除了更多人可能存在的阅读障碍。

我们相信，一切尖端的知识都能轻松理解，一切深奥的思想都可以真切领悟。

阿尔伯特·爱因斯坦
Albert Einstein

全新插图　精装版

〔美〕阿尔伯特·爱因斯坦 / 著

The Theory of Relativity

相 对 论

乌　蒙◎编译

重庆出版集团◎重庆出版社

图书在版编目（CIP）数据

相对论 /（美）阿尔伯特·爱因斯坦著；乌蒙编译. —重庆：重庆出版社，2023.8

ISBN 978-7-229-16294-8

Ⅰ.①相… Ⅱ.①阿…②乌… Ⅲ.①相对论 Ⅳ.①O412.1

中国国家版本馆CIP数据核字（2023）第045604号

相 对 论
XIANGDUILUN

[美] 阿尔伯特·爱因斯坦 著 乌蒙 编译

策 划 人：刘太亨
责任编辑：刘 喆
责任校对：何建云
封面设计：日日新
版式设计：曲 丹

重庆出版集团
重庆出版社 出 版

重庆市南岸区南滨路162号1幢 邮编：400061
重庆三达广告印务装璜有限公司印刷
重庆出版集团图书发行有限公司发行
全国新华书店经销

开本：880mm×1230mm 1/32 印张：12 字数：350千
2005年10月第1版 2023年8月第4版 2023年8月第1次印刷
ISBN 978-7-229-16294-8

定价：68.00元

如有印装质量问题，请向本集团图书发行有限公司调换：023-61520678

编译者语

> 我们全都因他受益，
> 他的教诲惠及全球，
> 那本属于私有之物，
> 早已传遍人间，
> 他正如天际的明星，
> 无尽的光芒与他永伴。
>
> ——歌 德

在世界上所有的科学杂志中，最受收藏家欢迎的单本杂志是1905年第17卷《物理学年鉴》，因为上面发表了爱因斯坦（1879—1955年）的三篇论文：对M.普朗克量子理论进行首次实验性证实的《关于光的产生和转化的一个试探性观点》（*Über einen die Erzeugung und Verwandlung des Lichtes betreffenden heuristischen Gesichtspunkt*）、考察布朗运动的《热的分子运动论所要求的静液体中悬浮粒子的运动》（*Die von der molekularkinetischen Theorie der Wärme geforderte Bewegung von in ruhenden Flüssigkeiten suspendierten Teilchen*），以及提出时空新理论的《论动体的电动力学》（*On the Electrodynamics of Moving Bodies*）。第一篇因为"光电效应定律的发现"而获得1921年诺贝尔物理学奖；第三篇建立了狭义相对论，并由此推导出了那个著名的质能方程：$E=mc^2$。

爱因斯坦，现代物理学的开创者和奠基人。生于德国乌尔姆。1900年毕业于瑞士苏黎世联邦工业大学并入瑞士籍。1905年获苏黎世大学博士学位。曾在瑞士联邦专利局工作。1909年任苏黎世大学理论物理学副教授，1911年任布拉格大学教授。1913年任德国威廉皇家物理研究所所长、柏林大学教授，并当选为普鲁士科学院院士。1932年受希特勒迫害离开德国，1933年10月定居美国，到普林斯顿大学任教，直到去世。

爱因斯坦把伽利略力学运动的相对性原理扩展开来，又把通过观测和实验得来的光速不变也提升为公理。如果两者同时成立，不同惯性系的各个坐标之间必然存在一种确定的数学关系，这就是洛伦兹变换。通过这种变换，他推导出，运动的尺子要缩短其尺度，运动的钟要变慢，任何物体的运动速度都不能超过光速。自然现象在运动学方面显示出统一性。这就是"狭义相对论"。

1916年，爱因斯坦发表了《广义相对论的基础》，这标志着广义相对论的诞生。爱因斯坦发现，现实的有物质存在的空间，不是平坦的欧几里得空间，而是弯曲的黎曼空间；空间的弯曲程度取决于物质的质量及其分布状况，空间曲率体现为引力场的强度。这就否定了牛顿的绝对时空观。广义相对论实质上是一种引力理论，它把几何学与物理学统一起来，用空间结构的几何性质来表述引力场。爱因斯坦提供了三个可供实验验证的推论。第一是水星近日点的进动，这在当时就得到完满解决。第二，在强引力场中，时钟要走得慢些，因此从巨大质量的星体表面射到地球上的光的谱线，必定显得要向光谱的红端移动。这在1925年得到观测验证。第三，光线在引力场中的偏转。这在第一次世界大战结束后通过对日全食的观测得到了验证。正因如此，广义相对论顷刻间闻名于世。

"对不起，牛顿。"爱因斯坦幽默地说。1687年，牛顿出版了《自然哲学的数学原理》，推翻了神学千年的根基，建立了完整而严密的经典力学体系。两个多世纪以后，爱因斯坦建立了相对论。

"为核能开发奠定了理论基础，开创了现代科学的新纪元，被公认为是自伽利略、牛顿以来最伟大的科学家、物理学家。"1999年12月26日，爱因斯坦被美国《时代周刊》评为"世纪伟人"。

提及相对论，爱因斯坦曾不无自豪地说，世界上可能只有12个人能够看懂相对论，但是世界上却有几十亿人借此明白没有什么是绝对的。爱因斯坦一生都不赞成将相对论应用于物理学之外，但这是他的意志无能为力的，无论是他健在时还是逝世后，相对论都在不断被引向文学、艺术、哲学、宗教等几乎所有学科。

THE THEORY OF RELATIVITY
Contents
目录

2

相对论简史（代序）

19世纪后期，科学界相信，他们对宇宙的完整描述已近尾声。在他们的想象中，一种叫以太[1]的连续介质充满了宇宙空间，空气中的声波、光波和电磁信号，都是以以太为传播介质的。

在同一时期稍后几年，一种与空间完全充满以太的思想相悖的理论出现了：根据以太理论，光线传播速度相对于以太应是一个定值。因此，如果你沿着与光线传播相同的方向行进，你所测得的光速应比你在静止时测得的光速低；反之，如果你沿着与光线传播相反的方向行进，你所测得的光速应比你在静止时测得的光速高。但造成光速差别的证据在实验中并未找到。

1887年，美国俄亥俄州克里夫兰的凯斯研究所的阿尔伯特·迈

---

〔1〕以太是古希腊哲学家亚里士多德设想的一种物质，为"五元素"之一。

17世纪，法国哲学家笛卡尔最先将以太引入科学，并赋予它某种力学性质。在笛卡尔看来，物体之间的所有作用力都必须通过某种中间媒介物质来传递，不存在任何超距作用。因此，空间不可能是空无所有的，它被以太这种介质所充满。以太虽然不能为人的感官所感觉，却能传递力的作用，如磁力和月球对潮汐的作用力。

19世纪，科学家们发现光是一种波，而生活中的波大多需要传播介质（如声波的传递需要借助于空气，水波的传递借助于水等）。受经典力学思想的影响，他们便假想宇宙到处都存在着一种称之为以太的物质，也正是这种物质在光的传播中起到了介质的作用。

以太的假设代表了物理学传统的观点：电磁波的传播需要一个"绝对静止"的参照系，当参照系改变，光速也改变。

史蒂芬·霍金

史蒂芬·霍金是英国物理学家，他用毕生精力研究时空领域和宇宙起源。他提出的黑洞能发出辐射的预言，现在已被天文学观察证实。他的《时间简史》销售量达数千万册。书中对量子物理学和相对论作了大量介绍。

克尔逊和爱德华·莫雷完成了最准确的实验[1]测量。他们测量了两束成直角的光线的传播速度。根据以太理论推理，由于自转和绕太阳的公转，地球应在以太中穿行，因此，上述两束光线应因地球的运动而测得不同的速度。但是莫雷却发现，无论是昼夜或冬夏，都未引起两束光线传播速度的变化。不论参考系运动与否，光线似乎总是以相同的速度传播。

爱尔兰物理学家乔治·费兹哥立德和荷兰物理学家亨德里克·洛伦兹[2]最早认识到，

[1]1881—1887年，阿尔伯特·迈克尔逊和爱德华·莫雷为测量地球和以太的相对速度，进行了著名的迈克尔逊—莫雷实验。实验结果显示，不同方向上的光速没有差异，证明了光速不变原理，即真空中光速在任何参照系下具有相同的数值，与参照系的相对速度无关，这说明以太其实并不存在。

同时，根据麦克斯韦方程组，科学家也发现电磁波的传播不需要一个绝对静止的参照系，因为该方程里两个参数都是无方向的标量，所以在任何参照系里光速都是不变的。

$c=\dfrac{1}{\sqrt{\varepsilon_0 \mu_0}}c$，其中$\varepsilon_0$是真空电容率，$\mu_0$是真空磁导率。

因此，爱因斯坦大胆抛弃了以太学说，认为光速不变是基本的公理，并以此为出发点之一创立了狭义相对论。

[2]洛伦兹（1853—1928年），荷兰理论物理学家、数学家、经典电子论的创立者，1902年诺贝尔物理学奖得主。洛伦兹变换就是由其创立，并以其命名。

相对于以太，运动中的物体在运动方向上的尺寸会收缩，而时钟会变慢。但他们同时又认为，以太是一种真实存在的物质。

这时，就职于瑞士专利局的年轻的阿尔伯特·爱因斯坦，却大胆否定了以太说，并一次性解决了光传播速度的问题。

1905年，爱因斯坦在论文中第一次指出，由于人们无法探测出自己是否相对于以太运动，因此，关于以太的整个概念都毫无意义。爱因斯坦认为，科学定律应该赋予所有自由运动的观察者相同的形式，无论观察者如何运动，他们都应该测量到同样的光速。

在这一思想中，爱因斯坦要求人们放弃所有时钟普适的时间概念，确信每个人都应当有他自己的时间值：如果两个人是相对静止的，他们的时间就是一致的；如果他们存在相互的运动，那他们观察到的时间就会有差异。

实验证明，爱因斯坦是正确的。一个绕地球旋转的精确时钟与存放在实验室中的精确时钟比，前者与后者会有时间指针上的差别。如果你想延长你的生

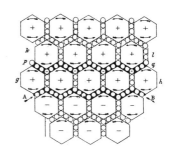

以太合成示意图

如果以太存在且静止不动，那么地球上测量到的光速就会因为地球运动的方向而有快慢之别。此图是麦克斯韦以太理论的图解。

爱因斯坦与质能方程

在爱因斯坦的物理理论中，有一个质量能量方程：$E=mc^2$。起初，很多人对这一理论不屑一顾，嗤之以鼻，后来随着原子弹爆炸的画面通过电视屏幕为人熟知后，人们这才叹服于物质蓄含的能量是如此巨大，越来越多的人开始相信爱因斯坦的质能方程所言不虚。

原子弹爆炸

爱因斯坦关于能量与质量关系的理论——$E=mc^2$，统一了能量守恒定律与质量守恒定律，揭示了核能的存在。在爱因斯坦这个理论的基础上，美国率先制造出了世界上第一颗原子弹。

命，你可以乘飞机向东飞行，这样，叠加上地球旋转的速度，你就可以延长零点几秒的生命。

爱因斯坦认为，对所有自由运动的观察者而言，自然定律都是相同的，这个前提是相对论的基础。因为，这个前提隐含了只有相对运动是重要的。虽然相对论的完美与简洁折服了许多科学家和哲学家，但是疑问仍然多多。爱因斯坦摒弃了19世纪自然科学的两个绝对化观念：以太所隐含的绝对静止和所有时钟测得的绝对或普适时间。

人们也许会问，相对论是否隐含了这样的意思：任何事物都是相对的而不会再有概念上绝对的标准？

这种疑问从20世纪20年代一直持续到30年代。1921年，由于对光电效应的贡献，爱因斯坦获得了诺贝尔物理学奖，但由于相对论的复杂难解及面临的种种争议，瑞典皇家科学院的诺贝尔奖颁奖辞只字未提相对论。

现在，相对论已经被科学界完全接受，无数实验也证实了相对论的预言，但我每周仍然会收到二三封说"爱因斯坦错了"的来信。

相对论的重要结论之一，是质量与能量的关系[1]。对所有观察者

---

〔1〕在经典力学中，质量和能量之间是相互独立、没有关系的。在相对论力学中，能量和质量只不过是物体力学性质的两个不同方面而已，爱因斯坦（转下页）

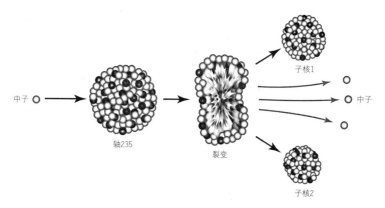

中子 ○ ⟶ 铀235 ⟶ 裂变 ⟶ 子核1

中子

子核2

铀原子核裂变

核裂变又称核分裂，是指由重原子核（一般为铀核或钚核），分裂成轻原子的一种核反应形式。原子弹以及裂变核电站的能量都来自核裂变。其中铀裂变是最广泛使用的原子能。中子撞击铀原子后，铀原子放出2到4个中子，中子再去撞击其他铀原子，从而形成链式反应。

而言，爱因斯坦假定光速是相同的，没有可以超过光速运行的事物。如若给粒子或宇宙飞船不断地供应能量，会发生什么现象呢？被加速

（接上页）因而指出："如果一物体以辐射形式放出能量 ΔE，那么它的质量就要减少 $\Delta E/c^2$，至于该物体所失去的能量是否恰好变成辐射能，在这里显然无关紧要。于是我们被引到了这样一个更加普遍的结论上来，即物体的质量是它所含能量的量度。"他还指出，"这个结果有着特殊的理论重要性，因为在这个结果中，物体的惯性质量和能量以同一种东西的姿态出现……我们无论如何也不可能明确地区分体系的'真实'质量和'表现'质量。把任何惯性质量理解为能量的一种储藏，看来要自然得多。"

在经典力学中彼此独立的质量守恒定律和能量守恒定律，在爱因斯坦的世界里被归在了一起，成了统一的"质能守恒定律"，它充分反映了物质和运动的统一性。

物体的质量就会增大，使得更快的加速很难进行。把一个粒子加快到光速是不可能的，因为那需要无穷大的能量。质量与能量是等价的，它们的关系被爱因斯坦总结在著名的质能方程$E=mc^2$中，这或许是迄今为止家喻户晓、妇孺皆知的唯一物理方程。

铀原子核裂变为两个小的原子核时，很小的一点质量亏损会释放出巨大的能量，这就是质能方程的众多推论之一。1939年，第二次世界大战阴云密布，一群意识到裂变反应在应用上十分重要的科学家游说爱因斯坦，让他放弃自己是和平主义者的顾忌，给美国总统罗斯福写信，劝说美国开始核研究计划。于是有了"曼哈顿计划"[1]和1945年广岛的原子弹爆炸。有人因为原子弹的巨大伤害而责备爱因斯坦对质能关系的发现，这如同因为飞机遇难而责备牛顿发现了万有引力一样，是毫无道理的。事实是，爱因斯坦并未参与"曼哈顿工程"，而且他自己也惊惧于那巨大的爆炸。

相对论完美地结合了电磁理论的有关定律，但它与牛顿的重力定律并不相容。牛顿的重力定律表明，如果改变空间的物质分布，整个宇宙的重力场将同时发生改变，这意味着可以发送比光速更快的信

---

[1] 为了先于纳粹德国制造出原子弹，1941年12月6日，美国正式制定了代号为"曼哈顿"的绝密计划，罗斯福总统赋予这一计划以"高于一切行动的特别优先权"。

"曼哈顿工程"规模大得惊人。由于当时还不知道分裂铀235的三种方法哪种最好，只得用3种方法同时进行裂变。这项复杂的工程成了美国科学研究的熔炉。当时，在"曼哈顿工程"管理区内，汇集了以奥本海默为首的一大批来自世界各国的最优秀科学家。科学家人数之多令人难以想象，在某些部门，带博士头衔的人甚至比一般工作人员还要多，而且其中不乏诺贝尔奖得主。

"曼哈顿工程"在顶峰时期曾经起用了53.9万人，总耗资高达25亿美元。这是在此之前任何一次武器实验所无法比拟的。1945年7月16日该工程成功地进行了世界上第一次核爆炸，并按计划制造出两颗实用的原子弹。整个工程取得圆满成功。

号，同时需要绝对或普适的时间概念。这为相对论所不容。

早在1907年，爱因斯坦便意识到两者的不相容问题，那时他还在伯尔尼的专利局上班。直到1911年，迁到布拉格工作后，爱因斯坦才深入思考这一问题。他意识到加速与重力场的密切关系：在密封厢中的人，无法辨别他自己对地板的压力的来源——是由于地球的重力场中的引力，还是由于在无引力空间中加速的结果（这些设想都发生在"星际旅行"的时代之前，估计当时爱因斯坦把密封厢设想为电梯轿厢，而不是宇宙飞船）。

时空弯曲

从物理学的角度看，时空的弯曲性质依赖于物质的分布和运动。爱因斯坦的广义相对论给出了时空与物质之间的关系。通常情况下，时空弯曲的量级是很小的，只有在黑洞或其他强引力场情况下，才有大的弯曲。

但我们知道，如果不想让电梯碰撞的事情发生，你便不能在电梯中加速或自由坠落许久；如果地球是完全平整的，人们可以说苹果因重力落在牛顿头上，与因地球表面加速上升造成牛顿的头撞在苹果上是等价的。

但是，当地球是圆形的，这种加速与重力的等价便不再成立，因为同一时刻，在地球相反一面的人将会被反向加速，而两面观察者之间的距离却不会更改。

1912年回到苏黎世后，获得灵感的爱因斯坦意识到，如若将真实几何进行适当调整，重力与加速的等价关系就能成立。如果三维空间加上第四维的时间所形成的空间—时间实体是弯曲的，那结果会怎样呢？他认为，质量和能量将造成时空弯曲，这在某些方面已经被证明，比如行星和苹果。物体趋向于直线运动，它们的运动轨迹会被重力场弯曲，因为重力场弯曲了时空。

在马歇尔·格罗斯曼的帮助下，爱因斯坦潜心学习弯曲空间[1]及表面的理论，这些抽象的理论被玻恩哈德·黎曼发展起来时，从未想到与真实世界会有联系。1913年，爱因斯坦与格罗斯曼合作发表文章，他们提出了一个思想：我们所认识的重力，只是时空弯曲的事实的一种表述。但由于爱因斯坦的一个失误，他们当时未能找出时空弯曲的曲率以及能量与质量的关系方程。

在柏林，爱因斯坦避开家庭的烦扰和战争的影响，继续研究这一问题。1915年11月，他最终发现了联系时空弯曲与蕴涵其中的质能方程。1915年夏天，在访问哥廷根大学期间，爱因斯坦曾与数学家戴维·希尔波特讨论过他的这个思想，希尔波特早于爱因斯坦几天也找到了同样的方程式。尽管如此，希尔波特承认，发现这种新理论的荣誉理应归于爱因斯坦，因为正是爱因斯坦将重力与弯曲时空联系了起来。

关于弯曲时空的新理论叫做"广义相对论"，以与原先不包含重力的"狭义相对论"相区别。1919年，人们以颇为壮观的形式证明了"广义相对论"：一支英国科学考察队远征西非，在日食期间观察到了太阳附近一颗恒星位置的微小移动。这证实了爱因斯坦的论断，恒星发出的光线在经过太阳附近时，由于引力而弯曲了。这一证明时空

---

〔1〕初等平面几何所研究的对象是欧几里得空间（欧氏空间）。它最重要的性质之一就是平行线公设：通过给定直线之外的任一点，可作一条直线与给定直线平行。这个公设在弯曲空间中并不适用。天体物理中常遇到的弯曲空间是黎曼空间。它的一种特例是黎曼弯曲空间。

黎曼曲率K等于常数1、−1和0的空间分别叫黎曼球空间、罗巴切夫斯基空间和欧氏空间。所以，欧氏空间可看作黎曼空间的特例。局部黎曼空间可以看作由局部欧氏空间弯曲而来，而大范围的黎曼空间常常不可能从欧氏空间弯曲得到。

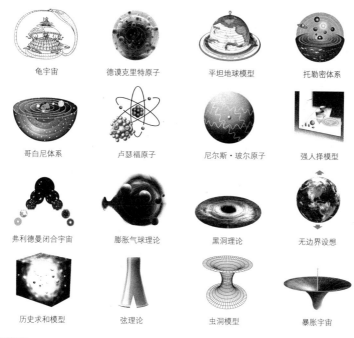

龟宇宙　　德谟克里特原子　　平坦地球模型　　托勒密体系

哥白尼体系　　卢瑟福原子　　尼尔斯·玻尔原子　　强人择模型

弗利德曼闭合宇宙　　膨胀气球理论　　黑洞理论　　无边界设想

历史求和模型　　弦理论　　虫洞模型　　暴胀宇宙

世界图

这幅图描绘了物理学中一些尝试着解释宇宙的理论模型。这些理论模型都在着力采用某种"世界图"来解释宇宙。

弯曲的直接证据，是继公元前300年欧几里得[1]与《几何原本》之后，人类认识宇宙的最大的革新。

---

[1] 欧几里得（公元前325—公元前265年），古希腊数学家，被称为"几何之父"。他活跃于托勒密一世时期（公元前323—公元前283年）的亚历山大里亚，他最著名的著作《几何原本》是欧洲数学的基础，书中提出五大公设。《几何原本》被广泛认为是历史上最成功的教科书。欧几里得也写了一些关于透视、圆锥曲线、球面几何学及数论的作品。

宇宙的终结

关于宇宙的终结，目前有四种学说：第一种，宇宙内的所有恒星在消耗完自身的能量后，变成无数个黑洞，最终汇聚成一个大黑洞，宇宙变成一个混沌世界；第二种，宇宙不断膨胀；第三种，宇宙收缩，最终又变为一个奇点，反复爆炸、膨胀、收缩；第四种，宇宙在爆炸收缩中不断反复，既不会变为奇点也不会死亡。

将"时空"由被动的时间发生转变为动态宇宙的主动参与者，"广义相对论"带来了居于科学前沿的一个巨大问题，这一问题直到20世纪结束仍未解决。物质充满着宇宙，同时又导致时空弯曲而使得物体相互聚集。用"广义相对论"解释静态的宇宙时，爱因斯坦发现，他的方程式是无解的。为适应静态宇宙，爱因斯坦变通了他的方程式，在其中加入了一个名为"宇宙常数"[1]的项。这个"宇宙常数"将再次弯曲时空，以使所有的物体分开。在爱因斯坦看来，"宇宙常数"引入的排斥效果将平衡物体的相互吸引作用，从而保持宇宙的长久平衡。

事实上，这是人类在理论物理历史上丧失的最大机遇之一。如果爱因斯坦继续在这一方向上不断研究，而不是变通地引入"宇宙常数"，他可能对宇宙是在扩张还是收缩作出预言。然而，直到20世纪

〔1〕宇宙常数用希腊字母的第11个字母"λ"表示，源自爱因斯坦在相对论中提出的一组引力方程式。该组方程式的结果预示着宇宙是在做永恒的运动，但这个结果与爱因斯坦的"宇宙是静止的"观点相违背。为了使这个结果与宇宙是呈静止状态的观点一致，爱因斯坦又为方程式引入了一个项，这个项就是"宇宙常数"。

20年代，当威尔逊山上的100英寸的天文望远镜观察到遥远星系在以越来越快的速度远离我们时，宇宙依然正在随着时间的推移而稳定地膨胀。爱因斯坦后来才认识到，"宇宙常数"的提出是他一生中最严重的错误。

一方面，人们对于宇宙的起源及终结的研究方向，被"广义相对论"彻底改变。静止的宇宙可能会永远存在，或者说，在过去的某个时间，在这一静止的宇宙产生之时，也就已经是现在的形态了。另一方面，如果现在的星系正在彼此远离，那么，在过去的时间里，它们彼此之间应该是十分临近的——在大约150亿年前，它们甚至可能彼此靠近，相互重叠，密度可能也是无穷大。

黑洞

黑洞是一种引力极强的天体，就连光也不能逃脱它的吸引。恒星会在一定条件下变成黑洞。在黑洞的视界邻近，虚粒子出现并相互湮灭。粒子对中的一员落入黑洞，而它的伴侣自由逃逸。从视界外面看，黑洞正把逃逸的粒子发射出来。

"广义相对论"告诉我们，宇宙大爆炸标志着宇宙的起源、时间的开始。因此，爱因斯坦无疑是过去100年中最伟大的人物，他应该得到人们更加长久的尊敬。

在黑洞中，空间与时间是如此弯曲，以至于黑洞吸收了所有的光线，甚至没有一丝光线可以逃逸。因此，"广义相对论"推测时间应终止于黑洞。但广义相对论方程并不适用于时间的开始与终结这两种极端情形。因此，这一理论并不能揭示大爆炸的结果，一些人认为这是上帝万能的一种象征，即上帝可以用自己的方式来开创宇宙。

可是，另一些人（包括我自己）认为，宇宙的起源应该服从于一种普遍原理——它在任何时候都是成立的。在朝这一方向的努力中，我们取得了一些进展，但距完全理解宇宙的起源还相去甚远。广义相对论不能适用于大爆炸理论的原因是它与20世纪初另一伟大的观念性的突破——量子理论并不相容。量子理论的最早提出是在1900年。当时柏林的麦克斯·普朗克发现，从红热物体上发出的辐射，可以解释为"光线以特定大小的能量单元发出"，普朗克把这种能量单元称为量子。辐射好比超级市场里的袋装白糖，并非你想要多少量都行，相反，你只能买每袋一磅的包装。1905年，爱因斯坦在一篇论文中提及普朗克的量子假设可以解释光电效应。他也因此获得了1921年的诺贝尔物理学奖。

爱因斯坦对量子的研究延续至20世纪20年代。当时哥本哈根的沃纳·海森堡[1]、剑桥的保罗·狄拉克[2]以及苏黎世的埃尔温·薛定谔[3]提出了量子机制，从而展开了描述现实的新画卷。他们认为，小粒子不再具有确定的位置和速度，相反，小粒子的位置测得越精确，它的速度测量就越不准确；反之亦然。面对这种基本定律中的任意性和不可预知性，爱因斯坦十分惶惑。他最终没有接受量子机制。他的著名格言"上帝并不是在投骰子"表达的正是这一感受。虽然如此，全新的量子机制定律仍然为大多数的科学家所接受，并承认其实用性，因为这些定律不但吻合实验结果，而且可以解释许多以前不能解释的现象。这些定律成了当代化学、分子生物学以及电子学发展的基

---

〔1〕海森堡（1901—1976年），德国物理学家，量子力学的主要创始人，"哥本哈根学派"的代表人物，1932年诺贝尔物理学奖获得者，他的《量子论的物理学基础》是量子力学领域的一部经典著作。

〔2〕狄拉克（1902—1984年），英国理论物理学家，量子力学的创始者之一，因狄拉克方程获得1933年诺贝尔奖，该方程从理论上预言了正电子的存在。

〔3〕薛定谔（1887—1961年），奥地利物理学家，波动力学的创始人，主要研究有关气体和反应动力学、振动、点阵振动（及其对内能的贡献）的热力学以及统计物理学等。

础，也是过去半个世纪铸造整个世界的科技基石。

1933年，纳粹统治了德国，爱因斯坦放弃了德国国籍，离开了这个国家。在美国新泽西州普林斯顿高等研究院，爱因斯坦度过了他生命中最后的22年时光。当时，纳粹发动了一场反对"犹太科学"以及犹太科学家的运动（大批科学家被驱逐出境，这也是德国在当时未能造出原子弹的原因之一）。这场运动的主要目标是爱因斯坦和他的相对论。得知一本名为《反对爱因斯坦的100位科学家》的书出版时，爱因斯坦说，为什么要100位？如果我真的错了，一位就足够了。

"二战"后，爱因斯坦敦促盟军设立一个全球性机构以控制核武器。1952年，爱因斯坦被刚成立的以色列政府聘任总统职务，但他拒绝了。他说："政治是暂时的，唯有方程可以永恒。"广义相对论方程是他最好的纪念碑和墓志铭，它们将与宇宙一起长存。

伯格曼说相对论

几乎所有的物理学定律都着眼于对空间中物体的活动情况随时间而变化的描述。只有选定一个恰当的参照物，一个物体的位置，或者一个事件发生的地点才有可能被清晰地表达出来。例如，在阿特武德机实验中，重物的速度与加速度的参照物是该机本身，实际上也是相对于地球而言的。天文学家可以将太阳系的重心作为参照系，以此描述行星的运动。因此，所有的运动都可以描述为在某一参照系下的运动。

我们可以设想，有一个由杆构成的架子，它与参照物连接在一起，并且延伸至空间当中。如果将这个设想中的架子看成三维空间的笛卡尔坐标系，那么，我们就能够得到三个数来表示任一位置空间点的坐标。我们把这样与某参照物紧密连接的架子称为参照系。

并不是所有的物体都适合作参照物。在相对论出现之前，人们就已意识到选择适当参照系的重要性了。17世纪后期的物理学

太阳系的重心

引力的大小同引力源的质量成正比。太阳系里的一切天体都要受到太阳强大引力的支配。但据此说太阳系里的一切天体都在以太阳为中心公转，是与科学事实不吻合的。太阳系里的一切天体，包括太阳在内都围绕着太阳系里的所有天体的"共同重心"作旋转运动。共同重心的位置会随太阳系里各行星所在的位置而变化，有时会进入太阳内部，有时会跑到太阳的外面。

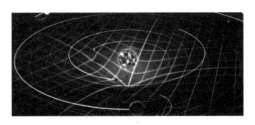

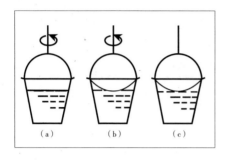

（a）　　　　（b）　　　　（c）

水桶实验

　　水桶实验是牛顿为证明绝对空间的存在所作的实验。牛顿对于该实验的解释，后来遭到奥地利物理学家、哲学家马赫和爱因斯坦的颠覆。其实验方法为：

　　（a）桶吊在一根长绳上，将桶旋转多次而使绳拧紧，然后盛水并使桶与水静止，此时水是平面的。

　　（b）接着松开桶，因长绳的扭力使桶旋转，起初，桶在旋转而桶内的水并没有跟着一起旋转，水还是平面的。

　　（c）转过一段时间，因桶的摩擦力带动水一起旋转，水就形成了凹面。直到水与桶的转速一致。这时，水和桶之间是相对静止的，相对于桶，水是不转动的。但水面却仍然呈凹状，中心低，桶边高。

之父伽利略[1]，曾经为了让人们接受日心参照系这一学说，不惜冒着被监禁甚至烧死的危险也要将之广为传播（日心说为大众熟知后，伽利略迫于教廷的压力，曾当众"悔罪"，虽然他事实上无罪可悔）。后来我们通过分析才明白，他与当时专制势力争论的主题正是对参照物的选择问题。

　　牛顿在后来的物理学概论中对此作出了详细描述，才使人们普遍接受了日心参照系这一学说。然而，牛顿并没有止步于此。为了证明有的参照系比其他参照系更适于描述自然形态，他设计了著名的水桶实验。首先他将水桶装满水，然后拧转系着水桶的绳子，使得水桶旋转起来。这时人们会发现，当水与水桶同时进行旋转时，它的表面将会由平面变成一个抛物面。当水与水桶达到同等旋转速率后，将水桶停下来，水面也慢慢地

---

　　[1]伽利略（1564—1642年），意大利物理学家、天文学家、哲学家，近代实验科学的先驱者。其成就包括改进望远镜和其所带来的天文观测，支持哥白尼的日心说等。

恢复成平面。

很显然，上面的水桶实验的参照系是地球。我们可以把水面的这种变化作这样的描述：水在不转动时呈现平面状态，转动时则为抛物面状态。这种状态的改变与桶的运动状态无关。

现在，我们设想一个以大小不变的角速度相对于地球转动的参照系，且这个角速度就等于水桶的最大角速度值。我们从这个参照系的角度来观察上面的整个实验：一开始，绳子、水桶以及水都以

行星运动定律

开普勒三大行星运动定律完美地揭示了行星运动规律。

开普勒椭圆定律：行星都沿各自的椭圆轨道环绕着太阳，而太阳则处在椭圆的焦点上。

开普勒面积定律：在相等时间内，太阳和行星的连线所扫过的面积相等。

开普勒调和定律：各个行星绕太阳公转周期的平方和它们的椭圆轨道的半长轴的立方成正比。

某一相等的角速度相对于这个参照系"转动"，水保持平面状态；接着，水桶与绳子慢慢停止"转动"，于是水面就变成了抛物面；然后再将水桶与绳子相对于这个参照系"转动"（对于地球这个参照系而言，水是静止的），水又会慢慢变回平面状态。对于这个参照系，我们可以用这样的定律描述：只有当水按照一定角速度"转动"时，水面才会呈现平面状态，但当水偏离这个特殊运动状态，水面就无法保持平面了，水面偏移的角度将与这个运动的偏离程度成正比。也就是说，静止的状态也可能使水面呈现抛物面状态，同样，它与桶的转动也没有任何联系。

牛顿的水桶实验很恰当地让我们明白了什么叫做"恰当的"参考系。任何选定的参考系都可以用来描述自然以及自然界的定律。然

相对运动

　　"运动"是个多义词，物理学讲的运动是指物体位置的变化。人们骑自行车时，人和自行车对地面或路旁的树都有位置的变化；人们乘坐汽车的时候，相对于地面有位置的变化。物理学把物体位置的变化叫"机械运动"。

而，在所有这些参考系中，只有一个或者说少数是可以让描述自然定律变得简单的。换句话说，在这些少数的参考系中，自然定律比在其他参考系中包含的因素更少。我们还是以牛顿的水桶实验为例子，如果我们用后面那个与水桶相连的参考系来描述自然现象，那么，我们就必须在我们描述的物理定律前多加一个前提，那就是水桶相对于一个"更好的"参考系（例如地球），拥有一个角速度 ω。

　　而在对行星的运动规律进行说明时，我们发现日心参照系是比地心参照系更优良更简单的参照系。这也是为什么即使在开普勒和牛顿关于基础定律的表述得到公认之前，哥白尼和伽利略的描述已否定了托勒密的原因。

　　当人们意识到参照系的选择将对自然定律的形式造成影响时，许多人开始尝试用数学形式来确定这种选择的效果，对此他们进行了许多研究和实验。

　　在物理学中，力学是最早以完整的数学定律来加以表述的。在能够想象到的所有参照系中，有一些能够让惯性定律以人们熟悉的形式呈现，即在没有外力作用的情况下，一个质点的空间坐标与时间呈现线性函数关系。我们把这样的参照系称为惯性系。在同一个参照系中，我们将使用相同的形式描述其他所有的力学规律。而我们在采用其他的参照系时则需要考虑更多的因素，从而使物理和数学的描述都更为复杂，例如牛顿水桶实验就是这样的。我们可以用任何其他的参照系来描述不受力作用的质点的运动，但它们的惯性定律的数学表达式则要复杂许多，它们的空间坐标将不再是时间的线性函数。

因为在所有的惯性参照系中，力学规律都采用了相同的形式，因此，我们无法从力学上观察到参照系不同表现在物体本身上的差异。从力学的观点看来，所有的惯性参照系都是等效的。我们将一个运动物体与某一不受任何力作用的质点的运动相比较，就可以判断出这个运动物体是"加速的"还是"未加速的"。同时，我们也知道，判断一个物体是"静止的"还是"匀速运动的"，也完全取决于它所依赖的参照系，因此，"静止"与"匀速运动"并没有任何绝对意义。但是，无论我们采用什么样的参照系，我们所描述的自然现象都是等效的，这就是相对性原理。

杯子破碎

在日常生活的实践中，前进和后退还是有较大的差异。比方说，我们看一个杯子在地面上破碎的录像，很容易知道该录像是朝前放还是往后退，然而科学定律对时间的方向并没有如此明显的界定。

麦克斯韦在发展他的电磁场方程组[1]时，显然没有考虑到相对性

---

〔1〕电磁场方程组：又名为麦克斯韦方程组，用微积分来表述，涉及的定理或定律包括：

a.安培环路定理——磁场强度沿任意回路的环量等于环路所包围电流（转下页）

原理，这造成了他的方程与相对性原理的冲突。因为按照电磁方程理论，电磁波在真空中的传播速度c是一个常量，约等于$3×10^{10}$cm/s。但对于两个彼此相对运动的惯性系而言，这显然并不真实，因为如果存在着这样一个参照系，而使电磁辐射的速率在各个方向都测定为一个定值，那么，我们就可以用这个参照系来定义电磁辐射的"绝对静止"和"绝对运动"了。

不计其数的物理学家期望通过实验找出这样的电磁辐射，并用它来判断地球的运动。然而，所有的努力最终都是徒劳的，相反，这些实验几乎都表明了另外一个结论，那就是相对性原理不仅仅符合力学定律，对于电动力学定律也同样适用。H. A. 洛伦兹曾提出另外一种理论，在这个理论中，他接受了这个特殊参照系的存在，同时解释了为什么这种参考系一直都未被实验所发现的原因。然而，在解释时，他引入了另外一些假定，遗憾的是，这些假定也没能被任何实验证实，所以他的理论也一直未能具备足够的说服力。

爱因斯坦认为，只有修正的空间—时间概念才有可能跨越理论与实验之间的鸿沟。如果这种修正成功了，那么相对性原理就对全部的物理学都适用了。这就是狭义相对论，它确立所有惯性系的基本等效性。在所有的参照系中，它保持了一个极为特殊的地位，直到广义相对论出现，这一特殊的地位才得到解释或破坏，才给出了全新的引力理论。讨论广义相对论会更为复杂，我也无须在此讨论它。

———————————————

（接上页）的代数和。

b. 法拉第电磁感应定律——电磁场互相转化，电场强度的旋度等于磁感应强度对时间的负偏导。

c. 磁通连续性定理——磁力线永远是闭合的，磁场没有标量的源。麦克斯韦的表述是：对磁感应强度求散度为零。

d. 高斯定理——穿过任意闭合面的电位移通量，等于该闭合面内部的总电荷量。麦克斯韦对此的表述是：电位移的散度等于电荷密度。

爱因斯坦自述

我已经67岁了，现在我坐在这里，是为了写点类似自己的讣告那样的东西。我这样做，不仅因为希耳普博士的说服，而且我自己也确实相信，向为共同目标奋斗着的人们回顾一个人努力和探索的历程，在回顾中思考过去，应该是一件好事。但稍作考虑，我便觉得，这种尝试的结果肯定不会完满。因为，无论一个人工作的一生多么短暂、有限，其间的曲折不论怎样占优势，要把那些值得讲述的东西讲清楚，毕竟不容易——67岁的人已完全不同于他50岁、30岁或者20岁的时候了。

任何回忆都会被"现在"干扰，同时，也会受到不靠谱的观点的浸染。这种情形令人气馁。然而只要我们善于思考、敏于甄别，还是可以从自己的经验里提取出许多别人不曾意识到的货真价实的东西的。

当我还是一个早熟的少年时，我就深切地意识到，大多数人终身无休止追逐的那些希望，甚至努力都是一文不值的。而且，不久我也发现了这种追逐的残酷，与现在相比，当年这种追逐的残酷被精心的伪善和漂亮的词句掩饰着。每

爱因斯坦解释公式

1934年，爱因斯坦在卡耐基技术研究院小剧场的讲台上，向400名美国科学家讲述能量聚集的理论。图为演讲后爱因斯坦向人们解释他的公式。

孩童时的爱因斯坦与妹妹

爱因斯坦幼时独来独往，寡言少语，时有不可理喻的举动。有几次，爱因斯坦竟向比自己小2岁的妹妹扔东西，大发脾气。

个人只是因为有胃，就注定要参与这种追逐。而且，因为这种追逐，他的胃更可能得到满足；但是，一个有思想、有感情的人是不会因此而满足的。摆脱这徒劳追逐的第一条路径就是宗教，它通常都是通过传统的教育机构灌输给每一个儿童。因此，尽管我是没有宗教信仰的犹太人的儿子，我童年所受的教育还是给了我很深的宗教影响，直到12岁那年，这种信仰才突然中止了。

因为读了许多科普书，我很快就相信，许多《圣经》里的故事都不可能是真实的，其结果导致了一种真正狂热的自由思想，同时还形成了这样一种印象：国家在刻意用谎言来欺骗年轻人。这样的印象一定会令大多数人瞠目结舌，但它却唤起了我对所有权威的怀疑，甚至对任何社会环境里都会存在的信念抱完全怀疑的态度。这种态度伴随着我的一生，即使在后来，即使已经更好地搞清楚了其中的因果关系，即使这种态度已失去了原有的尖锐性时也是如此。

我很清楚，我在少年时代就远离了宗教天堂，开始了我从"仅仅作为个人"的桎梏中，从那种被愿望、希望和原始感情所支配的世界中解放出来的第一个尝试。我进而发现，在我们之外有一个更为巨大的世界，它独立存在着，就像一个伟大而永恒的谜，却只有极少部分是我们的观察和思维所能及的。对这个世界的凝视静思，宛若辽阔的自由对我们的吸引。

不久，我更注意到，许多我所尊敬和钦佩的人，都在对这一事业的专注中找到了内心的自由和安宁。在我们力所能及的一切可能的范围内，从思想上探究这个个人以外的世界，也总是作为至高目标在我的心目中时常浮现。有类似欲望的古今人物，以及他们已有的真知灼见，都是我不可或缺的朋友。通向这一世界的道路，虽然不像步入宗教天堂的道路那样舒坦、诱人，但很多人的工作已经证明，它是可以信赖的，而且我也从没为自己的选择后悔过。

爱因斯坦与父母

　　幼年时期的爱因斯坦给人的印象并不聪慧，甚至有些平庸。他举止迟缓而又害羞，连说话也是支支吾吾的。图为幼年时期爱因斯坦与父母在一起的情景。

　　我在这里简约述及的，仅仅在一定意义上是正确的，正如一张简笔画，只能大体表现一个复杂的，甚至细节混乱的对象一样。如果一个人热衷于思想条理的清晰，那么他本性的这一面，很可能会以牺牲其他方面为代价而显得更为突出，而且愈来愈明显地决定着他的精神面貌。像他这样的人，在回忆往事时所看到的，很可能只是平庸乏味的有系统的发展景象，然而，一个人的实际经验只可能产生于千变万化的单个情况中，外界情况多种多样，意识的瞬息内容也十分狭隘，人生事件的原子化，使得每个人的生活都具有某种程度的真实模糊性。

　　像我这样的人，思维发展出现转折点的关键在于，自己的主要兴趣逐渐摆脱并远离了短暂和完全属于个人的方面，转而力求从思想上掌握事物。从这一角度看，在上面简约的纲要式的评述里，已包含着尽可能多的真理了。

　　"思维"是什么呢？准确地说，当我们接受感觉印象的同时出现记忆形象，这还不是"思维"。而且，当一个形象引发另一个形象，直至

爱因斯坦的小学毕业照

在学校里，爱因斯坦经常会受到老师和同学的嘲笑，大家都称他为"笨家伙"。学校要求学生上下课都按军事口令进行，由于爱因斯坦反应迟钝，经常被老师呵斥、罚站。有的老师甚至指着他的鼻子骂："你真笨，什么课程都跟不上！"

形成一个系列时，这也不是"思维"，但是，当某一形象在许多这样的系列中反复出现，这一不断再现的形象，就成了这些系列中起支配作用的元素，它把那些原本没有联系的系列联结了起来。这一元素便成为一种工具或一种概念。我认为，从自由联想或"梦想"过渡到思维，是以"概念"在其中所起作用的多少为表征的。概念不是一定要与可以知觉和再现的符号联系的，但是一旦出现联系，那么思维就成为可以交流的了。

人们也许会问，在没有努力给出证明之前，这个人有什么权利，在这样一个争议的领域里，如此轻率而本能地运用概念呢？我的辩护是：我们的一切思维都是概念的自由游戏，而且这种游戏的合理性是毋庸置疑的，关键是看我们借助观念，在概括感觉经验时所能达到的程度。"真理"的概念还不能用于这样的结构，在我看来，只有当这种游戏的元素和规则已经取得普遍一致的意见（或约定）时，才能达到"真理"的概念。

毫无疑问，我们的思维不涉及符号（词），绝大部分也能进行，而且在很大程度上是无意识地进行的。否则，我们为什么有时会完全自发地对某一经验感到"惊奇"呢？这种"惊奇"往往在我们的经验同完全固定的概念冲突时才会发生。每当我们强烈地面对这种冲突，它就会以一种决定性的方式反过来作用于我们的思维世界。思维世界的发展，在某种意义上说就是对"惊奇"的不断摆脱。我还在四五岁时，父亲给我看一个罗盘，我就经历过这种惊奇。没有直接的"接触"作用，指南针却能移动到如此确定的方向，根本不符合概念中确定位置的事物的本性。我现在还记得，至少相信我还记得，这种经验给了我极为深刻而持久的印象。

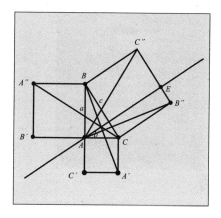

毕达哥拉斯定理（勾股定理）的证明

建分别以 a，b，c 为边的正方形 $BAB'A''$，$ACA'C'$，$BCB''C''$。$BAB'A''$ 的面积是 a^2，$ACA'C'$ 的面积是 b^2，$BCB''C''$ 的面积是 c^2。那么，$BAB'A''+ACA'C'=BCB''C''$

因为，过 A 作 CB 的平行线，此平行线与 $B''C''$ 的交点是 E。连接 AE 和 $A'B$

因为，$\angle ACA'=\angle BCB''$，同加上 $\angle ACB$，其和仍然相等，

且 $BC=CB''$，$AC=CA'$

边边角相等，那么三角形 $A'CB=ACB''$

因为，三角形 ACB 与四边形 CE 等底等高，

因此，CE 的面积是 ACB 的两倍

同理，$ACA'C'$ 的面积是 $A'CB$ 的两倍

所以，CE 与 $ACA'C'$ 面积相等。

类似的，连接 $C''A$ 与 $A''C$，可证

$BAB'A''=BE$

因为 $BE+EC=BCB''C''$，同时 $BAB'A''+ACA'C'=BE+CE$

所以，$BAB'A''+ACA'C'=BCB''C''$

又因为 $BAB'A''$ 的面积是 a^2，$ACA'C'$ 的面积是 b^2，$BCB''C''$ 是 c^2

即毕达哥拉斯定理成立。

康德

康德（1724—1804年），德国哲学家、天文学家、星云说的创立者之一、德国古典美学的奠定者。他被认为是对现代欧洲最具影响力的思想家之一，也是启蒙运动最后一位主要哲学家。

我想一定有什么东西隐藏在事情后面。从小就看到的现象，不会引发这种反应：物体的下落、风和雨、月亮或非月亮不会掉下来、生物和非生物的区别，对一切习惯的现象，我们都不会感到惊奇。

12岁时，我经历了另一种性质的惊奇：那是在一个学年开始时，我第一次拿到一本关于欧几里得平面几何的小书，我立即被书中的内容惊呆了。这本书里有许多定理，比如，三角形三条高线交于一点，这一点称为三角形的垂心。它们本身并不是显而易见的，却可以很可靠地加以证明，以至任何怀疑似乎都不可能。这种明晰性和可靠性给了我难以言表的印象。

其中不用证明就得承认的公理，却没有使我感到不安。对那令人惊奇的定理，如果我能有效地加以证明，我就心满意足了。我记得，在拥有这本神圣的几何学小书之前，我的一位叔叔曾经把毕达哥拉斯定理告诉了我。经过艰难的努力，我根据三角形的相似性成功地"证明了"这条定理。在求证的过程中，我感觉到，直角三角形各个边的关系"显然"决定于它的一个锐角，同时，我感觉只有不是表现得很"显然"的东西，才需要证明。而且，几何学研究的对象，同那些"能被看到和摸到的"对象似乎是同一类型的东西。这种朴素观念，明显源自这样的事实：几何概念与直接经验对象的关系，冥冥之中早已存在。这种朴素观念大概就是康德提出的"先验综合判断"可能性问题的根据。

如果因此认为，用纯粹思维就可能得到关于经验对象的可靠知识，那么这种"惊奇"就是错误的。但是，对第一次与经验对象打交道的人而言，在纯粹思维中竟能达到如此可靠而又纯粹的程度，就像希腊人在几何学中第一次告诉我们的那样，已经够了不起了。

既然我已经中断了开头的讣告，把话题扯到了这里，我索性用几句话陈述一下我的认识论信条，虽然有些话是在前面已经谈过的。这个信条实际上是以后慢慢发展起来的，而且同我年轻时候所持的观点并不一致。

我一方面看着感觉经验的总和，另一方面又看着书中记述的概念和命题的总和。概念和命题之间具有逻辑性，而逻辑思维的任务又严格受限于按照既定的规则（这是逻辑学研究的问题）以建立概念和命题之间的相互关系。概念和命题只有与感觉经验产生联系才能获得其"意义"或"内容"。后者与前者的联系是纯粹直觉的，并不具有逻辑性。

这正是科学"真理"与空洞幻想的区别所在。概念体系连同那些构成概念体系结构的句法规则，都是人创造的。虽然概念体系本身在逻辑上是完全任意的，但它们却受到这样一个目标的限制：一是需要同感觉经验的总和有尽可能可靠、完备的对应关系；其次，它们应当尽可能少地使用逻辑上独立的元素（基本概念和公理），即尽可能少地使用不下定义的概念和推导不出的命题。

在某一逻辑体系里，如果命题是按照公认的逻辑规则推导出来的，那它就是正确的。某一体系是否具有真理内容，取决于它同经验总和对应的可靠性和完备性。总之，正确的命题只能从它所属体系的真理内容中取得。

对历史发展的一点看法。休谟[1]清楚地认识到，有些概念，比如

---

〔1〕休谟（1711—1776年），苏格兰哲学家，主要著作有《人性论》（1739—1740年）、《人类理解研究》（1748年）、《道德原则研究》（1752年）和《宗教的自然史》（1757年）等，与约翰·洛克及乔治·贝克莱并称英国三大经验主义者。

因果性概念，不能用逻辑方法从经验材料中推导出来。康德则确信某些概念的不可缺少，他认为这些不可缺少的概念是所有思维的必要前提，并且把它们与那些来自经验的概念严加区别。但我的看法是，这种区分阻止了人们按自然的方式来正确对待问题，是错误的。从逻辑观点来看，一切概念，甚至那些最接近经验的概念，完全像因果性概念一样，都是自由选择的约定。因果性概念就是这样，它促成问题的提出。

现在再回到讣告上来。12~16岁，我学习并了解了基础数学，包括微积分原理。我幸运地接触到一些书，它们虽在逻辑严密性方面不太严格，基本思想却简单明了。总的说来，这个阶段的学习是令人神往的，印象之深并不亚于之前的平面几何，特别是解析几何的基本思想、无穷级数、微分和积分的概念，印象之深几乎无以复加。

当时，我还幸运地从一部卓越的科普读物中，了解了整个自然科学领域的主要成果和研究方法。这部著作就是《伯恩斯坦的自然科学通俗读本》，它几乎只叙述已有的定论，我聚精会神逐字逐句地阅读了它。可以说，在我17岁时作为数学和物理学的学生进入苏黎世工业大学时，我已经掌握部分理论物理学的知识了。

在苏黎世工业大学，我有几位卓越的老师，比如，胡尔维兹[1]、赫尔曼·闵可夫斯基[2]，他们都是在数学领域取得杰出成就的数学

---

〔1〕胡尔维兹（1859—1919年），德国数学家，生于希尔德斯海姆，卒于苏黎世。在代数学中，胡尔维兹定理（又名"1，2，4，8定理"）表明：任何带有单位元的赋范可除代数同构于以下四个代数之一：R，C，H和O，分别代表实数、复数、四元数和八元数。

〔2〕闵可夫斯基（1864—1909年），德国数学家，主要领域在数论、代数和数学物理方面。在1881年法国科学院悬赏的大奖中，闵可夫斯基钻研了高斯、狄利克雷等人的论著，深入研究了n元二次型，建立了完整的理论体系。此后，闵可夫斯基继续研究，于1905年建立了实系数正定二次型的约化理论，被称为"闵可夫斯基约化理论"。

家。照理说，我在数学方面应该得到更好的学习机会，可是我大部分时间都待在物理实验室里，迷恋于同经验直接接触，其余时间，则主要用于在家里阅读基尔霍夫[1]、亥姆霍兹[2]、赫兹[3]等人的著作。我在一定程度上忽视了数学，不仅因为我对自然科学的兴趣超过对数学的兴趣，而且与下述奇特的认识有关。我看到数学分成了许多专门领域，而且每一个领域都足以耗费我短暂的一生。面对数学，我觉得自己的处境像布里丹的驴子一样，无法决定自己究竟该吃哪一捆干草。这显然是由于当时我对数学的认识不够，以至不能把根本性的最重要的东西与那些可有可无的知识区分开来。

此外，我对自然知识的兴趣无疑更强，作为一个学生，我还不清楚，即使在物理学中，要深入理解基本原理也少不了对最精密的数学方法的应用。对于这一点，是在几年独立的科学研究后，我才逐渐明白。

其实，物理学也分为众多研究领域，每一个领域也足够耗费人短暂的一生，而且还不一定能满足他对更深邃知识的渴望。那些已有的、尚未充分联系起来的实验数据的数量也是非常庞大，只是在这一领域里，我不久就学会了如何识别那种能引申出深邃知识的东西，而把其他偏离主要目标的东西撇开不管。

问题在于，人们为了考试，不论愿意与否，都得把所有的东西统

---

〔1〕基尔霍夫（1824—1887年），德国物理学家，提出了稳恒电路网络中电流、电压、电阻关系的两条电路定律，即著名的基尔霍夫电流定律和基尔霍夫电压定律，解决了电器设计中电路方面的难题。

〔2〕亥姆霍兹（1821—1894年），中学毕业后在军队服役8年，后取得公费进入在柏林的皇家医学科学院学习的机会。1842年获医学博士学位后，被任命为波茨坦驻军军医。1847年他在德国物理学会发表了关于力的守恒讲演，在科学界赢得很大声望，次年担任了柯尼斯堡大学生理学副教授。亥姆霍兹在这次讲演中，第一次以数学方式提出能量守恒定律。

〔3〕赫兹（1857—1894年），德国物理学家，于1888年首先证实了电磁波的存在。因赫兹对电磁学有很大的贡献，故频率的国际制单位（赫兹）以他的名字命名。

爱因斯坦故居

这个爱因斯坦故居位于瑞士首都伯尔尼最主要的街道克拉姆街49号。他在伯尔尼生活了7年，其中1902至1905年生活在这里。这里不仅是他娶妻生子的地方，也是他提出相对论的地方。

统塞进自己的脑袋，包括那些废物。这种强制的结果使我惧怕，以至在我通过最后的考试后，整整一年对科学问题毫无兴趣。公道地说，我们在瑞士所受到的这种强制，比许多地方要少得多。这里总共只有两次考试，除此以外我们差不多都可以做自己愿意做的事情。而我有一个朋友，他经常去听课，并且总会认真地整理听课记录，能与他共享听课记录，那我的情况就更是自由了。直到考试前几个月为止，我都充分享受了这种自由，并把伴随而来的内疚看作是可以乐意忍受的小毛病。

现代的课堂教学，竟然没有把研究问题的好奇心完全扼杀掉，还真是个奇迹。一株脆弱的幼苗，除了需要鼓励，它的成长更需要自由，要是没有自由，它肯定难免夭折。认为强制和培养责任感就能增进观察和探索的兴趣，无疑是一种严重的错误。即使一头健康的猛兽，在它不饿时，如果用鞭子强迫它不停吞食，特别是强喂它不加选择的食物，也无疑会使它丧失贪吃的习性。

现在谈谈物理学当时的情况。当时，物理学的各个方面虽然取得了丰硕的成果，但在原则问题上，主导思想却教条而顽固：它一开始（假如有这样的开始），就是上帝创造的牛顿运动定律[1]，以及必需

----

〔1〕牛顿运动定律是牛顿总结于17世纪并发表于《自然哲学的数学原理》中的牛顿第一运动定律（惯性定律）、牛顿第二运动定律和牛顿第三运动定律三大经典力学基本运动定律的总称。

的质量和力。这就是一切，此外的一切，都可以用适当的数学方法演绎出来。19世纪以此为基础取得的成就，特别是偏微分方程的应用，让所有理解能力好的人赞叹。牛顿在他的声传播理论中，第一次揭示了偏微分方程的功效。欧拉[1]奠定了流体动力学的基础。作为物理学基础的质点力学更加精确的发展，也是19世纪的成就。

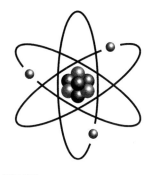

原子结构

1905年9月，爱因斯坦写了一篇短文《物体的惯性同它所含的能量有关吗》，作为相对论的一个推论。质能相当性是原子核物理学和粒子物理学的理论基础，也为20世纪40年代实现的核能的释放和利用开辟了道路。此图为原子的结构示意图。

对于一个大学生，我印象最深刻的并不是力学的专门结构或者它所解决的复杂问题，而是那些表面上与力学无关的领域中的成就。光的力学理论，它把光设想为准刚性的弹性以太波动，但印象最深的还是气体分子运动论：单原子气体的比热与原子量无关，气体状态方程的导出及其比热的关系，气体扩散的分子运动论，特别是气体的黏滞性、热传导和扩散之间的定量关系，还有气体扩散所反映的原子的绝对大小。这些研究成果也证明了力学是物理学和原子假说的基础，特别是原子假说，它在化学中已经确立了牢固的地位。但是在化学中，起作用的仅仅是原子的质量比，而不是它们的绝对大小，因此，与其说原子论是对物质的实在结构的认识，不如说是一种形象化的比喻。此外，古

---

〔1〕欧拉（1707—1783年），瑞士著名数学家和物理学家，在微积分和图论等众多领域都曾做出重大发现。他还率先引入许多现代数学术语和符号，特别是在数学分析领域，比如著名的数学函数符号。另外，他在力学、流体动力学、光学和天文学方面的研究也享有盛誉。

典力学的统计理论能够导出热力学的基本定律，也让我很感兴趣。现在，统计物理学的基础已经由玻尔兹曼[1]完成了。

可以说19世纪所有的物理学家，都把经典力学看作是物理学，甚至是全部自然科学的牢固的最终基础，而且，他们还孜孜不倦地企图把这一时期的麦克斯韦电磁理论也建立在经典力学的基础之上，甚至麦克斯韦[2]和H.扬兹，在其自觉的思考中，也都始终坚信力学是物理学的唯一基础。从现在看，他们恰巧是动摇了力学是物理学最终基础这一信念的人，对此我们不必惊奇。

是恩斯特·马赫[3]在他的《力学及其发展的批判历史概论》中，冲

---

〔1〕玻尔兹曼（1844—1906年），奥地利物理学家、统计物理学的奠基人之一。玻尔兹曼推广了麦克斯韦的分子运动理论而得到有分子势能的麦克斯韦—玻尔兹曼分布定律。在1872年从更广和更深的非平衡态的分子动力学出发，得到H定理，这是经典分子动力论的基础。玻尔兹曼通过熵与概率的联系，直接沟通了热力学系统的宏观与微观之间的关联，并对热力学第二定律进行了微观解释。他认为，热力学第二定律所禁止的过程并不是绝对不可能发生的，只是出现的概率极小而已，但仍然是非零的。

〔2〕麦克斯韦（1831—1879年），英国物理学家、数学家，经典电动力学的创始人，统计物理学的奠基人之一。在科学史上，牛顿把天上和地上的运动规律统一起来，是实现了第一次大综合，麦克斯韦把电、光统一起来，实现了第二次大综合。1873年麦克斯韦出版的《论电和磁》，也被认为继牛顿《自然哲学的数学原理》之后的最重要的物理学经典之一。麦克斯韦被普遍认为是对20世纪最有影响力的19世纪物理学家。

〔3〕马赫（1838—1916年），奥地利物理学家、哲学家，在研究气体中物体的高速运动时发现了激波，确定了以物速与声速的比值（即马赫数）为标准，来描述物体的超音速运动。他通过对科学的历史考察和科学方法论的分析，于1883年写出了《力学及其发展的批判历史概论》一书。他在书中对牛顿的绝对时间、绝对空间的批判，以及对惯性的理解，对爱因斯坦建立广义相对论起过积极作用，成为后者写出引力场方程的依据。爱因斯坦也因此把他的这一思想称为马赫原理。马赫的科学认识论曾在自然科学家中产生过强烈反响，受其影响的科学家中，最著名的是爱因斯坦和布里奇曼，以及一些哥本哈根学派的物理学家。

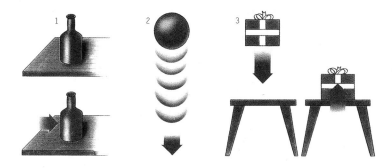

牛顿三大定律

牛顿的三大运动定律的应用与力学有关。此三大定律为：①物体在未受到外力作用时，保持静止状态，或作匀速直线运动。②物体在受到合外力作用会产生加速度，加速度方向和合外力方向相同，加速度大小与合外力大小成正比，与物体的惯性质量成反比。③物体相互作用时，第一物体作用于第二物体的力和第二物体作用于第一物体的力必定大小相同，方向相反。

击了经典力学教条式的信念。在我还是学生时，这本书给了我深刻的影响。我真正地感觉到了马赫的伟大在于他坚不可摧的怀疑精神和独立态度。我年轻时，虽然马赫的认识论观点对我影响甚大，但从今天看来，这种观点是站不住脚的。因为他没有正确阐明思想，特别是科学思想，本质上是构建性的、推断性的。因此，在理论的构建中，当推断的特征表现得过于明显，他就会指责理论，比如对原子运动论，他就曾作出过严厉的指责。

在批判经典力学之前，我首先得谈谈某些一般观点。明确了这些观点，才有可能去批判各种物理理论。第一个观点是很明显的：理论不应当同经验事实相矛盾。这个貌似明显的观点，在应用时却很伤脑筋，因为人们常常，甚至总是用人为的补充假设来使理论同事实相呼应，从而确认其已是一种普遍的理论基础。无论如何，第一个观点的关键，是如何用经验事实来证实理论基础。

爱因斯坦手稿

爱因斯坦是20世纪伟大的科学家之一，他于1905年发表的《论动体的电动力学》是相对论诞生的标志，这篇文章是20世纪最伟大的论文。爱因斯坦在这篇论文中提出的狭义相对论，在很大程度上解决了19世纪末出现的经典物理学危机，推动了整个物理学理论的革命。上图为爱因斯坦的研究手稿。

第二个观点涉及的，并非理论与观察材料的关系问题，而是理论本身的前提，即人们可以简单地，但总是比较含糊地称之为前提（基本概念以及这些概念之间作为基础的关系）的"自然性"或"逻辑的简单性"。这一观点在选择和评价各种理论时起着重大作用，但要确切地加以表达却很困难。这不是列举逻辑上独立的前提问题，而是一种在不能比较的性质间如何权衡的问题。在面对基础同样"简单"的几种理论时，那种对理论体系的可能性质限定最严格的理论（即含有最确定论点的理论）被认为是比较优越的。这里不涉及理论的"范围"，因为我们只限于某些理论，它们的对象是一切物理现象的总和。

第一个观点涉及与理论本身有关的"外部的证实"，第二个观点则涉及"内在的完备"。下面这一观点也属于理论的"内在的完备"：从逻辑立场来看，如果一种理论并不是从那些等价的方式构造起来的理论中任意选出的，那么我们就给予这种理论以较高的评价。

我不想借口篇幅有限来为上面几段所包含的不够明确的论点辩解，我得承认，我不能立刻，也许根本就没有能力立刻用明确的论点代替这些提示。但是我相信，要作出比较明确的阐述还是可能的。我们不难发现，在判断理论的"内在的完备"时，"预言家"们的意见往往是一致的，对"外部的证实"程度的判断更是如此。

对牛顿的力学世界与绝对空间的突破

从第一个观点，即从经验确证的观点出发，把波动光学纳入力学世界必将受到人们质疑。如若把光解释为一种弹性体（以太）中的波动，那么以太就应当是一种可以穿透任何东西的媒质。由于光波具有横向性，大体类似固体，又不可压缩，所以并不存在纵波。这种以太必须像幽灵一样与其他物质并存，因为它对"可量"物体的运动似乎并没有任何阻碍。为了解释透明物体的折射率以及辐射和吸收过程，人们必须假定在这两种物质之间存在复杂的相互作用，但人们对此还未有过尝试，也谈不上有何成果。

此外，电磁力的存在还迫使我们引进一种带电物质，它们虽然没有明显惰性，却能相互作用，并且这种相互作用属极性的类型，与引力完全不同。即便如此，物理学家们对法拉第和麦克斯韦的电磁学理论的接受也有较长时间的犹豫，但他们最终放弃了固有识见，即牛顿创立的力学基础。因为电动力学理论以及赫兹的实验证明，物理世界存在着在本质上同所有有重量物质相分离的电磁现象——它们是虚空中由电磁"场"组成的波。如果牛顿的经典力学[1]必须作为物理学的基础，那么麦克斯韦方程就必须力学化。人们朝这个方向做过很多努力，其结果反倒是麦克斯韦方程组的成果越来越明显。在朝这个方向

---

[1]牛顿经典力学认为质量和能量各自独立存在，且各自守恒，它只适用于物体运动速度远小于光速的范围。经典力学的基本定律是牛顿运动定律或与牛顿定律有关且等价的其他力学原理，是20世纪以前的力学。这一理论有两个基本假定：其一是假定时间和空间是绝对的，长度和时间间隔的测量与观测者的运动无关，物质间相互作用的传递是瞬时到达的；其二是一切可观测的物理量在原则上可以无限精确地加以测定。

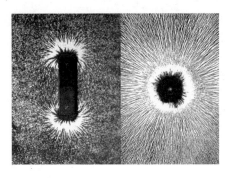

磁铁的两极

我们把铁屑喷洒在磁铁附近，就可以看到磁场的"力线"。铁屑被磁铁的北极和南极吸引，在两极（即力线）之间呈曲线形排列。

努力的过程中，人们往往把电磁"场"当成独立的物质看待，并未坚持寻找它的力学本性，人们就这样在不知不觉间放弃了物理学的力学基础，力学终于无望地适应了各种事实。从那时候起，两种概念要素出现了：一是质点以及它们之间的超距作用力，另一个是连续的"场"。也是从那时候起，物理学处于了一种过渡状态，它不再有一个统一的基础。这种状态虽然不能令人满意，但要形成一个统一的基础仍为时尚早。

现在从第二个观点，即"内在完备"的观点出发，对作为物理学的形而上学基础提出一些批判。在抛弃了物理的力学基础后，对今天的科学境况而言这种批判仅有方法论上的意义，但是在将来的理论选择中，当基本概念和公理距离直接可观察的东西愈来愈远时，这种批判所表明的论点就会发挥越来越重要的作用。首先，我要提到的是马赫的论点。其实，在此之前，这早已被牛顿清楚地认识到了（比如水桶实验）。从纯粹几何学的角度来看，一切"刚性"坐标系在逻辑上都是等价的。力学方程（如惯性定律）只是在某一类特殊的坐标系，即"惯性系"中才是有效的。在这些关系中，至于坐标系究竟是不是有形客体并不重要。因此，为了说明这种特殊选择的必要性，人们就必须在理论所涉及的对象（物体、距离）之外去寻找某些东西。因此，牛顿把"绝对空间"作为最初限定词引入，让它成为一切力学过程无所不在的能动参与者。所谓"绝对"，显然是指不受物体及其运动的影响。

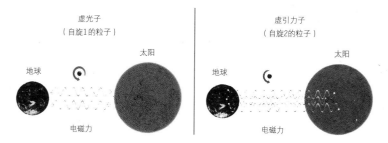

粒子之间的力

　　电磁力作用于带电荷的粒子之间，但不和不带电荷的粒子相互作用。电荷有正负两种，同种电荷之间相互排斥的，异种电电荷则相互吸引。一个大的物体，譬如太阳或地球，包含了几乎等量的正负电荷。

　　使这一事态特别显得不堪的是这样的事实：应当存在无限个惯性系，它们之间是一种相互均衡的、无旋涡的匀速平移关系，同时又区别于一切别的刚性坐标系。

　　马赫推测，在一个真正合理的理论中，惯性必须像牛顿理论的其他各种力一样，取决于物体的相互作用。在很长一段时间内，我也认为这种推测是正确的。但是，它隐含的基本理论预设就应该是一般的牛顿力学：以物体和物体之间的相互作用作为原始概念，人们立刻就会发现，这种解决问题的方式与统一的场论是不相符的。

　　然而，从下面的类比中我们可以清楚地看到，马赫的批判在本质上是多么正确。试想，有人想创立一种力学体系，但他们只知道地球表面的很小部分，却看不见任何星体，他们自然会倾向于把一些特殊的物理属性归因于空间的竖直维度（落体的加速度方向），有了这种观念，他们自然也就有理由认为大地大体上是平的。他们可能不会受以下观点的影响：空间就几何特性而言是各向同性的，那么，偏爱某个方向的物理学基本定律就是不能令人满意的；他们可能（像牛顿一样）倾向于断言竖直方向的绝对性，因为这是经验证明了的，也是人们必须接受的。较全部空间方向而言，更偏爱竖直方向，与偏爱惯性系甚于其他刚性坐标系，这两点完全类似。

超距作用

现在来讨论其他观点，它们涉及力学的内在的简单性或自然性。如果人们未经批判就接受空间（包括几何）和时间概念，那么他们就没有理由反对超距作用力的观念，即使这个概念并不符合人们在日常生活的原始经验基础上形成的观念。但是，还有另一个因素使得那种把力学当作物理学基础的看法显得幼稚。力学主要有两条定律：

1）运动定律；

2）关于力或势能的表示式。

运动定律是精确的，但在定出力的表示式前它是空泛的。但在规定力的表示式时，任意"选择"的余地还有很大，特别是当人们抛弃了力仅同坐标有关（而不依赖于其相对于时间的导数）这个本身很不自然的要求时更是如此。从一个点发出的引力作用（和电力作用）受势函数（1/r）支配，这在理论的框里描述，本身就带有任意的色彩。补充一点：很久以前人们就已认识到，这个函数是最简单的（转动不变的）微分方程 $\delta P=0$ 的中心对称解；因此，若以此为依据，认为此函数产生于某一空间定律，这倒容易理解，而且以此也可以消除选择力定律的任意性。这实际上也是使我们避开超距力理论的第一种认识，这种认识，由法拉第、麦克斯韦和赫兹最早提出，以后在实验事实的外来压力下才开始发展。

我还要提到这一理论的内在不对称性，即在运动定律中出现的惯性质量同样也在引力定律中出现，但不会在其他各种力的表示式里出现。最后我还要指出，把能量划分为本质上不同的两部分（即动能和势能），必定会被认为是不自然的；赫兹对此深感不安，以至在他最后的著作中，他曾企图把力学从势能概念中分离出来。

这已经够了。牛顿啊，请原谅我。你所发现的，在你的时代，是具有至高思维能力和创造力的人才能发现的。你所创立的观念，至今仍指导着我们的物理学思想，虽然我们知道，如果要更加深入地理解世界的各种联系，必须用另外的离直接经验领域更远的观念来代替。

好奇的读者可能会问："难道这也算是讣告？"我的回答是："本质上是的。"因为像我这种类型的人，一生的重点正是在于我所想的是什么和我是怎样想的，而不在于我做了或者经受了什么。所以，

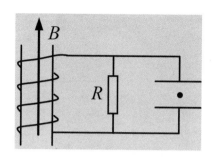

电磁场示意图

金属导线在一个空心筒上沿一个方向一匝一匝缠绕起来，形成螺线管。如果使这个螺线管通电，螺线管的内部和外部每一匝线圈都会产生磁场，而产生的磁场会互相叠加起来，而磁场的方向如图中箭头所示。

这个讣告可以主要讲述那些在我的努力中起重要作用的思想。一种理论的前提越简单，它所涉及的事物的种类就越多，它的应用范围也更广更醒目。经典热力学给了我深刻的印象，所以我确信，在它的基本概念适用的范围内，其物理理论决不会被推翻（对这一点，那些原则上是怀疑论者的人应特别注意）。

在我的学生时代，最使我着迷的是麦克斯韦理论。这一理论从超距作用力向以场作为基本变量的理论过渡，而使其具有明显的革命性。光学被并入电磁理论，连同光速同绝对电磁单位制的关系，以及折射率同介电常数的关系，反射系数与金属体的传导率之间的定性关系……这一切如同一种启示。在这里，除了转变为场论，即转变为用微分方程来描述的基本定律外，麦克斯韦仿佛只需要一个唯一的假设性的步骤了。在真空和电介质中引进位移电流及其磁效应，这一切几乎都是由微分方程的形式性征预先规定了的。谈到这里，我禁不住要说，在法拉第、麦克斯韦与伽利略和牛顿之间有非常值得注意的内

法拉第

法拉第（1791—1867年），英国物理学家、化学家，自学成才的科学家。他生于英国萨里郡纽因顿一个贫苦铁匠家庭，仅上过小学。1831年，他作出了关于力场的关键性突破，永远改变了人类文明。1815年5月法拉第回到皇家研究所，在戴维的指导下进行化学研究。1824年1月法拉第当选皇家学会会员，1825年2月任皇家研究所实验室主任，1833—1862年任皇家研究所化学教授。1846年法拉第荣获伦福德奖章和皇家勋章。

在相似性，即前者都直觉地抓住了事物的联系，而后者则严格地用公式把这些联系表述了出来，并且定量地进行了应用。

当时使人难以把握电磁理论本质的是下述特殊情况：电或磁的"场强度"和"位移"都被当作同样基本的"物理"量来处理，而空虚空间则被认为是电介体的一种特殊情况。场的载体看来是物质，而不是空间。这就暗示了场的载体具有速度，而且，这当然也适用于"真空"（以太）。赫兹的动体电动力学是完全建立在这种基本观点上的。

洛伦兹的伟大功绩就在于他在这里以令人信服的方式完成了一个变革。按照他的看法，场原则上只能在空虚空间里存在。物质粒子被看作是由"原子"组成的物质，是电荷的唯一基体；物质粒子之间是空虚空间，它是电磁场的基体，而电磁场则是由那些位于物质粒子上的电荷的位置和速度产生的。介电常数、传导率等等，只取决于那些组成物体的粒子之间的力学联系的方式。一方面，粒子上的电荷产生场，另一方面，场又以力作用在粒子的电荷上，而且按照牛顿运动定律决定粒子的运动。如果人们把这同牛顿体系作比较，那么其变化就在于：超距作用力由场代替，而场同时也描述辐射。引力通常是由于它相对地说来比较小而不予考虑；但是，通过充实场的结构，或者扩充麦克斯韦场定律，总有可能考虑到引力。现在这一代的物理学家认为洛伦兹所得到的观点是唯一可能的观点；但在当时，它却是一个惊人大胆的步骤，要是没有它，以后的发展是不可能的。

如果人们批判地来看这一阶段理论的发展，那么令人注目的是它的二元论，这种二元论表现在牛顿力学意义上的质点同作为连续区的场，彼此并列地都作为基本概念来运用。动能和场能表现为两种根本不同的东西。既然按照麦克斯韦理论，运动电荷的磁场代表惯性，所以这就显得更加不能令人满意。那么，为什么不是全部惯性呢？在磁场代表全部惯性的情况下，只有场能仍然留下，而粒子则不过是场能特别稠密的区域。在这种情况下，人们希望，质点的概念连同粒子的运动方程都可以由场方程推导出来——那种恼人的二元论就会消除了。

H. A. 洛伦兹对此了解得很清楚。可是从麦克斯韦方程不可能推导出那构成粒子的电的平衡。也许只有另一种非线性场方程才有可能做到这一点。但是，不冒任意专断的危险，就无法发现这种场方程。无论如何，人们可以相信，沿着法拉第和麦克斯韦如此成功地开创的道路前进，就能一步一步为全部物理学找到一个新的可靠基础。

因此，由于引进场而开始的革命，绝没有结束。那时又发生了这样的事：在世纪之交，同我们刚才讨论的事情无关，出现了第二个基本危机，由于马克斯·普朗克[1]对热辐射[2]的研究（1900年）而

---

〔1〕普朗克（1858—1947年），德国物理学家，量子力学的创始人，20世纪最重要的物理学家之一，因发现能量量子而对物理学的进展做出了重要贡献，并在1918年获得诺贝尔物理学奖。

〔2〕热辐射，物体由于具有温度而辐射电磁波的现象，是热量传递的三种方式之一。一切温度高于绝对零度的物体都能产生热辐射，温度越高，辐射出的总能量就越大，短波成分也越多。热辐射的光谱是连续谱，波长覆盖范围理论上可从0直至∞，一般的热辐射主要靠波长较长的可见光和红外线传播。由于电磁波的传播无须任何介质，因此热辐射是在真空中唯一的传热方式。

热辐射

　　普朗克认为，任何物体在任何温度下，都向外发射波长不同的电磁波，这种能量按波长的分布随温度的变化而不同的电磁辐射，就叫做热辐射。

突然使人意识到它的重要性。这一事件的历史尤其值得注意，因为，至少在开始阶段，它并没有受到任何实验上的惊人发现的任何影响。

　　基尔霍夫以热力学为根据，曾得到这样的结论：在一个由温度为T的不透光的器壁围住的空腔里，辐射的能量密度和光谱组成，同器壁的性质无关。这就是说，单色辐射的密度ρ是频率[1]和绝对温度T的普适函数。于是就产生了怎样来决定这个函数ρ（$V\cdot T$）的有趣问题。关于该函数，可用理论方法探寻些什么呢？依据麦克斯韦理论，辐射必然会对腔壁产生压力，该压力决定于总能量密度。由此，玻尔兹曼由纯粹热力学方法推导出：辐射的总能量密度（$S\rho dv$）同T^4成正比。

---

　　〔1〕频率是单位时间内完成振动的次数，是描述振动物体往复运动频繁程度的量，常用符号f或v表示，单位为Hz。为了纪念德国物理学家赫兹的贡献，人们把频率的单位命名为赫兹，简称"赫"。每个物体都有由它本身性质决定的与振幅无关的频率，叫做固有频率。频率概念不仅在力学、声学中应用，在电磁学和无线电技术中也常用。交变电流在单位时间内完成周期性变化的次数，叫做电流的频率。

从而他为早先已由斯忒藩[1]在经验上发现的定律找到了理论根据，也就是说，他把这条经验定律同麦克斯韦理论的基础联系了起来。此后，W.维恩[2]从热力学上经讨一种巧妙的考虑，同时也应用了麦克斯韦理论，发

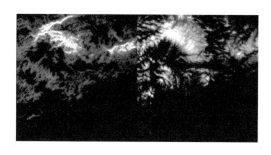

辐射影像的对比校正

辐射影像的对比校正是指，出于大气对电磁辐射的散射和吸收等因素，对数据获取和传输系统产生的辐射失真或畸变影像进行对比和校正的过程。

现了这个含有两个变量ν和T的普适函数ρ应当具有如下形式：

$$\rho \approx V^3 f\left(\frac{\nu}{T}\right)$$

此处 $f(\nu/T)$ 是一个只含有一个变数ν/T的普适函数。很明显，从理论上决定这个普适函数f是有根本性意义的——这正是普朗克所面临

〔1〕斯忒藩（1835—1893年），奥地利物理学家。斯忒藩是斯洛文尼亚人，父亲是小店主，他本人于1858年在维也纳大学获得哲学博士学位，1863年起在该大学任教。他对热物体的冷却速率感兴趣。一个世纪前，普雷沃对此作了首次定性观察，但斯忒藩在很宽的温度范围内仔细地观察了热物体，因而能进行定量描述。1879年，他阐述道，热体的总辐射和它的绝对温度的四次方成正比。若温度提高一倍，辐射率则增加到16倍。这就是斯忒藩的四次方定律，现已证明它在星体演化的研究上具有重大意义。

〔2〕维恩（1864—1928年），德国物理学家，研究领域为热辐射与电磁学等。1893年，维恩经由热力学、光谱学、电磁学和光学等理论综合，发现了维恩位移定律，并应用于黑体等学术理论，揭开量子力学新领域。1911年，他因对于热辐射等物理法则贡献，而获得诺贝尔物理学奖。

的任务。仔细的量度已经能相当准确地从经验上来确定函数 f。根据这些实验量度，普朗克首先找到了一个确实能把量度结果很好地表达出来的表达式：

$$\rho = \frac{8\pi h v^3}{c^3} \cdot \frac{1}{\exp(hv/kT) - 1}$$

此处 h 和 k 是两个普适常数，其中第一个引出了量子论。这个公式由于它的分母而显得有点特别。它是否可以从理论上加以论证呢？普朗克确实找到了一种论证，不过这种论证的缺陷，最初并没有被发现，这一情况对物理学的发展可以说是真正的幸运。如果这个公式是正确的，那么，借助于麦克斯韦理论，就可以算出准确的单色振子在辐射场中的平衡能量 E 为：

$$E = \frac{1}{\exp(hv/kT) - 1}$$

普朗克试图从理论上算出这一平均能量。首先热力学对于这种尝试再也帮不了什么忙，麦克斯韦理论同样也帮不了忙。但是，在这个公式中，非常鼓舞人心的是下述情况。它在高温时（在 v 是固定的情况下）得出如下的表示式：

$E=KT$

这式子同气体分子运动论中所得到的作一维弹性振动的质点的平均能量的表达式相同。在气体分子运动论中，人们得到

$E=(R/N)T$

此处 R 是气体状态方程的常数；N 是每克分子的分子数，从这个常数，可以算出原子的绝对大小。使这两个式子相等，我们就得到

$N=R/K$

因而普朗克公式中的一个常数给我们准确地提供了原子的真实大小。其数值同用气体分子运动论定出的 N 符合得相当令人满意，尽管后者并不很准确。

普朗克清楚地认识到这是一个重大的成功。但是这件事有一个严重缺陷，幸而当初普朗克没有注意到。由于同样的考虑，应当要求

（*E=KT*）这一关系对于低的温度也必须同样有效。然而，在这种情况下，普朗克公式和常数*h*也就完蛋了。因此，从现有理论所得出的正确结论应当是：要么，由气体理论给出的振子的平均动能是错误的，那就意味着驳斥了统计力学；要么，由麦克斯韦理论求得的振子的平均动能是错误的，那就意味着驳斥了麦克斯韦理论。在这样的处境下，最可能的是，这两种理论都只有在极限情况下是正确的，而在其他情况下则是不正确的；我们往后会看到，情况确实是如此。如果普朗克得出了这样的结论，那么，他也许就不会作出他的伟大发现了，因为这样就会剥夺他纯粹思考的基础。

现在回到了普朗克的思考。根据气体分子运动论[1]，玻尔兹曼已经发现，除了一个常数因子外，熵等于我们所考察的状态的概率的对数。通过这种见解，他认识到在热力学意义上的不可逆过程的本质。然而，从分子力学的观点来看，一切过程都是可逆的。如果人们把由分子论定义的状态称为微观描述的状态，或者简称为微观状态，而把由热力学描述的状态称为宏观状态，那么就有非常多个（*Z*个）状态，同属于一个宏观状态。于是*Z*就是一个所考察的宏观状态的概率的一种度量。这种观念，还由于它的适用范围并不局限于以力学为基础的微观描述，而显得格外重要。普朗克看到了这一点，并且把玻尔兹曼原理应用于一种由很多个具有同样频率*ν*的振子所组成的体系。宏观状态是由所有这些振子振动的总能量来决定的，而微观状态则由每一单

---

〔1〕这是一种于19世纪中叶开始建立起来的联系气体微观粒子行为和宏观现象的初步理论。该理论以气体中大量分子作无规则运动的观点为基础，根据牛顿力学定律和大量分子运动所表现出来的统计规律来阐明气体的性质。例如，该理论阐明了气体对容器器壁的压强是由于大量分子与器壁碰撞而产生的，气体温度的升高是分子平均动能增加的结果；初步揭示了气体的扩散、热传导和黏滞性等现象的本质，解释了许多关于气体的实验定律等。气体分子运动论的建立，促进了统计物理学的发展。

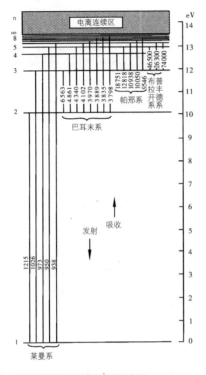

氢原子光谱区的各种线系示意图

　　氢原子是最简单的原子,从氢气放电管可以获得氢原子光谱,这种光谱在可见区和近紫外线区有许多谱线,构成一个有规律的系统,谱线的间隔和强度都向短波方向递减。上图为氢原子光谱区的各种线系。

个振子的(瞬时)能量来决定的。因此,为了能用一个有限的数来表示属于一个宏观状态的微观状态的数目,他把总能量分为数目很大但还是有限个数的相同的能量元ε,并问:在振子之间分配这些能量元的方式能有多少。于是,这个数目的对数就提供了这个体系的熵,并因此(通过热力学的方法)提供这体系的温度。当普朗克为他的能量元ε选取$\varepsilon=h\nu$的值时,他就得到了他的辐射公式。在这样做时,决定性的因素在于只为ε选取一个确定的有限值,也就是不使它趋于极限$\varepsilon=0$才能有这一结果。这种思考方式不是一下子就能看出它同推导过程的其他方面所依据的力学和电动力学的基础是相矛盾的。可是,实际上,这种推导暗中假定了单个振子只能以大小为$h\nu$的"量子"吸收和发射能量,也就是说,不论是可振动的力学结构的能量,还是辐射的能量,都只能以这种量子方式进行转换,这是同力学定律和电动力学定律相违背的。在这里,同力学的矛盾是基本的;而同电动力学的矛盾可能没有那么基本。因为辐射能量密度的表示式虽然同麦克斯韦方程是相容的,但它并不是这些方程的必然结果。以这个表示式为基础的斯忒藩—玻尔兹曼定律和维恩定律是同经验相符合的这一事实，就显示了这个表示式提供着重要的平均值。

在普朗克的基本工作发表以后不久，所有这些我都已十分清楚；尽管没有一种古典力学的代替品，我还是能看出，这条温度—辐射定律，对于光电效应和其他同辐射能量的转换有关的现象，以及（特别是）对于固体的比热，将会得出什么结果。可是，我要使物理学的理论基础同这种认识相适应的一切尝试都失败了。这就像一个人脚下的土地都被抽掉了，使他看不到哪里有可以立足的坚固地基。至于这种摇晃不定、矛盾百出的基础，竟足以使一个具有像尼尔斯·玻尔[1]那样具有独特本能和机智的人发现光谱线和原子中电子壳层的主要定律以及它们对化学的意义，这件事对我来说，就像是一个奇迹。而且即使在今天，在我看来这仍然像是一个奇迹。这是思想领域中最高的音乐神韵。

在那些年代里，我自己的兴趣主要不在于普朗克的成就所得出的个别结果，尽管这些结果可能非常重要。我的主要问题是：从那个辐射公式中，关于辐射的结构，以及更一般地说，关于物理学的电磁基础，能够得出什么样的普通结论呢？在我深入讨论这个问题之前，我必须简要地提到关于布朗运动[2]及有关课题（起伏现象）的一些研究，这些研究主要是以古典的分子力学为根据的。在不知道玻尔兹曼和吉

---

〔1〕玻尔（1885—1962年），丹麦物理学家，哥本哈根学派的创始人，曾获1922年诺贝尔物理学奖。他通过引入量子化条件，提出了玻尔模型来解释氢原子光谱，提出对应原理，互补原理来解释量子力学，对20世纪物理学的发展影响深远。

〔2〕布朗运动是指悬浮在流体中的微粒受到流体分子与粒子的碰撞而发生的不停息的随机运动。做布朗运动的固体颗粒很小，肉眼是看不见的，必须在显微镜下才能看到。

布斯[1]已经发表的而且事实上已经把问题彻底解决了的早期研究工作的情况下，我发展了统计力学，以及以此为基础的热力学的分子运动论。在这里，我的主要目的是要找到一些事实，尽可能地确证那些有确定的有限大小的原子的存在。这时我发现，按照原子论，一定会有一种可以观察到的悬浮微粒的运动，而我并不知道，关于这种"布朗运动"的观察实际上早已是人所共知的了。最简单的推论是以如下的考虑为根据的。一方面，如果分子运动论原则上是正确的，那么，那些可以看得见粒子的悬浮液就一定也像分子溶液一样，具有一种能满足气体定律的渗透压。这种渗透压同分子的实际数量有关，亦即同一克当量的分子个数有关。如果悬浮液的密度并不均匀，那么这种渗透压也会因此而在空间各处有所不同，从而引起一种趋向均匀的扩散运动，这种扩散运动可以从已知的粒子迁移率计算出来。但另一方面，这种扩散过程也可以看作是悬浮粒子因热骚动而引起的，是原来不知其大小的无规则位移的结果。通过把这两种考虑所得出的扩散通量的数值等同起来，就可以定量地得到这种位移的统计定律，也就是布朗运动定律。这些考察同经验一致，以及普朗克根据辐射定律（对于高温）对分子真实大小的测定，使当时许多怀疑论者（奥斯特瓦尔德[2]、

---

〔1〕吉布斯（1839—1903年），生于美国康涅狄格州纽黑文城，在热力学平衡与稳定性方面做了大量的研究工作并取得丰硕的成果，于1873—1878年连续发表了3篇热力学论文，奠定了热力学理论体系的基础。其中第三篇论文《论多相物质的平衡》是其最重要的成果。在这篇文章中，吉布斯提出了许多重要的热力学概念，至今仍被广泛使用。吉布斯对于科学发展的另一大贡献集中于统计力学方面，他于1902年出版了《同热力学合理基础有特殊联系而发展起来的统计力学的基本原理》一书。其中，他提出了系综理论，导出了相密度守恒原理，实现了统计物理学从分子运动论到统计力学的重大飞跃。

〔2〕奥斯特瓦尔德（1853—1932年），德国物理化学家，1872年入爱沙尼亚多尔帕特大学学习，1878年获化学博士学位，1881年任里加工业大学化学教授。1887年任莱比锡大学物理化学教授，1898年兼物理化学研究所所长。

马赫）相信了原子的实在性。这些学者之所以厌恶原子论，无疑可以溯源于他们实证论的哲学观点。这是一个有趣的例子，它表明即使是有勇敢精神和敏锐本能的学者，也可以因为哲学上的偏见而妨碍他们对事实作出正确解释。这种偏见——至今还没有灭绝——就在于相信无须自由的概念构造，事实本身就能够而且应该为我们提供科学知识。这种误解之所以可能，是因为人们不容易认识到，经过验证和长期使用而显得似乎同经验材料直接相联系的那些概念，其实都是自由选择出来的。

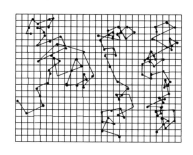

布朗运动

　　在显微镜下，看起来连续的液体实际上是由许多分子组成的。这些分子不停地做不规则运动，并且随机撞击其中的悬浮微粒，当悬浮微粒足够小时，受到的来自各个方向的撞击作用并不平衡；在某一瞬间，微粒在另一个方向受到撞击的作用强，会致使微粒向其他方向运动。微粒的运动并不规则，这就是布朗运动。在无风的情形下观察空中的烟粒、尘埃时也会看到这种运动。

　　布朗运动理论的成功再一次清楚表明：当速度对时间的高阶微商小到可以忽略不计时，把古典力学用于这种运动，总是能提供可靠的结果。依据这种认识，可以提出一种比较直接的方法，使我们能够从普朗克公式中求得一些关于辐射结构的知识。也就是说，我们可以得出这样的结论：在充满辐射的空间里，一面（垂直于它自身的平面）自由运动着的准单色反射镜，必定要做一种布朗运动，其平均动能等于 $\frac{1}{2}$（R/N）T（R为1克分子的气体方程中的常数，N为每克分子中的分子数目，T为绝对温度）。如果辐射没有受局部起伏的支配，镜子就会渐趋静止，因为，由于它的运动，在它的正面反射的辐射要比背面反射的多。可是由于组成辐射的波束互相干涉，镜子必然要遇到作用在它身上的压力的某种不规则的起伏，这种起伏必定能够从麦克斯韦理论中计算出来。然而，这种计算表明，这

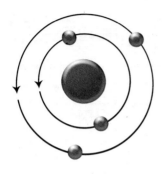

玻尔的原子模型示意图

在卢瑟福模型的基础上，玻尔提出了电子在核外的量子化轨道，解决了原子结构的稳定性问题，描绘出了完整而令人信服的原子结构；玻尔的原子模型给出了这样的宇宙图像：①电子在一些特定的可能轨道上绕核作圆周运动，离核愈远能量愈高；②可能的轨道由电子的角量必须是 $h/(2\pi)$ 的整数倍决定；③当电子在这些可能的轨道上运动时，原子不能发射也不吸收能量，只有当电子从一个轨道跃迁至另一个轨道时，原子才发射或吸收能量，而且发射和吸收的能量是单频的。

些压力起伏（特别是在辐射密度很小的情况下）要给镜子以平均动能 $\frac{1}{2}(R/N)$ T 是无论如何也做不到的。为了能够得到这个结果，就必须假定另外有第二种压力起伏，可是它是不能从麦克斯韦理论推导出来的，而符合于这样的假定：辐射能量是由许多能量为 hv（动量为 hv/c，c 为光速）的好像集中在一点上的不可分割的量子所组成的，而量子在被反射时也是不可分割的。这种考虑以激烈而直接的方式表明，普朗克的量子必须被认为是一种直接的实在，因而，从能量角度来看，辐射必定具有一种分子结构，这当然是同麦克斯韦理论相矛盾的。直接依据玻尔兹曼的熵——概率关系（取概率等于统计的时间频率）对辐射所作的考察也得到同样的结果。辐射的（和物质微粒的）这种二象性是实在的一种主要特性，它已经由量子力学以巧妙而且非常成功的方式作了解释。几乎当代所有物理学家都认为这种解释基本上是最终的解释，而在我看来，它不过是一条暂时的出路；关于这一点，有些意见留待以后再谈。

早在1900年以后不久，即在普朗克的首创性工作以后不久，这类思考已使我清楚地看到：不论是力学还是热力学（除非在极限情况下）都不能要求严格有效。渐渐地我对那种根据已知事实用构造性的努力去发现真实定律的可能性感到绝望了。我努力得愈久，就愈加绝望，也就愈加确信，只有发现一个普遍的形式原理，才能使我们得到可靠的

布鲁塞尔会议

    德国物理学家能斯特用量子理论研究低温环境下的辐射现象，得出了光化学的"原子链式反应"理论，从而计算出熵的绝对值，为此能斯特获得了1920年诺贝尔化学奖。图为布鲁塞尔会议上能斯特在为居里夫人、爱因斯坦等科学家演算熵的绝对值。

结果。我认为热力学就是放在我面前的一个范例。在那里，普通原理是用这样一条定理来说明的：自然规律是这样的，它们使（第一类和第二类）永动机的制造成为不可能。但是这样一条普通原理究竟是怎样找到的呢？经过十年沉思以后，我从一个悖论中得到了这样一个原理，这个悖论我在16岁时就已经于无意识中想到了：如果我们以速度为c（真空中的光速）追随一条光线运动，那么我就应当看到，这样一条光线就好像一个在空间里振荡着而停滞不前的电磁场。可是，无论是依据经验，还是按照麦克斯韦方程看来，都不会有这样的事情。从一开始，在我直觉地看来就很清楚，从这样一个观察者的观点来判断，一切都应当像一个相对于地球是静止的观察者所看到的那样按照同样的一些定律进行，因为，第一个观察者怎么会知道或者能够判明他是处在均匀的快速运动状态中呢？

光速

光在真空中的速率是一个常数，并且不因光源与观测者之间的相对速度而发生变化，这是从麦克斯韦电磁力学方程组得出的结果，爱因斯坦把它作为建立狭义相对论的基本定理之一。

人们看得出，这个悖论已经包含着狭义相对论的萌芽。今天，当然谁都知道，只要时间的绝对性或同时性的绝对性这条公理不知不觉地留在潜意识里，那么任何想要令人满意地澄清这个悖论的尝试，注定要失败。清楚地认识这条公理以及它的任意性，实际上就意味着问题的解决。对于发现这个中心点所需要的批判思想，就我的情况来说，尤其因阅读了大卫·休谟和恩斯特·马赫的哲学著作而得以突破。

人们必须清楚地了解，在物理学中一个事件的空间坐标和时间值意味着什么。要从物理上说明空间坐标，就得预先假定一个刚性的参照体，而且，这参照体必须处在多少是确定的运动状态中（惯性系）。在一个既定的惯性系中，坐标就是用（静止的）刚性杆作一定量度的结果。（人们始终应当意识到，原则上有刚性杆存在的假定，是一种由近似的经验启示的，但在原则上却是任意的假定。）由于对空间坐标作这样一种解释，欧几里得几何的有效性问题便成为一个物理学上的问题了。

如果人们想用类似的方法来说明一个事件的时间，那就需要一种量度时间差的工具（这是借助于一个空间广延足够小的体系来实现的自行决定的周期过程）。一只相对于惯性系是静止的钟规定着一个"当地时间"。如果人们已经定出一种方法去相互"校准"这些"空间各个点上的钟"，那么，这些空间点的当地时间合在一起，就是所选定的那个惯性系的"时间"。人们看到，根本没有必要先验地认为这样定义的"时间"在不同的惯性系中是彼此一致的。假如在日常生活的实际经验中光（因为 c 的数值很大）看起来不像是一种能断定绝对同时性的工具，那么，人们早就该注意到这一点了。

关于（原则上）有（理想的，即完善的）量杆和时钟存在这样的假定并不是彼此无关的，因为，只要光速在其空中恒定不变的假设不导致矛盾，那么，在一根刚性杆两端之间来回反射的一个光信号就构成一只理想的时钟。

上述悖论现在就可以表述如下。从一个惯性系转移到另一个惯性系时，按照古典物理学所用的关于事件在空间坐标和时间上的联系规则，下面两条假定：

1）光速不变；

2）定律（并且特别是光速不变定律）同惯性系的选取无关（狭义相对性原理），二者是彼此不相容的（尽管两者各自都是以经验为依据的）。

狭义相对论所依据的认识是：如果事件的坐标和时间的换算是按照一种新的关系（"洛伦兹变换"[1]），那么，1）和2）这两个假定就是彼此相容的了。根据前面对坐标和时间的物理解释，这绝不仅仅是一种约定性的步骤，而且还包含着某些关于运动的量杆和时钟的实际行为的假说，而这些假说是可以被实验证实或者推翻的。

狭义相对论的普遍原理包含在这样一个假设里：物理定律对于（从

---

［1］洛伦兹变换是观测者在不同惯性参照系之间对物理量进行测量时所进行的转换关系，在数学上表现为一套方程组。洛伦兹变换最初用来调和19世纪建立起来的经典电动力学同牛顿力学之间的矛盾，后来成为狭义相对论中的基本方程组。

洛伦兹变换是狭义相对论中关于不同惯性系之间物理事件时空坐标变换的基本关系式。设两个惯性系为 S 系和 S' 系，它们相应的笛卡尔坐标轴彼此平行，S' 系相对于 S 系沿 x 方向运动，速度为 v，且当 $t=t'=0$ 时，S' 系与 S 系的坐标原点重合，则事件在这两个惯性系的时空坐标之间的洛伦兹变换为 $x'=\gamma(x-vt)$，$y'=y$，$z'=z$，$t'=\gamma(t-vx/c^2)$，式中 $\gamma=(1-v^2/c^2)-1/2$；c 为真空中的光速。不同惯性系中的物理定律必须在洛伦兹变换下保持形式不变。

一个惯性系转移到另一个任意选定的惯性系的）洛伦兹变换是不变的。这是对自然界定律的一条限制性原理，它可以同不存在永动机这样一条作为热力学基础的限制性原理相比拟。首先就这理论对"四维空间"的关系说几句话。认为狭义相对论似乎首先发现了，或者第一次引进了物理连续区的四维性，这是一种广泛流传的错误。情况当然不是这样的。古典力学也是以空间和时间的四维连续区为基础的。只是在古典物理学的四维连续区中，时间值恒定的截面有绝对的实在性，即同参照系的选取无关。因此，四维连续区就自然而然地分为一个三维连续区和一个一维连续区（时间），所以，四维的考察方式就没有必要强加于人了。与此相反，狭义相对论在空间坐标作为一方和时间坐标作为另一方如何进入自然规律的方式方法之间，创立了一种形式上的依存关系。

闵可夫斯基对这理论的重要贡献如下：在闵可夫斯基的研究之前，为了检验一条定律在洛伦兹变换下的不变性，人们就必须对它实行一次这样的变换；可是闵可夫斯基却成功地引进了这样一种形式体系，使定律的数学形式本身就保证了它在洛伦兹变换下的不变性。由于创造了四维张量演算，他对四维空间也就得到了同通常的矢量演算对三维空间所得到的结果一样。他还指出，洛伦兹变换（且不管由于时间的特殊性造成的正负号的不同）不是别的，只不过是坐标系在四维空间中的转动。

首先，对上述理论提一点批评性意见。人们注意到，这理论（除四维空间外）引进了两类物理的东西，即（1）量杆和时钟；（2）其余一切东西，比如电磁场、质点[1]等等。这在某种意义上是不一致的。

---

〔1〕质点就是有质量但不存在体积与形状的点。在物体的大小和形状不起作用，或者所起的作用并不显著而可以忽略不计时，我们近似地把该物体看作是一个具有质量、大小和形状可以忽略不计的理想物体，称为质点。

严格说来，量杆和时钟应当表现为基本方程的解（由运动着的原子实体所组成的客体），而不是似乎理论上独立的实体。可是这种做法是有道理的，因为一开始就很明白，这理论的假设不够有力，还不足以从其中为物理事件推导出足够完备的而且充分避免任意性的方程，以便以此为基础来建立量杆和时钟的理论。如若人们根本不愿意放弃坐标的物理解释（这本来是可能的），那么，最好还是允许这种不一致性，然而有责任在理论发展的后一阶段把它消除。但是，人们不应当把上述过失合法化，以至把间隔想象为本质上不同于其他物理量的特殊类型的物理实体（"把物理学归结为几何学"等等）。

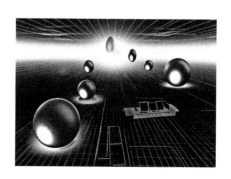

维度空间

"维"是一种度量，在物理学的领域内，指独立时空坐标的数目。零维是一点，一个没有长度的奇点；一维是线，只有长度；二维是平面，由长度和宽度(或曲线)形成面积；三维是二维加上高度形成体积；四维则是在三维基础上加上了时间。

我们现在要问，物理学中有哪些具有确定性质的认识应该归功于狭义相对论。

1）在距离上分隔开的事件之间没有同时性；因而也没有"牛顿力学"意义上的直接的超距作用。虽然，按照这种理论，引入以光速传播的超距作用是可以想象的，但是却显得很不自然；因为在这样一种理论中，不可能有能量守恒原理的合理陈述。因此，看来不可避免地要用空间的连续函数来描述物理实在。所以质点就难以再被认为是理论的基本概念了。

2）动量守恒定律和能量守恒定律融合成为单独的一条定律。封闭体系的惯性质量就是它的能量，因此，质量不再是独立的概念了。

重力

重力是最常见的力，人类生活在地球上，时时刻刻都受到重力作用。地球和月亮之间存在相互吸引的力，这个力跟地球吸引地面的物体使物体下落的力是同一种力，即万有引力。

附注，光速c是那些作为"普适常数"[1]，在物理方程中出现的物理量之一。可是，如果人们用光走过1厘米的时间作为时间单位，来代替秒，那么c在这方程中就不再出现。在这个意义上，人们可以说，常数c只是一个表观的普适常数。

如果采用适当选取的"自然"单位（比如电子的质量和半径）来代替克和厘米，那么还可以从物理学中再消去另外两个普适常数，这是很明显的，而且也是大家所公认的。设想我们这样做了，那么在物理学的基本方程中就只能出现"无量纲"的常数。关于这些常数，我想讲这样一个命题，它在目前，除了相信自然界是简单和可以理解的外，还不能以其他任何东西为依据。这命题就是：这种任何常数是不存在的；也就是说，自然

---

〔1〕普适常数：理想气体物态方程$pV=(m/M)RT$，p为气体的压强，V为气体的体积，M为气体的摩尔质量，m为气体的质量，R为气体普适常数，T为气体的热力学温度，其中的R也就是普适常数，单位$J \cdot mol^{-1} \cdot K^{-1}$或$kPa \cdot L \cdot K^{-1} \cdot mol^{-1}$。

$R=8.314$（$J \cdot mol^{-1} \cdot K^{-1}$），也称气体常量，表示气体性质的普适常数，全称为摩尔气体常量，又称普适气体常量，简称气体常量，常用符号R表示。根据理想气体状态方程$pV=nRT$，R等于1摩尔任何理想气体的压力p和体积V的乘积除以绝对温度T，取标准状态$T=273.15K$，$p=1$大气压，标准状态下的气体体积V_0可由实验得出比较准确的数值，为$V_0=22.41410 \times 10^{-3} m^3/mol$（$m^3 \cdot mol^{-1}$），由此算出$R=8.314510 J \cdot mol^{-1} \cdot K^{-1}$。

界是这样构成的，它使得人们在逻辑上有可能规定这样一些十分确定的定律，而在这些定律中只能出现一些完全合理的确定了的常数（因而，不是那些在不破坏这种理论的情况下也能改变其数值的常数）。

狭义相对论的起源要归功于麦克斯韦的电磁场方程。反过来，后者也只有通过狭义相对论才能在形式上以令人满意的方式被人们理解。麦克斯韦方程是对于一种从矢量场导出的反对称张量所能建立的最简单的洛伦兹不变的场方程。要不是从量子现象中我们知道麦克斯韦理论不能正确说明辐射的能量特性，那么，这一切本来是会令人满意的。但是，怎样才能自然地修改麦克斯韦理论呢？对于这个问题，狭义相对论也提供不出充分的依据。而对于马赫的问题："为什么惯性系在物理上比其他坐标系都特殊，这是怎么一回事呢？"这个理论同样作不出回答。

当我力图在狭义相对论的框子里把引力表示出来的时候，我才完全明白，狭义相对论不过是必然发展过程的第一步。在用场来解释的古典力学中，引力场表现为一种标量场（只有一个分量的、理论上可能的最简单的场）。首先，引力场的这种标量理论，很容易做到对于洛伦兹变换群是不变的。因此，下述纲领看来是自然的：总的物理场是由一个标量场（引力场）和一个矢量场（电磁场）组成的；以后的认识也许最终还有必要引进更加复杂的场；但是开始时人们还是不需要为此担心。

然而，实现这个纲领的可能性，一开始就成问题，因为这种理论必须把下面两件事结合起来：

1）根据狭义相对论的一般考虑，可以清楚地看到，物理体系的惯性质量随其总能量（因而，比如也随其动能）的增加而增加。

2）根据很精确的实验（尤其是根据厄缶[1]的扭秤实验），在经验上非常精确地知道，物体的引力质量同它的惯性质量是完全相等的。

─────────────

〔1〕厄缶（1848—1919年），匈牙利物理学家，是为等效原理铺下基石的人。

从1）和2）得知一个体系的重量以一种完全清楚的方式取决于它的总能量。如果理论不能做到这一点，或者不能自然地做到这一点，那么它就应当被抛弃。这条件可以极其自然地表述如下：在既定的重力场中，一个体系的降落加速度同这降落体系的本性（因而特别是同它的能量含量）无关。

那么这就表明，在上述拟定纲领的框子里，根本不能满足，或者无论如何不能以自然的方式满足这种基本情况。这就使我相信，在狭义相对论的框子里，不可能有令人满意的引力理论。这时，我想到：惯性质量同引力质量相等这件事，或者降落加速度同落体的本性无关这件事，可以表述如下：如果在一个（空间范围很小的）引力场里，我们不是引进一个"惯性系"而是引进一个相对于它作加速运动的参照系，那么事物就会像在没有引力的空间里那样行动。

这样，如果我们把物体对于后一参照系的行为，看作是由"真实的"（而不只是表观的）引力场引起的，那么像原来的参照系一样，我们有同样的理由把这个参照系看作是一个"惯性系"。

因此，如果人们认为，可能有任意广延[1]的引力场，这种场不是一开始就受到空间界限的限制的，那么，"惯性系"这个概念就成为完全空洞的了。这样，"相对于空间的加速"这个概念就失去了任何意义，从而惯性原理连同马赫的悖论也都失去了意义。

因此，惯性质量同引力质量相等的事实，很自然地使人认识到，狭义相对论的基本要求（对于洛伦兹变换的不变性）是太狭窄了，也就是说，我们必须假设，定律对于四维连续区中的坐标的非线性变换也是不变的。

---

〔1〕广延是笛卡尔"第一哲学"特有的哲学术语，即物质的空间属性：凡是物质必然占据空间，比如一块黄油，它可以改变形状、色泽，甚至融化腐坏，但无法也不会不占据空间，这就是所谓的物质的基本属性。

这发生在1908年。为什么建立广义相对论还需要7年时间呢？其主要原因在于，要使人们从坐标必须具有直接的度规意义这一观念中解放出来，可不是那么容易的。它的转变大体上是以如下方式发生的。

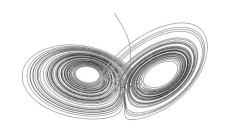

洛伦兹吸引子示意图

洛伦兹混沌吸引子已成为混沌理论的象征，代表着复杂性新科学，是以自组织理论、复杂性理论为标志的新型自然观。混沌首先是数学上的新发现，而非自然科学的新发现。这种表述的根据是，混沌是数学模型中存在的一种理想化的运动形式。这是大批杰出数学家经过多年努力证明了的事实。

我们从一个没有场的空虚空间出发，在狭义相对论的意义上，它——对于一个惯性系来说——是一切可以想象的物理状况中最简单的一个。现在我们设想引进一个非惯性系，假定这个新的参照系相对于惯性系（在三维的描述中）在一个（适当地规定的）方向上作等加速运动，于是，对于这个参照系来说，就有一个静止的平行的引力场。这时，这个参照系可以被选定为刚性的，并具有欧几里得性质的三维度规关系。但是，场在其中显示为静止的那个时间，却不是用构造相同的静止的钟来量度的。从这个特例中，人们已经可以认识到，如果完全允许坐标的非线性变换，那么坐标也就失去了直接的度规意义。可是，如果人们想要使理论的基础适合于引力质量同惯性质量相等，并且，想克服马赫关于惯性系的悖论，那么，就必须容许坐标的非线性变换。

但是，如若人们现在必须放弃给坐标级直接的度规意义（坐标的差=可量度的长度或时间），那就不可避免地要把一切由坐标的连续变换所能创造的坐标系都当作是等价的。

因此，广义相对论由此出发的是下述原理：自然规律是用那些对于连续的坐标变换群是协变的方程来表示的。这种群在这里也就代替了狭义相对论的洛伦兹变换群，后一种群便成为前者的一个子群。

这种要求本身，当然不足以成为导出物理学基本方程的出发点。起初，人们甚至会否认这一要求本身就包含着一种对物理定律的真正限制；因为一个最初只是对某些坐标系规定的定律，总有可能重新加以表述，使新的表述方式具有广义的协变形式。此外，从一开始就很清楚，可以建立无限多个具有这种协变性质的场定律。但是，广义相对论原理著名的启发性意义就在于，它引导我们去探求那些在广义协变的表述形式中尽可能简单的方程组；我们应当从这些方程组中找出物理空间的场定律。凡是能用这样的变换进行和相互转换的场，它们所描述的都是同一个实在状况。

对于在这个领域里从事探索的人们来说，他们的主要问题是：可以用来表示空间的物理性质"结构"的量（坐标的函数）是属于哪一种数学类型？然后才是这些量满足哪些方程。

我们今天还不可能对这些问题作出确实可靠的回答。最初表述广义相对论时所选择的途径可以表述如下。即使我们还不知道该用什么样的场变数（结构）来表征物理空间，但是我们确实知道一种特殊情况，那就是狭义相对论中的"没有场"的空间。这种空间的特征是：对于一个适当选取的坐标系来说，属于相邻两点的表示式

$$\mathrm{d}s^2 = \mathrm{d}x_1^2 + \mathrm{d}x_2^2 + \mathrm{d}x_3^2 - \mathrm{d}x_4^2 \qquad (1)$$

代表一个可量度的量（距离的平方），因此它具有实在的物理意义。对于任意的坐标系，这个量可表示如下：

$$\mathrm{d}s^2 = g_{ik}\mathrm{d}x_i\mathrm{d}x_k \qquad (2)$$

式中的指示应从1到4。这些g_{ik}形成一个对称张量。如果对场（1）进行一次变换以后，g_{ik}关于坐标的一阶导数不等于零，那么在上述考虑中对于这个坐标系来说，就存在着一个引力场，而且是一个十分特殊的引力场。多亏黎曼对维度规空间所作的研究，这种特殊场总是能够表征为：

1）由度规（2）的系数形成的黎曼的曲率张量R_{iklm}等于零。

2）对于惯性系〔对它来说，（1）是有效的〕，一个质点的轨迹是一条直线，因此是一条极值曲线（短程线）。然而，后者已经是以（2）为依据的关于运动的一种表征。

因而物理空间的普遍定律，必须是上述定律的一种推广。我现在假定，有两个推广步骤：

1）纯粹的引力场；

2）一般的场（其中也会出现一些以某种方式同电磁场相对应的量）。

情况1）的特征是：这个场仍然可以用黎曼度规（2），也就是用对称张量来表示，但是，不能写成（1）的形式（除了在无限小区域

黎曼

黎曼（1826—1866年），德国数学家、物理学家，对数学分析和微分几何做出了重要贡献，他的名字出现在黎曼积分、黎曼引理、黎曼流形、黎曼映照定理、黎曼-希尔伯特问题、黎曼思路回环矩阵和黎曼曲面当中。他还开创了黎曼几何，这为广义相对论提供了数学基础。

中）。这意味着，在情况1）中，黎曼张量不等于零。可是，很明显，在这种情况下，必然有一条作为这条定理的推广（防宽）的场定律是有效的，那么，只有经过一次降秩而得到的方程

$0 = R_{kl} = g_{im} R_{iklm}$

才能被认为是情况1）的场方程。而且，如果我们假定，在情况1）中，短程线仍然表示质点的运动定律，那么，这也显得很自然。

由此，我认为，冒险尝试把总场2）表示出来，并为它确定场定律，是没有希望的。因此，我宁愿为表示整个物理实在建立一个初步的形成框架；至少为了能初步研究广义相对论的基本思想是否有用，这是必要的。是这样进行的：

引力场

在广义相对论中，一个物体的引力场理论上是可以延伸到整个宇宙，但实际上在它的近邻区域影响才是显著的。引力被描述为时空曲率，而这种时空曲率与处在时空里的物质和能量辐射直接相关，其关联方式即爱因斯坦场方程。

在牛顿的理论中，在物质密度ρ等于零的那些点上，引力场定律可以写成：

$\Delta \varphi = 0$（$\varphi =$引势力）一般则写成泊松方程

$\Delta \varphi = 4 \pi k \rho$（$\rho$为物质密度）

在引力场的相对性理论中，R_{ik}代替了$\Delta \varphi$。于是，我们在等式右边也必须同样用一个张量来代替ρ。因为我们从狭义相对论知道，（惯性）质量等于能量，所以在等式右边应该是能量密度的张量，就其不属于纯粹的引力场而论，更准确的说，应该是总的能量密度的张量。这样，人们便得到场方程

$$R_{ik} - \frac{1}{2}g_{ik}R = -kT_{ik}$$

左边第二部分是由于形式上的理由而加进去的；左边之所以写成这样的形式，是要使它的散度在绝对微分学意义下恒等于零。右边是对一切在场论意义上看来其含义还成问题的东西所作的一种形式上的总括。当然，我一刻也没有怀疑过，这种表述方式仅仅是一种权宜之计，以便给予广义相对论原理以一个初步的自圆其说的表示。因为它本质上不过是一种引力场理论，这种引力场是有点人为地从还不知道其结构的总场中分离出来的。

如果说，在上述理论中——除要求场方程对连续坐标变换群有不变性外——还有什么东西可能被认为是有最终意义的话，那么，这就是关于纯引力场极限情况的理论及其对空间度规结构的关系。因此，

我们接下去就只讲纯引力场的方程。这些方程的特点，一方面在于它们的复杂结构，特别在于它们对于场变数及其导数的非线性特征，另一方面在于变换群几乎是以强制的必然性决定了这种复杂的场定律。如果人们停留在狭义相对论上，即停留在对洛伦兹群的不变性上，那么在这个比较狭小的群的框子里，场定律$R_{ik}=0$仍然是不变的。但是，从较小的群的观点看来，最初也没有理由要用像对称张量所表示的那么复杂的结构来表示引力。然而，假如人们能为此找到足够的理由，那么就会有非常多个由量g_{ik}构成的场定律，它们对于洛伦兹变换（但不是对一般的变换群）都是协变的。可是，即使从所有可以想象得到的洛伦兹不变的定律中，偶然恰巧猜中了一条属于较宽广的群的定律，人们还是没有达到广义相对论原理所已达到的认识程度。因为，从洛伦兹群的观点看来，两个解如果可以用非线性坐标变换来互相转换，也就是说，从范围较宽广的群的观点看来，它们只是同一个场的不同表示，那么这两个解就会被错误地认为在物理上是各不相同的。

关于场结构和变换群再提一点一般性的意见。显然，一般说来，人们会这样来判断一个理论：作为理论的基础的"结构"愈简单，场方程对之不变的变换群愈宽广，那么这个理论也就愈完善。现在人们可以看出，这两个要求是互相冲突的。比如，按照狭义相对论（洛伦兹群），人们能为可想象的最简单的结构（标量场）建立一条协变[1]定律，而在广义相对论中（比较宽广的坐标连续变换群），只是对于较复杂的对称张量结构才有一条不变的场定律。我们已经提出了物理上的一些理由来说明，在物理学中，必须要求较宽广的群是不变的：根据纯数学的观点，我看不出有必要为较宽广的群而牺牲较简单的结构。

广义相对论的群第一次不再要求最简单的不变定律、关于场变函

---

[1]一个物理定律以某方程式表示时，若在不同的坐标中，该方程式的形式一律不变，则称该方程式为协变。

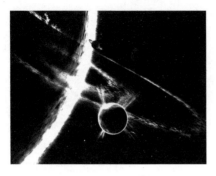

引力场的负能量

宇宙大爆炸后形成正物质（如星系、星云）和反物质。而引力场具有负能量，并且刚好能抵消物质所代表的正能量，所以宇宙的总能量为零。

数及其微商该是线性的齐次的。这一点由于下述原因而具有基本的重要性。如果场定律是线性的（和齐次的），那么，两个解之和也是一个解；比如，空虚空间中的麦克斯韦场方程就是这样。在这样一种理论中，不可能单单从场定律推导出那种能用方程组的各个解分别加以描述的物体之间的相互作用。因此，到现在为止的所有理论中，除场定律外，还需要有物体在场作用下运动的特殊定律。在相对论的引力论中，固然除场定律外，最初还独立地假定了运动定律（短程线）。可是，后来发现，这条运动定律并不需要（也不应该）独立地予以假定，因为它已经隐含在引力场定律之中了。

这种真正复杂情况的本质可以形象地说明如下：一个单个的静止质点将由这样一个引力场来表示，除了这质点所在的地点以外，它到处都是非无限小并且是正则的；而在质点所在的地点，场有一个奇点。可是，如果通过对场方程的积分来计算属于两个静止质点的场，那么，这个场除了在两个质点所在地点上有两个奇点外，还有一条由许多奇点组成的线，把这两个质点连接起来。可是，人们可以这样来规定质点的运动，使得由这些质点所决定的引力场，除质点所在地点以外，任何地方都不出现奇点。这些正是在第一级近似下由牛顿定律所描述的运动。因此，人们可以说：物体是以这样的方式运动的，它使场方程的解除在质点所在地点以外，在空间里，没有任何地方出现奇点。引力方程的这种属性，同它们的非线性直接有关，而这种非线性则是较宽广的变换群的一个结果。

现在，人们当然可能会提出这样的反对意见：如果允许在质点所在地点出现奇点，那么有什么理由可以禁止在空间的其他地方也出现奇点呢？如果引力场方程被看作是总场的方程，那么，这种反对意见就应当是正确的。可是，人们必须说，当我们愈趋近质点的位置时，就愈不能把质点的场看作是纯粹的引力场。如果人们有总场的场方程，那么势必要求：粒子本身到处都可以被描述为完备的场方程的没有奇点的解。只有在这种情况下，广义相对论才是一种完备的理论。

超引力

超强的低能理论即超引力理论，所谓低能是指能量低于弦的张力所确定的能标，这样的理论只包括无质量的弦态，有趣的是，几乎所有超引力的发现都在对应的弦论提出之前。

在我着手讨论如何完成广义相对论问题以前，我必须对我们时代最成功的物理理论，即统计性量子理论表明我的态度，这种理论大约在25年以前就已经具有贯彻一致的逻辑形式（薛定谔、海森堡、狄拉克、玻恩）。现在，它是能对微观力学过程的量子特征方面的经验提供一个统一理解的唯一的理论。以这个理论为一方，以相对论为另一方，两者在一定意义上都被认为是正确的，虽然迄今为止想把它们融合起来的一切努力都遇到了抵制。这也许就是当代理论物理学家中，对于未来物理学的理论基础将是怎样的这个问题存在着完全不同意见的原因。它会是一种场论吗？它会是一种本质上是统计性的理论吗？在这里我将简单地说一说我对这个问题的想法。

物理学是从概念上掌握实在的一种努力，至于实在是否被观察，则被认为是无关的。人们就是在这种意义上来谈论"物理实在"的。在量子物理学以前，对这一点应当怎样理解，那是没有疑问的。在牛顿的理论中，实在是由空间和时间里的质点来表示的；在麦克斯韦的理论中，是由空间和时间里的场来表示的。在量子力学中，可就不是那么容易看得清楚了。如果有人问：量子理论中的ψ函数，是否正像一个质点系或者一个电磁场一样，在同样意义上表示一个实在的实际状况呢，那么，人们就会踌躇起来，不敢简单地回答"是"或者"不是"。为什么呢？因为，ψ函数（在一个确定的时刻）所断言的是：如果我在时间上进行量度，那么在一个确定的已知间隔中能找到一个确定的物理量q（或ρ）的概率是多少呢？在这里，概率被认为是一个可以在经验上测定的，因而确实是"实在的"量；只要我们经常能造出同样的ψ函数，并且每次都能进行q的量度，我就能测定它。但是，每次测定的q值是怎么样的呢？有关的单个体系在量度前是否已经有这个q值呢？对于这些问题，在这个理论的框子里，没有确定的回答，因为，量度确实意味着外界对体系施加有限干扰的一个过程。因此，可以想象，只有通过量度本身，体系才能为被量度的数值q（或ρ）得到一个确定的数值。为了作进一步的讨论，我设想有两个物理学家A和B，他们对ψ函数所描述的实在状况持有不同的见解。

　　A（认为）对于体系的一切变量（在量度以前），单个体系都具有一个确定的q（或ρ）值，而且，这个值就是在量度这个变量时所测得的。从这种观念出发，他会说：ψ函数不是体系的实在状况的穷尽的描述，而是一种不完备的描述；它只是表述了我们根据以前对这体系的量度所知道的东西。

　　B（认为）单个体系（在量度前）没有一个确定的q（或ρ）值。只有通过量度动作本身，并且结合由ψ函数赋予量值的特有的概率，才能得出这个量度的值。从这种观念出发，他会（或者，至少他可以）说：ψ函数是体系的实在状况的一种穷尽的描述。

现在，我们向这两位物理学家提出如下的情况：有一个体系，在我们观察的时刻 t 由两个局部体系 S_1 和 S_2 组成，而且在这个时刻，这两个局部体系在空间上是分开的，彼此（在古典物理学的意义上）也没有多大相互作用。假定这总体系在量子力学意义上是由一个已知的 ψ 函数 ψ_{12} 完备地来描述的。现在所有量子理论家对下面这一点都是一致的：如果我对 S_1 作一次完备的量度，那么从这量度结果和 ψ_{12} 中就得到体系 S_2 的一个完全确定的 ψ 函数 ψ_2。于是 ψ_2 的特征便取决于我对 S_1 所作的是哪一种量度。现在我觉得，人们可以谈论局部体系 S_2 的实在状况了。起初，在对 S_1 进行度量以前，我们对这个实在的了解，比我们对一个由 ψ 函数描述的体系的了解还少。但是，照我的看法，我们应当无条件地坚持这样一个假定：体系 S_2 的实在状况（状态），同我们对那个在空间上同它分开的体系 S_1 所采取的措施无关。可是，按照我对 S_2 所作的量度的类型，对于第二个局部体系，我将得到不同的 ψ_2：（ψ_2，ψ_2^1 …）。但是，S_2 的实在状况应当同 S_1 所碰到的事情无关。因此，对于 S_2 的同一个实在状况，可以（按照人们对 S_1 选择哪一种量度）找到不同类型的 ψ 函数。人们只有通过下述办法才能避开这种结论：要么假定对 S_1 的量度会改变 S_2 的实在状况；要么根本否认空间上互相分开的事物能有独立的实在状况。在我看来，两者都是完全不能接受的。

现在如果物理学家 A 和 B 认为这种考虑是站得住脚的，那么就必须放弃他认为 ψ 函数是关于实在状况的一种完备描述这个观点。因为，在这种情况下，S_2 的同一个实在状况，不可能同两种不同类型的 ψ 函数相对应。

因此，目前这理论的这种统计特征应当是量子力学对体系描述的不完备性的一个必然结果，而且也不再有任何理由可以假定物理学将来的基础必须建立在统计学上。

我的意见是，当前的量子理论，借助于某些确定的主要取自古典力学的基本概念，形成了一种对联系的最适宜的表述方式。可是，我相信，这种理论不能为将来的发展提供任何有用的出发点。正是在这

×   = 不小于普朗克常数

粒子位置的不确定性　　　　　　　粒子速度的不确定性　　　　　粒子质量

普朗克常数

　　普朗克常数 h 作为空间上的一个依据，为什么它的单位却是以能量（物质）和时间单位的乘积为单位呢？这是分析力学中作用量的单位（当然也是角动量的单位），因此被称做作用量子。这一点可以用费曼方程来解释，指数项没有单位，因此 h 与作用量有相同的量纲。

一点上，我的期望同当代大多数物理学家有分歧。他们相信，用满足微分方程的空间的连续函数来描述事物的实在状态的那种理论不可能说明量子现象的主要方面（一个体系状态的变化，表面上是跳跃式的，在时间上是不确定的，能量基元同时具有粒子性和波动性）。他们也想到，人们以这种方式无法理解物质和辐射的原子结构。他们可以料想，由这样一种理论的考察所能得出的微分方程组，根本不会有那种在四维空间里到处都是正则的（没有奇点的）解。但是，在一切之上，他们首先相信，基元[1]过程外观上跳跃式的特征，只能用一种本质上是统计性的理论来描述，而在这种理论中，体系的跳跃式变化，是用可能实现状态的概率的连续变化来说明的。

　　所有这些意见，给我的印象是十分深刻的。可在我看来，起决定

---

　　〔1〕构成生物体的大分子上局部区域构成特征性序列以适应大分子之间相互结合（或吻合）的基本结构单位称作基元，有时也称作模块或模式，如锌指、亮氨酸拉链、螺旋—转角—螺旋和螺旋—环—螺旋等。这些基元结构是解决基因转录调控的途径之一，也是生命科学中的重要研究课题之一。

性作用的问题是：在理论的目前情况下，可以作哪些尝试才有成功的盼头呢？在这一点上，在引力论中的经验为我的期待指明了方向。照我的看法，这些方程，比所有其他物理方程有更多的希望可以说出一些准确的东西。比如，人们可以取空虚空间里的麦克斯韦方程来作比较。这些方程是同无限弱的电磁场的经验相符合的表述方式。这个经验根源，已经决定了它们的线性形式；可是，上面已经强调，真正的定律不可能是线性的。这种"线性"定律对于它们的解来说是满足叠加原理的，因而并不含有关于基元物体的相互作用的任何论断。真正的定律不可能是线性[1]的，而且也不可能从这些线性方程中得到。我从引力论中还学到了另外一些东西：经验事实不论收集得多么丰富，仍然不能引导到提出如此复杂的方程。一个理论可以用经验来检验，但是并没有从经验建立理论的道路。像引力场方程这样复杂的方程，只有通过发现逻辑上简单的数学条件才能找到，这种数学条件完全地或者几乎完全地决定着这些方程。但是，人们一旦有了那些足够强有力的形式条件，那么，为了创立理论，就只需要少量关于事实的知识；在引力方程的情况下，这就是四维性和表示空间结构的对称张量[2]，这些同时对于连续变换群的不变性，实际上完全决定了这些方程。

我们的任务是要为总场找到场方程。所求的结构必须是对称张量的一种推广。它的群一点也不应当比连续坐标变换群狭小。如果人们现在引进一个更丰富的结构，那么这个群就不会再像在以对称张量作

---

〔1〕指量与量之间按比例、成直线的关系，在数学上可以理解为一阶导数为常数的函数；非线性则指不按比例、不成直线的关系，一阶导数不为常数。

〔2〕一个物理量如果必须用n阶方阵描述，且满足某几种特定的运算规则（也就是说，这个方阵通过这几种运算后得到的结果是规则指出的），则这个方阵描述的物理量称为张量。

为结构的情况下那样强有力地决定着方程了。因此，如果能够做到类似于从狭义相对论到广义相对论所采取的步骤，把群再一次扩充，那该是最美的了。我曾特别尝试过引用复数坐标变换群。所有这样的努力都没有成功。我也放弃了公开地或隐蔽地去增加空间维数，这种努力最初是由卡鲁查开始的，而且这种努力以及由此变化而来的投影形式，至今还有其拥护者，我们只限于四维空间和连续的实数坐标变换群。在多年徒劳的探索之后，我认为，下面概述的解在逻辑上是最令人满意的。

代替对称的g_{ik}（$g_{ik}=g_{ki}$），引进非对称的张量g_{ik}。这个张量是由一个对称的部分s_{ik}和一个实数的或纯虚数的反对称部分a_{ik}相加而成的，因此：

$$g_{ik}=s_{ik}+a_{ik}$$

从群的观点看来，s和a的这种组合是任意的，因为张量s和a各自具有张量的特性。但是，结果表明，这些g_{ik}（作为整体来看）在建立新理论中所起的作用，很像对称的g_{ik}在纯引力场理论中所起的作用。

空间结构的这种推广，从我们的物理知识的观点来看，似乎也是很自然的，因为我们知道，电磁场同反对称张量有关。

此外，对引力理论重要的是：由对称的g_{ik}有可能形成标量密度$\sqrt{|g_{ik}|}$，以及按照定义

$$g_{ik}g^{il}=\delta^l_k\quad(\delta^l_k=克罗内开尔张量)$$

有可能形成抗变张量g_{ik}。对于非对称的g_{ik}，这些构成可以用完全对应的方式来定义，对于张量密度也是如此。

在引力理论中更重要的是，对于一个既定的对称的g_{ik}场，可以定义一个场Γ^l_{ik}，它的下坐标是对称的，从几何学上看，它支配着矢量的平移。与此相似，对于非对称的g_{ik}，可以按照公式

$$g_{ik,l}-g_{ik}\Gamma^s_{il}-g_{is}\Gamma^s_{lk}=0,\cdots\qquad(A)$$

来定义一个非对称的Γ^l_{ik}。这公式同对称的相应关系是符合的，自然只是在这里才有必要注意g和Γ的下坐标的位置。

正如在g_{ik}是对称的理论中一样，可以由Γ形成曲率R^i_{klm}，并且由此形成降秩的曲率R_{kl}。最后，运用变分原理以及（A），可以找到相容的场方程：

$$g_{ik}\,v_{,s}=0\ [\ g_{ik}\,v=\frac{1}{2}\,(\,g_{ik}-g^{ki}\,)\,\sqrt{|g_{ik}|}\ ]\qquad\qquad(B_1)$$

$$\Gamma\underset{v}{}_{is}{}^{s}=0\ (\ \Gamma\underset{v}{}_{is}{}^{s}=\frac{1}{2}\,(\ \Gamma_{is}^{\ s}-\Gamma_{si}^{\ s}\,)\ )\qquad\qquad(B_2)$$

$$R_{kl}=0\qquad\qquad\qquad(C_1)$$

$$R\underset{v}{}_{kl,m}+R\underset{v}{}_{lm,k}+R\underset{v}{}_{mk,l}=0\qquad\qquad(C_2)$$

因此，如果（A）得到满足，两个方程（B_1）（B_2）中的每一个就是另一个的结果。R_{kl}表示R_{ik}的对称部分，而R_{kl}则是它的反对称部分。

在g_{ik}的反对称部分等于零的情况下，这些公式就简化成（A）和（C_1）——纯引力场的情况。

我相信，这些方程是引力方程最自然的推广。要考验它们在物理上是否有用，则是一项极其艰巨的任务，因此只靠近似法是办不到的。问题：这些方程对于全部空间都没有奇点的解是什么？

如果这些叙述向读者说明了我毕生的努力是怎样相互联系的，以及这些努力为什么导致一种已确定形式的期望，那就已经达到目的了。

爱因斯坦写于1946年

71

第一章　狭义相对论

　　1905年，爱因斯坦发表了题为《论动体的电动力学》的论文，标志着狭义相对论的创立。同年他又发表了《物体的惯性同它所包含的能量有关吗》，对其理论作了重要补充。根据这一理论，物质运动、时间以及空间都不是各自孤立的存在，而是有机联系在一起的。物体的运动速度增加，质量也增加，空间和时间也随着物体的运动而变化，运动的物体在运动方向上长度缩短，时间变慢。也就是说，空间与时间是与一切事物一起消失的。狭义相对论创立后，经受了实践的检验，得到了现实的论证，成为现代物理学的基础理论之一。

1.1 几何命题[1]的物理意义

　　欧几里得几何学这座宏伟大厦，是阅读该书的大多数读者在学生时代就很熟悉的，在这建筑的高高的楼梯上，认真的教师逼迫你们花了不知多少时间。对这座宏伟的大厦，你们的敬畏之心或许会多于热爱之心。凭着往昔的经验，如果有人说这门学科中的命题，哪怕是最冷僻的都是不真实的，你们一定会嗤之以鼻。但是，如果有人问：“既然这些命题是真实的，那么你们究竟是如何理解的呢？”或许你们这种理所当然的骄傲态度就会马上消失。现在，让我们来考虑一下这个问题。

　　“平面[2]”“点[3]”和“直线[4]”之类的概念引发出了几何

---

　　〔1〕命题是一个非真即假的陈述句。一个命题具有两种可能的取值（又称真值）、为真或为假，且只能取其一。

　　〔2〕平面指没有高低曲折的面。即在相交的两直线上各取一动点，并用直线连接起来，所有这些直线构成一平面。

　　〔3〕点作为最简单的几何概念，通常作为几何、物理、矢量图形和其他领域中最基本的组成部分。点成线，线成面，点是几何中最基本的组成部分。点也可以看作是二维上无限小的面积，三维上无限小的体积等等。

　　〔4〕直线是几何学基本概念，是想象出来的理想模型，无法具体地定义。从平面解析几何的角度来看，平面上的直线就是由平面直角坐标系中的一个二元一次方程所表示的图形。

学，在大体上使我们有确定的观念和几何学的一些简单命题（公理）相联系。在这些观念的影响下，我们倾向于把简单命题当作"真理"接受下来。然后以我们认为的合乎逻辑的方法，即用我们不得不认为是正当的逻辑推理过程，阐明其余的命题是公理的推论，也就是说这些命题已得到证明。于是，只要从公理中推导出的一个命题用的是公认的方法，那么这个命题就是正确的（或是"真实的"）。这样，各个几何命题是否"真实"就归结为公理是否"真实"。可是上述最后一个问题本身完全没有意义，而且用几何学的方法无法解答。我们难道要问"过两点只有

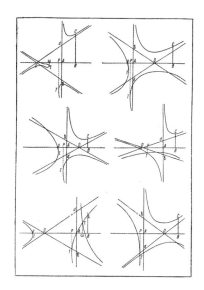

代数与几何的结合

　　笛卡儿《几何学》的发表，开创了解析几何，论述了代数与几何的结合。笛卡儿证明了几何构造与代数演绎的等价性。图为牛顿的"三度曲线列举"中的一页，展示了代数与几何的结合已达到相当高的水平，曲线上的点由满足给定方程的坐标（x，y）给出。

一条直线"是否真实？这当然不能。我们只能说，几何学研究的是称之为"直线"的东西，它说明每一条直线唯一确定的性质是由该直线上的两点来确定。"真实"这一概念有由该直线上的两点来唯一确定的性质。与纯几何的论点不相符的是，"真实"在习惯上是指与一个"实在的"客体相当的意思；然而无论如何，几何学并不涉及其中所包含的观念与经验客体之间的关系，而只是涉及这些观念本身之间的逻辑联系。

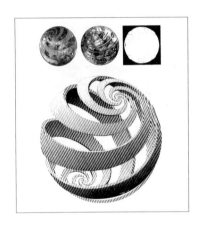

球面几何

欧几里得几何公理本质上描述的是平坦空间的几何特性，但其第五公设（即平行公设）引起了人们对其正确性的疑虑。由此人们开始关注弯曲空间中的几何，即"非欧几何"。非欧几何包括了如球面几何、罗式几何等相关课题。上图描述的是一个非欧几何球面，螺旋纹从四周向中心被无限制缩小。

不难理解，我们不得不将这些几何命题称为"真理"。几何观念与自然界中具有正确形状的客体相对应，而具有正确形状的客体无疑是产生那些观念的唯一原因。几何学应制止这一过程，以便使它的结构获得最大的逻辑一致性。例如，在我们的思维习惯中，通过一个可视为固定的物体上的两点来测定"距离"的办法是根深蒂固的。我们在观察三个点位于一条直线时，如果适当地选择观察位置，用一只眼睛观测，使三个点的视位置[1]能够相互重合，我们也认为这三点位于同一直线。

如若依照我们一向的思维习惯，我们可以在欧几里得几何学中补充如下命题：在一个可视为固定的物体上的两个点永远对应于同一距离（直线间隔），而与该物体的位置发生的任何变化无关。那么，欧几里得几何学的命题就可以归结为关于所有固定物体的所有相对位置

---

〔1〕视位置相当于观测者在假想无大气的地球上直接测量得到的观测瞬时的赤道坐标。星表中列出的天体位置通常是相对于某一个选定瞬时（称为星表历元）的平位置。

的命题。如此一来，几何学就可以看作是物理学的一个分支。现在，对几何命题是否是"真理"的问题，我们能够提出合理的解释。我们有理由问，对于与几何观念相联系的那些真实的东西，这些命题是否已被满足。用精确的术语来表达，也可以这样说：我们把具有此种意义的几何命题的"真实性"理解为该几何命题对于用圆规和直尺作图的有效性。

当然，以此断定几何命题的"真实性"，其基础是不大完整的经验。但我们目前暂且认定这种"真实性"，然后在后一阶段我们将会看到，这种"真实性"是有限的，那时再来讨论这种有限性的范围。

相关问题 》》 几何学的历史

"几何"这个词在汉语里是"多少"的意思，但在数学里，"几何"的希腊文原意是"土地测量"，或叫"测地术"。

几何学是研究空间和图形性质的一门数学分科。在远古时代，人们在实践中累积了十分丰富的各种平面、直线、方、圆、长、短、宽、窄、厚、薄等概念，成了后来几何学的基本概念。

约公元前1700年，埃及人阿默斯手抄了一本书，名为"阿默斯手册"，里面载有很多关于面积的测量法以及关于金字塔的几何问题。

在古希腊，数学家如泰勒（约公元前640—公元前546年）、毕达哥拉斯（约公元前582—公元前493年）、依卜加（公元前430—？）、柏拉图（公元前427—公元前347年）、欧几里得等人，对几何学都贡献卓著。

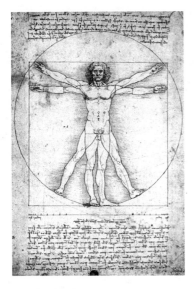

《维特鲁威人》

这是收藏于威尼斯艺术学院的达·芬奇的人体比例图。达·芬奇认为，把完美的人体造型包含在一个圆形和正方形中是最成功的设想，且人的体长是头长的八倍最为恰当和匀称。

泰勒曾发现若干几何定理和证明的方法，这是理论几何的肇始。他能运用几何定理来解决实际问题，凭一根竹竿就可以测得金字塔的高。

毕达哥拉斯认为数学是一切学问的基础。他对几何学有很多研究，著名的"勾股定理"在西方就叫做"毕达哥拉斯定理"。

依卜加编著了世界历史上第一部初等几何教科书。他率先使用了"反证法"，与柏拉图同为研究"几何三大问题"（①化圆为方，求作一正方形使其面积等于一已知圆；②三等分任意角；③倍立方，求作一立方体使其体积是一已知立方体的二倍）的大家，因而附带发现了许多几何定理。

柏拉图首创现在被视为证题利器的"分析法"。而确立缜密的定义和明晰的公理作为几何学基础，这种思想也是由柏拉图开其先河的。

真正把几何总结成一门具备严密理论体系的学科的，是希腊数学家欧几里得。欧几里得，古希腊数学家。他早年在雅典求学，熟知柏拉图的学说。公元前300年左右，受托勒密王（公元前364—公元前283年）之邀，欧几里得到埃及治下的亚历山大城工作，长期从事教学、研究和著述，涉及数学、天文、光学和音乐等诸领域。著作有《几何原本》《已知数》《纠错集》等。

《几何原本》共分13卷，
有5条公设、5条公理、119个
定义和465个命题，构成了史上
第一个数学公理体系。在书中，
欧几里得首先给出了点、线、
面、角、垂直、平行等定义，接
着给出了关于几何和量的10条公
理，公理后面是一个一个的命题
及其证明。《几何原本》确立了
数学的基本方法学：①建立了公
理演绎体系，即用公理、公设和
定义的推证方法。②将逻辑证明
系统地引入数学，确立了逻辑学
的基本方法。③创造了几何证明的方法：分析法、综合法及归谬法。

立体空间分割　埃舍尔　1952年

这幅作品唯一的目的是在二维纸面上表现
无限延伸的空间。它并不像数学课本里所画的
那些规则的空间结构，它是按照透视法画出来
的，这些看似彼此平行的线条其实会在遥远的
地方汇聚在六个点。

从《几何原本》发表开始，几何才真正成为一个有着严密的理论体
系和科学方法的学科。

17世纪，笛卡尔将坐标系引入几何学，这给几何学带来了革新。笛卡
尔利用代数方法研究几何问题，从而建立了解析几何。

1799年，法国数学家蒙日发表了《画法几何》一书，提出用多面正
投影图表达空间形体，于是画法几何诞生了。

1822年，彭赛列《论图形的射影性质》一书出版，为射影几何学奠
定了厚实的基础。

19世纪初，法国数学家蒙日首先把微积分应用到曲线和曲面的研究
中去，并于1807年出版《分析在几何学上的应用》一书，这是微分几何

"魔鬼的树桩"

　　柏拉图重视几何，强调几何在训练智力方面的作用，主张通过几何的学习培养逻辑思维能力，将抽象的逻辑规律体现于几何图形中。上图为玄武岩组成的火山岩石龟裂——一些规则的几何图形。

最早的一本著述。至此，微积分成了一门独立的数学分支。其后，高斯的《关于曲面的研究》，奠定了曲面论的基础。

　　高斯的曲面论经过黎曼的深掘广拓，发展成黎曼几何。黎曼几何是爱因斯坦广义相对论的数学工具。

　　20世纪初，相对论的出现促进了黎曼几何的进一步发展。20世纪中期以来，随着数学其他分支（如拓扑学、微分方程和抽象代数）的发展，整体几何已经成为现代几何学的主要内容，在理论物理中有重大的应用。

》 物理与数学之间的关系

　　物理学，简称"物理"。"物理"一词的英文 physics 出自希腊文 φυσικοξ，原意是"自然"。古时欧洲人称物理学为"自然哲学"。在汉语、日语中，"物理"一词起源于明末清初科学家方以智的百科全书式著作《物理小识》。从最广泛的意义上说，物理学是研究大自然现象及规律的学问。物理学家们研究存在于不同空间与时间内的物质的状态，研究物质的结构和运动的一般规律。在现代，物理学已经成为自然科学中最基础的学科之一。物理学理论通常以数学的形式表达出来。经过大量严格的实验验证的物理学规律被称为物理学定律。然而如同其他很多自然科学理论一样，有些定律不能被证明，其正确性只能通过反复的实验来检验。

数学是人类文化最基本的元素之一。它的语言构成了人类文化的有机体。

数学研究的是现实世界的空间形式和数量关系，包括算术、代数、几何、三角、微积分等。其特点是，高度的符号化、抽象化、形式化、逻辑化、简单化。数学更接近于逻辑或者哲学，根据几个基本公理可以建立起一个逻辑体系。

数学是自然科学之母。伽利略说过，"一个理论物理学家是某种程度的数学家"。为了方便理解，物理学从数学中寻找工具。数学为物理学的描述提供了一种准确的语言，比如欧氏几何与牛顿的平直时空观、非欧几何与爱因斯坦的弯曲时空观。另外，数学还为物理学提供了一个逻辑体系，以便进行分析与推导，比如在平直时空观下物体应该怎么运动、怎么相互作用，而在弯曲时空下又是如何。

数学为物理学带来了巨大的成功，但不能认为没有数学就没有物理学（法拉第是最好的例子，他的数学很差，他的成就取决于他对物理学的理解）。经典物理学的确立直接导致了微积分的诞生，而量子力学又为数论打破了瓶颈，物理学的发展同时又带来了数学的进步。

作为基础学科，数学与物理学二者可谓相辅相成、缺一不可。

1.2 坐标系

　　根据对距离的物理解释，我们能够用测量[1]法确立一固体上两点间的距离。为达成这个目的，我们用"距离"（杆S）作为标准量度[2]。如果A和B是一固体上的两点，按照几何学的规则，我们可以作一直线连接两点，然后以A为起点，直至到达B点为止，其间多次反复记取从A点到B点间的测量距离S。标记的次数就是AB之间距离的数值量度，这是一切长度测量的基础。

　　不仅在科学方面，对于日常生活而言，描述一切事件发生的地点或任一物体在空间中的位置的基础，都是参考在一固定物体上确定该事件或该物体的相重合点为根据的。比如泰晤士广场在空间中的位置，地球是能够参照的固体，"泰晤士广场"是地球上已明确规定的一点，现在所考虑的则是在空间上与"泰晤士广场"相重合的点。

　　这种标记位置的原始方法有两个限制：其一，它只适用于固体表

---

　　[1]测量是按照某种规律，用数据来描述观察到的现象，即对事物作出量化描述。测量是对非量化实物的量化过程。

　　[2]量度是对某种不能直接测量、观察或表现的东西进行测量或指示的手段，也是对长度、尺寸或容量的估计或测定。

面上的位置；其二，当固体表面不存在能够相互区分的点时，该方法便不适用。但在不改变位置标志的本质时，这两种限制是能摆脱的。例如有一朵白云飘浮在时代广场上空，我们可以在广场上垂直竖起一根长竿直抵白云，以此来确定白云相对于地球表面的位置，用标准量杆测量长竿的长度，结合长竿的位置标记，就能获得这朵白云的完整的位置

地球上两点的距离

在一张平铺地图上两点最短距离并非一条直线，因为随着地球球面发生弯曲。

标记。通过上述例子，我们能够看出关于位置的概念是如何改进发展的。

（a）我们设想将确定位置所参照的固体加以补充，补充后的固体延伸到我们需要确定其位置的物体。

（b）在确定物体的位置时，我们使用量杆量出来的长竿长度，而非选定的参考点。

（c）即使未曾把直抵云端的长竿竖立起来，根据光学方法对云朵进行观测及考虑到光的传播特性，我们同样可以讲出白云的高度，并且能够确定升上云端的长竿的长度。

通过上述，我们看到了有利的一面，即在描述位置时，依靠数值量度，而不是固定参考物上存在的标定的位置，会比较方便。在物理

测量中应用笛卡尔坐标系[1]能达到此目的。

　　这个坐标系由三个与一固体牢固连接起来的相互垂直的平面组成。在一个坐标系中，任何事件发生的地点（主要部分）由事件发生点向该三个平面所作垂线的长度或坐标（x，y，z）来确定，这三条垂线的长度可以按几何学确立的规则和方法，用刚性测量杆经过一系列操作来确定。

　　通常，构成坐标系的刚性平面是不怎么用的；此外，坐标的构成不是由刚杆结构确定，而是用间接法确定的。如果物理学和天文学要保持其清楚明确的结果，就必须以上述考虑来寻求位置标示的物理意义。

　　我们因而得到下面的结果：在空间中，对事件位置的每一种描述都必须围绕所参照的刚体[2]展开；所得出的关系以假定欧几里得几何学的定理适用于"距离"为依据；而一刚体上的两个标记"距离"是物理学上的习惯表示。

---

　　〔1〕笛卡尔坐标系：就是直角坐标系和斜角坐标系的统称。相交于原点的两条数轴，构成了平面仿射坐标系。如两条数轴上的度量单位相等，则称此仿射坐标系为笛卡尔坐标系。两条数轴互相垂直的笛卡尔坐标系，称为笛卡尔直角坐标系，否则称为笛卡尔斜角坐标系。

　　〔2〕刚体是在外力作用下各部分体积和形态都不会发生变化的物体，它是力学中的一个科学抽象概念。实际物体都不是真正的刚体，但在很多场合，物体大小和形状的变化对整个运动过程影响很小，把它看作刚体可使问题大为简化。

相关问题 》》 坐标系的历史

坐标系的定义有数学与物理学两种。

数学上的定义为：坐标系是使某个数学对象的集合中的元素对应于数量的结构。它是用以确定数或数组与基本几何对象（常常是点）之间对应关系的参考系。最早用于数与形的结合，后来发展为一种数学结构。

物理学上的定义为：为了确定描述物体（或物体系）的位置和

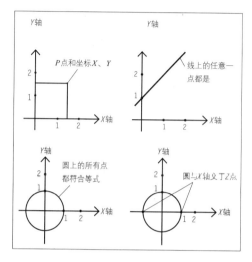

笛卡尔坐标系

两条数轴互相垂直的笛卡尔坐标系，称为笛卡尔直角坐标系，否则为笛卡尔斜角坐标系。在平面内，任何一点的坐标是根据数轴上对应点坐标所设定的。

运动，根据问题需要而任意选择的独立变量，其组合结构称为"坐标系"。

公元前4世纪，我国战国时代天文学家石申曾利用坐标方法绘制出恒星方位表。

在古希腊数学家阿波罗尼奥斯著的《平面轨迹》中，曾用类似于现在直角坐标系的轴线来研究圆锥曲线。

17世纪，法国数学家费马和笛卡尔建立了坐标几何学。

费马用一种没有负数的倾斜坐标描绘曲线，由方程中的两个未知量得出轨迹图形。他还指出联系两个未知量的方程，若是一次方程就代表直线轨迹，若是二次方程则代表圆锥曲线。

笛卡尔则从建立一种使算术、代数和几何统一起来的普遍数学的企图出发，指出平面上的点与实数的对应关系，并考虑二元方程$F(x, y)$ $=0$，当x变化时，y值也跟着改变，x, y的不同数值构成平面上的一条曲线。实际上他只建立了坐标横轴（x轴），到1750年瑞士数学家克莱姆才正式引入坐标纵轴（y轴）。

于是几何的问题便成为代数的问题。

这样的发展使几何问题的处理变容易了，其重大意义在于：

首先，解析之后，使可研究的图形的范围扩大，除了直线的一次方程式，或者圆周的二次方程式，我们还可以取任意的方程式$F(x, y)$ $=0$，讨论它的所有点坐标(x, y)适合这个方程式的轨迹。因此许多用几何的方法很难处理的曲线，在解析之后，都可从表示它的方程式中得到有关的几何性质。

其次，研究的图形不再局限于二维的平面，可推广至高维的空间。世上的事情，若只用二维的平面，往往不足以表示，需要取更多的坐标。比如我们所在的空间是三维，有x、y、z三个度量。设若要用几何来表示物理的问题，那么三个度量之外，尚须加一个时间t，所以物理的空间就变成了四维的空间。不但如此，设若有一点在三维空间运动，那么除了需要(x, y, z)来表示点的位置，还需要用这三坐标对时间的微分来表示它的速率，这就成了六维空间。所以种种情形都指向我们有必要考虑更高维的空间来表示自然的现象。

解析几何把几何研究的范围扩大了，而科学发展的基本现象，就是要扩大研究范围，了解更多的情形。笛卡尔的解析几何，达到了这个目的，使几何学迈入到一个新阶段。

1.3 经典力学中的空间和时间

　　描述物体在空间中的位置如何随"时间"而改变是力学的目的。假如未经认真思考，以语焉不详的言词来解释力学的目的，那么，违背力求清楚明确的神圣精神的严重过失将使我们难以心安。现在，让我们来揭示这些过失。

　　"位置"和"空间"究竟应如何理解呢？这里不是很清楚。假设一列火车正沿着路基匀速行驶，一乘客站在车厢窗口松手丢下（非用力投掷）一块石头到路基上。如果撇开空气阻力的影响不谈，车厢窗口的乘客看见石头沿直线落下，而人行道上的行人则看到石头沿抛物线[1]落下。现在有一

牛顿的绝对时空

　　绝对时空是由牛顿创立的稳衡体系——动者衡动，静者衡静。牛顿在《自然哲学的数学原理》一书中这样表述道："绝对的时间自身在流逝着，这也是其本性，并且是均匀地、与外界事物无关地流逝着"。

　　　[1] 抛物线指平面内到一个定点和一条定直线距离相等的点的轨迹。抛物线也是圆锥曲线的一种，即圆锥面与平行于某条母线的平面相截而得的曲线。抛物线在合适的坐标变换下，也可看成二次函数图象。

问题，从车厢丢下的做匀速运动的石子所经过的各个"位置"是"的确"在一条直线上，还是在一条抛物线上呢？另外，"在空间中"的运动究竟是什么意思呢？根据 "坐标系"中的论述，答案将不言自明。首先，"空间"一词非常模糊，我们丝毫无法形成概念，因此我们代以 "相对于实际上可看作刚性的一个参考物体的运动"这句话。火车车厢或铁路路基是参考物体，如果我们引入"坐标系"这个有利于数学描述的观念来代替"参考物体"，对石块位置的描述我们就可以说：石块相对于与车厢连接在一起的坐标系走过的是一条直线，但相对于与路基连接在一起的坐标系则是一条抛物线。依据此例，我们清楚地知道独立存在的轨线是不存在的，存在的是相对特定参考物体的轨线。

为了完整地描述运动，物体的位置如何随时间的改变而改变是必须说明的。这也是对物体每一点所对应时刻的一个说明。为了能更好地阐述，我们必须补充一个关于时间的定义，借助该定义，时间值在本质上可以看作是可观测的量，即测量的结果。根据经典力学观点，我们设想有两个构造完全相同的钟，在车厢窗口的乘客拿着其中一个，人行道上的观察者拿着另一个，当每一嘀嗒声响起时，两个观察者依据聆听到的声响来确定石块相对他们各自参考物所处的位置。至于因光的传播速度的有限性而造成的不准确性，我们在此没有计入。我们将在以后详细讨论这点，以及它的另一主要困难。

相关问题 »» 经典力学简史

力学是物理学中发展最早的一个分支，与人类的生产和生活息息相关。在远古，人们就在生产劳动中应用了杠杆、螺旋、滑轮、斜面等简单机械，从而促进了静力学的发展。

古希腊时代，人们就已形成比重和重心的概念，出现杠杆原理。阿基米德（约公元前287—公元前212年）的浮力原理提出于公元前200多年。虽然这些知识尚属力学的萌芽，但在力学发展史中应有一定的地位。

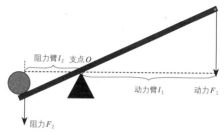

杠杆原理

阿基米德有这样一句流传很广的名言："给我一个支点，我就能撬起整个地球！"这句话其实有着严格的科学依据。阿基米德在"重心"理论的基础上，发现了杠杆原理，即要使杠杆平衡，作用在杠杆上的两个力矩（力与力臂的乘积）大小必须相等。

16世纪以后，由于航海、战争和工业生产的需要，力学的研究得到了真正的发展。钟表工业促进了匀速运动的理论，水磨机械促进了摩擦和齿轮传动的研究，火炮的运用推动了抛射体的研究。天体运行的规律提供了机械运动最单纯、最直接、最精确的数据资料，使得人们有可能排除摩擦和空气

树下思考的牛顿

　　1666年的一天，牛顿在自己的庄园内散步，一颗苹果从树上落下来，引发了他的思考：苹果为什么会落地，它怎么不朝天上去呢？一定是有什么力在牵引着它。于是，牛顿在苹果落地的启发下，发现了万有引力定律。

阻力的干扰，得到规律运动的认识。天文学的发展为力学找到了一个最理想的"实验室"——天体。

　　天文学的发展与航海事业关联密切。十六七世纪，资本主义生产方式开始勃兴，海外贸易和对外扩张刺激了航海业的兴旺发达。这一时期人们对系统观测天文有了迫切的需求。丹麦天文学家第谷（1546—1601年）顺应了这一要求，以毕生精力收集大量观测数据，为开普勒（1571—1630年）的研究做准备。开普勒于1609年和1619年先后提出了行星运动的三条规律，即开普勒三大行星运动定律。

　　与此同时，以伽利略为代表的物理学家对力学展开了广泛的研究，发现了自由落体定律。伽利略的两部著作《关于托勒密和哥白尼两大世界体系的对话》（1632年）和《关于力学和运动两种新科学的对话》（简称《关于两门新科学的对话》，1638年），为力学的发展奠定了思想基础。

　　随后，牛顿把天体的运动规律和地面上的实验研究成果加以综合，进一步得出了力学的基本规律，建立了牛顿三大运动定律和万有引力定律。牛顿建立的力学体系经过伯努利（1700—1782年）、拉格朗日（1736—1813年）、达朗贝尔（1717—1783年）等人的推广和完善，形成了系统的理论，取得了广泛的应用并发展出了流体力学、弹性力学和分析力学等分支。到了18世纪，经典力学已相当成熟，成为自然科学的主导。

伽利略和牛顿对物理学的功绩，就是把科学思维和实验研究正确结合，从而为力学的发展开辟了一条正确的道路。

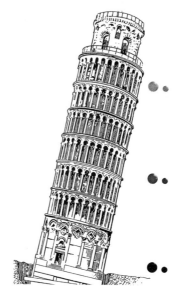

》》时间和空间

时间和空间是物质固有的存在形式。时间是物质运动的延续性、间断性和顺序性，其特点是一维性，即不可逆性；空间是物质的广延性和伸张性，是一切物质系统中各个要

比萨斜塔实验

1590年，伽利略在比萨斜塔上做了"两个铁球同时落地"的实验，得出了重量不同的两个铁球下落时间是相同的结论，从此推翻了亚里士多德提出的"物体下落速度和重量成比例"的学说，纠正了这个持续长久的错误。

素共存和相互作用的标志。时间、空间与运动着的物质不可分离。

我们关于时间和空间的概念来自于伽利略和牛顿。在他们之前，亚里士多德说："物体的自然状态是静止的，并且只在受到力或者冲击作用时才运动。这样，重的物体比轻的物体下落得更快，因为它受到更大的力将它引向地球。"他还说，人们的纯粹思维可以找到制约宇宙的定律，而不须用观测去检验。

伽利略不相信亚里士多德的说法。据说，他在比萨斜塔上让大、小

物质世界的时标　　　　　　　　　　　物质世界的空间尺度

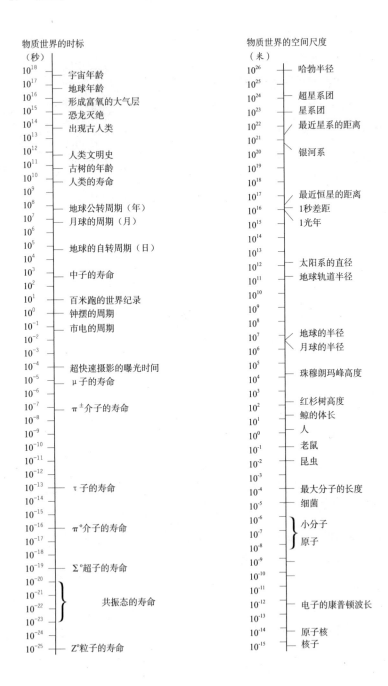

（秒）

10^{18}	宇宙年龄
10^{17}	地球年龄
10^{16}	形成富氧的大气层
10^{15}	恐龙灭绝
10^{14}	出现古人类
10^{13}	
10^{12}	人类文明史
10^{11}	古树的年龄
10^{10}	人类的寿命
10^{9}	
10^{8}	地球公转周期（年）
10^{7}	月球的周期（月）
10^{6}	
10^{5}	地球的自转周期（日）
10^{4}	
10^{3}	中子的寿命
10^{2}	
10^{1}	百米跑的世界纪录
10^{0}	钟摆的周期
10^{-1}	市电的周期
10^{-2}	
10^{-3}	
10^{-4}	超快速摄影的曝光时间
10^{-5}	μ子的寿命
10^{-6}	
10^{-7}	$\pi^{\pm}$介子的寿命
10^{-8}	
10^{-9}	
10^{-10}	
10^{-11}	
10^{-12}	
10^{-13}	τ子的寿命
10^{-14}	
10^{-15}	
10^{-16}	π^{o}介子的寿命
10^{-17}	
10^{-18}	
10^{-19}	Σ^{o}超子的寿命
10^{-20}	
10^{-21}	共振态的寿命
10^{-22}	
10^{-23}	
10^{-24}	
10^{-25}	Z^{o}粒子的寿命

（米）

10^{26}	哈勃半径
10^{25}	
10^{24}	超星系团
10^{23}	星系团
10^{22}	最近星系的距离
10^{21}	
10^{20}	银河系
10^{19}	
10^{18}	
10^{17}	最近恒星的距离
10^{16}	1秒差距
10^{15}	1光年
10^{14}	
10^{13}	
10^{12}	太阳系的直径
10^{11}	地球轨道半径
10^{10}	
10^{9}	
10^{8}	
10^{7}	地球的半径
10^{6}	月球的半径
10^{5}	珠穆朗玛峰高度
10^{4}	
10^{3}	红杉树高度
10^{2}	鲸的体长
10^{1}	人
10^{0}	老鼠
10^{-1}	昆虫
10^{-2}	
10^{-3}	
10^{-4}	最大分子的长度
10^{-5}	细菌
10^{-6}	小分子
10^{-7}	原子
10^{-8}	
10^{-9}	
10^{-10}	
10^{-11}	
10^{-12}	电子的康普顿波长
10^{-13}	
10^{-14}	原子核
10^{-15}	核子

两个铁球同时下落，从两个铁球同时着地这个结果，得出如此结论：不管物体的质量是多少，其速度增加的速率是一样的。当然，一个铅球比一片羽毛下降得更快，那是由于空气对羽毛的浮力造成的。航天员大卫·斯高特在月球上进行了羽毛和铅球实验，因为没有空气阻碍，他发现两者同时落到地面。

伽利略的测量被牛顿当作他的运动定律的基础。在《自然哲学的数学原理》中，牛顿以公理的形式提出了运动三定律，同时还发现了万有引力定律：任何两个物体都相互吸引，其引力大小与每个物体的质量成正比。如果其中一个物体的质量加倍，则两个物体间的引力加倍。在这个定律中，牛顿还说，物体之间的距离越远，则引力越小。这个定律精确地预言了地球、月球和其他行星的运行轨道。

在这个理论框架中，牛顿以注释的方式阐明了他对时间、空间和运动的观点：

时间——"绝对的、真正的和数学的时间自身在流逝着，而且由于其本性在均匀地、与任何其他外界事物无关地流逝着，它又可称为'期间'；相对的、表观的和通常的时间，是期间的一种可感觉的、外部的或者精确的，或者是变化着的量度，人们通常就用这种量度，如小时、日、月、年来表示真正的时间"。

空间——"绝对空间，就其本性而言，它与外界任何事物无关而永远是相同的和不动的。相对空间是绝对空间的某一可动部分或其量度，它通过对其他物体的位置的存在而为我们的感觉所标示出来，并且通常把它们当作不动空间"。

运动——"绝对运动是一个物体从某一绝对的处所向另一绝对处所的移动"。

》 经典力学的基础

经典力学的基础就是牛顿运动定律。

牛顿第一定律

内容   物体将保持静止或做匀速直线运动，直到其他物体对它的作用力迫使其改变这种状态为止。牛顿第一定律阐明了物体运动的如下本质规律：

物体运动的惯性   由牛顿第一定律可知，物体之所以静止或做匀速直线运动是由于物体的本性造成的。这种本性叫做物体运动的惯性。

惯性的大小可以使用一个物理量——质量来描写，这个质量也称为物体的惯性质量。在国际单位制中，质量的单位是千克（kg）。物体质量越大，惯性越大，保持原有运动状态的本领越强。

牛顿第一定律阐明了力是改变运动状态的原因，而不是维持物体运动状态的因素，这是牛顿的一个重大发现。在牛顿之前人们一直认为力是起维持物体运动状态的作用。

牛顿第二定律

内容   物体受到外力作用时将产生一个加速度，加速度的大小与合外力的大小成正比，与物体自身的质量成反比，加速度的方向在合外力的方向上。

牛顿第二定律是牛顿第一定律逻辑上的延伸，它进一步定量地阐明了物体受到外力作用时运动状态是如何变化的（使物体产生一个加速度）。牛顿第二定律定量的数学表达式为

$F = kma$

牛顿第三定律的应用

　　牛顿第三定律为火箭的发射奠定了理论基础。火箭通过发动机喷射大量气体得到反作用力，垂直发射升空，从而使火箭飞出大气层。最后发动机关机，卫星因惯性入轨，同时微型发动机调整轨道。

　　在国际单位制下，力是以牛（N）为单位，加速度以米每二次方秒（m/s^2）为单位，质量以千克（kg）为单位，这时 $k=1$，故有

$$F = ma$$

　　上式是矢量形式的，也叫做牛顿运动方程。在牛顿定律的应用中，大家特别要注意的是第二定律中的 F 是物体所受的合力。

　　在某些情况下，物体所受的力为恒力，物体具有的加速度为匀加速度，例如自由落体运动，这时力与加速度都不随时间 t 变化。但是更普遍的情况表现为物体所受的力为变力，力的大小方向都可能起变化，相应物体的加速度也是变化的，这时物体的加速度与力在时间上应表现为一一对应的关系。

牛顿第三定律

内容 牛顿第三定律有多种表述形式，这里只介绍一种较常见的表述，即物体之间的作用力与反作用力大小相等，方向相反，作用在不同的物体上。

牛顿第三定律在逻辑上是牛顿第一、第二定律的延伸 在牛顿第一、第二定律中都使用了力的概念，但什么是力，力有什么特点都没有具体介绍，牛顿第三定律就是来补充力的特点和规律的定律。根据牛顿第三定律，我们可以将力定义为：力就是物体间的相互作用。这种相互作用分别叫做作用力与反作用力。从牛顿第三定律我们知道作用力与反作用力之间有如下特点：

1.作用力与反作用力大小相等，方向相反。力线是在同一直线上的。

2.作用力与反作用力不能抵消，因为它们是作用在不同的物体上的。

3.作用力与反作用力是同时出现，同时消失的；作用力与反作用力的类型也是相同的，如果作用力是万有引力，则反作用力也是万有引力。

牛顿运动定律应用中要注意的问题

牛顿运动定律适用于质点。牛顿运动定律中的"物体"是指质点，或均针对质点成立。若一个物体的大小形状在讨论问题时不能够忽略不计，可以将该物体处理为由许许多多质点构成的质点系统（简称为"质点系"）。质点系中每一个质点的运动规律都应当遵从牛顿运动定律。

牛顿力学适用于宏观物体的低速运动情况 在牛顿于1687年提出著名的牛顿三大定律之前，人们对物质及其运动的认识还仅仅局限于宏观物体的低速运动。低速运动是指物体的运动速度远远小于光在真空中的传播速度。牛顿力学在宏观物体低速运动的范围内描述物体的运动规律是极为成功的。但是到了19世纪末期，随着物理学在理论上和实验技术上的不断发展，人类观察的领域不断扩大，实验上相继观察到了微观领域和高速运动领域中的许多现象，例如电子、放射性射线等等。人们发现用牛顿力学解释这些现象是不成功的。直到20世纪初，量子力学诞生才对微观粒子的运动规律给予正确的解释，而对于高速运动的物理图像，则必须用爱因斯坦的相对论予以讨论。

力与加速度

牛顿第二运动定律解释了为什么球拍击打小球的力量越大，小球的速度就越快。

1.4 伽利略坐标

众所周知，伽利略—牛顿力学的基本定律，即惯性定律的表述如下：一个自由质点永远以恒定的速度运动，或者说，一个质点在离他物足够远时，一直保持静止状态或匀速直线运动状态。惯性定律谈到了物体的运动，并且指出了可在力学描述中加以应用的，且不违反力学原理的参考物体或坐标系。相对于可见的恒星，惯性定律在相当高的近似程度上能够成立。我们现在如果使用一个与地球牢固连接的坐标系，那么，相对于该坐标系，每一恒星在一个天文日中的运行轨线都是一个具有莫大半径的圆，但这个结果与惯性定律的陈述相反。因此，如果我们必须遵循惯性定律的原则来考察恒星的运动，就只能参照恒星在其中不做圆周运动的坐标系。若惯性定律对于一坐标系的运动状态而言是成立的，该坐标系即为"伽利略坐标系"。伽利略—牛顿力学诸定律只有对于"伽利略坐标系"来说才能认为是有效的。

相关问题 》 惯性定律和伽利略

惯性定律即牛顿第一定律，它的发现者并不是牛顿而是伽利略。

两千年以前，人们已经提出了运动和力的关系问题。亚里士多德从对一些运动的观察中得出结论：必须有一个恒定的力作用在物体上，物体才能够以恒定的速度运动，没有力的作用，物体就静止下来。在他看来，力就是物体运动的原因。在此之后很长一段时间内，人们对运动和力的关系的认识一直徘徊不前。

17世纪，伽利略大胆断定：一个物体具有某一速度，只要没有加速或减速，这个速度将保持不变。也就是说，当没有外力作用于物体时，物体将保持静止或做匀速直线运动。在伽利略看来，力并不是物体运动的原因，而是运动状态发生变化的原因。

伽利略

伽利略是意大利伟大的物理学家和天文学家，近代科学革命的先驱。历史上，他首先在科学实验的基础上融会贯通了数学、物理学和天文学三门知识，扩大加深并改变了人类对物质运动和宇宙的认识。

伽利略着重研究了物体在斜面上的运动。他注意到物体沿斜面向下运动时，速度不断加快，沿斜面向上运动时，速度不断减慢。根据这一事实，伽利略认为，在没有倾斜的水平面上，物体的运动应当是没有加速也没有减速，也就是说速度应当是不变的。当然，伽利略知道，这种水平运动的速度实际上并不是不变的，而是逐渐减小的，这是因为物体受到了摩擦力的阻碍。摩擦力越小，物体以接近于恒定速度运动的时间就越长，在没有摩擦的理想情况下，物体将以恒定的速度持续运动。

现在，惯性定律可以用实验设备近似地得到证明：把物体放在一个导轨上，并使物体和导轨之间形成气层（和气垫船的道理一样），物体沿导轨运动时摩擦可以减到很小，这时推动一下物体，可以使得物体的运动很接近匀速直线运动。当然，惯性定律的正确性主要还在于它所推出的结论都与实验结果相符。伽利略的观点后来由牛顿总结为运动的第一定律，所以说牛顿第一定律就是伽利略最早发现的惯性定律。

》 伽利略和他的科学发现

伽利略，意大利天文学家、力学家、哲学家。18岁那年的一天，伽利略到比萨教堂去做礼拜。他注意到教堂里悬挂的那些长明灯被风吹得忽左忽右，做着有规律的摆动。他按自己脉搏的跳动来计时，发现它们往复运动的时间是相等的。就这样他发现了摆的等时性。后来荷兰物理学家惠更斯根据这个原理制成挂摆时钟，人们称之为"伽利略钟"。

伽利略根据阿基米德学说，作了迅速确定合金成分的流体静力天平的研究，发明了可以测定物质密度的"小天平"，写出了名为《小天平》的论文。1588年，他又发表了《固体的重心》，引起学术界的注意。1589年，经友人的推荐，伽利略被比萨大学聘为数学教授。

亚里士多德认为，两个物体以同一高度下落，重的比轻的先着地。伽利略经过反复研究与实验，得出了与之截然相反的结论：物体下落的快慢与重量无关。1590年，伽利略在比萨斜塔公开做了落体实验，验证了亚里士多德的说法是错误的，使统治人们思想长达两千多年的亚里士多德学说第一次发生动摇。而应邀前来观看的一些著名学者却否认自己的亲眼所见，他们群起攻击伽利略。1591年，伽利略被比萨大学解聘。

1592年，伽利略来到威尼斯帕多瓦大学任教，开始了他科学生涯的黄金时期。在这一时期，他研究了大量物理学问题，如斜面运动、力的合成、抛射体运动等。他还对液体与热学作了研究，发明了温度计。

1608年，伽利略制成了天文望远镜。通过天文望远镜，他发现：月球的表面凹凸不平，有高山深谷；木星有四颗卫星围绕它旋转；金星和月亮一样有盈有亏；土星有光环；太阳有黑子，能自转；银河是由千千万万颗暗淡的星星所组成。这些发现为哥白尼的观点提供了有力证据，沉重打击了教会的信条。

伽利略和他的望远镜

　　1608年6月的一天，伽利略根据一个荷兰人的研究，反复琢磨，不断改进，最后创造出了可以将原物放大32倍的望远镜。伽利略几乎每天晚上都会用自己的望远镜对向天空，探索宇宙的奥秘。他发现，银河是由许多小行星汇聚而成的；他还发现，太阳里面有黑点，这些黑点的位置不断地变动。因此，他断定太阳本身也在自转。

　　1632年1月，伽利略在佛罗伦萨出版了《关于托勒密和哥白尼的两大世界体系的对话》。他在书中用三位学者对话的形式，作了四天谈话。讨论了三个问题：①证明地球在运动，②充实哥白尼学说，③地球的潮汐。这本书总结了伽利略长期科研实践中的各种科学发现，宣告了托勒密地心说的破产，动摇了教会的最高权威，从而推动了唯物论的发展。这部著作一经出版便受到广大读者欢迎，但遭到了罗马教会的反对，伽利略因此受到长期监禁。

　　1636年，伽利略在监狱中偷偷地完成了他一生中另一部伟大的著作《关于力学和运动两种新科学的对话》。该书于1638年在荷兰出版。这部伟大著作同样是以三人对话形式写的。"第一天"是关于固体材料强度的问题，反驳了亚里士多德关于落体的速度依赖于其重量的观点；

"第二天"是关于内聚作用的原因，讨论了关于杠杆原理的证明及梁的强度问题；"第三天"讨论了匀速运动和自然加速运动；"第四天"是关于抛射体运动的讨论。这一巨著从根本上否定了亚里士多德的运动学说。

伽利略说："这是第一次为新的方法打开了大门，这种将带来大量奇妙成果的新方法，在未来必将博得许多人的重视。"后来，惠更斯继续了伽利略的研究工作，导出了单摆的周期公式和向心加速度的数学表达式。牛顿在系统总结了伽利略、惠更斯等人的工作后，得到了万有引力定律和牛顿运动三定律。

爱因斯坦说："伽利略的发现，以及他所用的科学推理方法，是人类思想史上最伟大的成就之一，标志着物理学的真正开端！"

1.5 相对性原理（狭义）

为了使论述尽可能清楚明确，还是回到匀速行驶中的火车车厢上来。该车厢的运动我们称之为一种匀速平移运动（"匀速"是因为速度和方向是恒定的；"平移"是因为虽然车厢相对于路基不断改变位置，但在这样的运动中并没转动）。假设一只大乌鸦在空中飞过，从路基上观察，它的运动方式是匀速直线运动。我们可以用抽象的方式表述说：如果一质量 M 相对于坐标系 K 做匀速直线运动，则该质量 M 相对于第二个坐标系 K_1 亦做匀速直线运动。因此，若 K 为伽利略坐标系，则每一个相对于 K 做匀速平移运动的坐标系 K_1 亦为伽利略坐标系。相对于 K_1 来说，正如相对于 K 一样，伽利略—牛顿力学定律也是成立的。如此，我们的推论在推广方面就前进了一

视差

当你在空间中运动时，近处和远处物体的相对位置也会同时发生变化，测量出这种变化就可以确定物体的相对距离。

步：K_1是相对于K做匀速运动而无转动的坐标系，自然现象的运行相对于坐标系K_1与相对于坐标系K一样依据同样的普遍定律。这称为狭义相对性原理。

只要人们确信一切自然现象都能够借助于经典力学来得到完善的表述，就没有必要怀疑这个相对性原理的正确性。但是由于后来电动力学[1]和光学[2]方面的发展，人们越来越清楚地看到，经典力学为一切自然现象的物理描述所提供的基础还是不够充分的。到这个时候，讨论相对性原理的正确性问题的时机就成熟了，而且在当时来说，要否定这个原理并非不可能。

相对性原理的正确性一开始就有两个强有力的普遍事实来支持。经典力学虽然没有对一切物理现象在理论上的表述提供一个足够广阔的基础，但经典力学在相当大的程度上是"真理"，这是我们必须承认的，因为在对天体实际运动的描述中，经典力学所达到的精确度的确令人惊奇。因此，如果在力学的领域中应用相对性原理，必然将会达到很高的准确度。一个在物理现象的某一领域内具有广泛的普遍性和极高准确度的原理，居然在另一领域中无效，从推理的观点来看是

---

[1]电动力学是研究电磁现象的经典动力学理论，它主要研究电磁场的基本属性、运动规律以及电磁场和带电物质的相互作用。同所有的认识过程一样，人类对电磁运动形态的认识，也是由特殊到一般、由现象到本质逐步深入的。人们对电磁现象的认识范围，是从静电、静磁和似稳电流等特殊方面逐步扩大，直到一般的运动变化的过程。

[2]光学是研究光（电磁波）的行为和性质，以及光和物质相互作用的物理学科。传统的光学只研究可见光，现代光学已扩展到对全波段电磁波的研究。光是一种电磁波，在物理学中，电磁波由电动力学中的麦克斯韦方程组描述；同时，光具有波粒二象性，需要用量子力学表达。

不大可能的。

我们现在来讨论第二个论据，这个论据以后我们还将谈到。如果狭义相对性原理不成立，那么彼此做相对匀速运动的一系列伽利略坐标系K、K_1、K_2等，对于描述自然现象就非等效。在此情况下，我们不得不相信对自然界定律的表述另有一种特别简单的形式。很明显，这只能在下列条件下才能做到，即我们的参考物体在一切可能有的伽利略坐标系中，是挑选出来的对描述自然现象具有优点，并且具有特别运动状态的坐标系（K）。这样我们就有理由称该坐标系是"绝对静止的"，而所有其他的伽利略坐标系K都是"运动的"。例如，将铁路路基设为坐标系K_0，那么火车车厢就是坐标系K。就K与K_0成立的定律来说，相对于坐标系K成立的定律远比相对于坐标系K_0成立的定律简单。这种定律简单性的递减是由于车厢K相对于K_0而言是"真正"运动的。在参照K所表述的普遍的自然界定律中，车厢速度的大小和方向有必然的作用。这正如一个风琴的大小和方向必然是起作用的一样，一个风琴管的轴与运动的方向平行或垂直时，所发出的音调将是不同的。

由于地球在环绕太阳的轨道上运动，因而我们可以把地球比作火车车厢，只不过这节车厢是以每秒大约30公里的速度行驶。如果相对性原理不正确，我们就应该预料到地球的运动方向在任一时刻将随时会在自然界定律中表现出来，而且物理系统的行为也随其相对于地球的空间取向而定。因为公转[1]速度的方向变化，所以地球不可能相

---

〔1〕公转是一件物体以另一件物体为中心所做的循环运动，一般用来形容行星环绕恒星或者卫星环绕行星的活动，轨道可以为圆、椭圆、双曲线或抛物线。

对于假设的坐标系K_0处于静止状态。然而，最小心仔细的观察也从没显示出地球实际空格（空间）的这种不同方向的物理不等效性，也就是各向异性。这一论据强有力地支持了相对性原理。

相关问题 》》 什么是相对性原理

相对性原理是指物理定律在一切参考系中都具有相同的形式。它是物理学最基本的原理之一。爱因斯坦指出，不存在"绝对参考系"。在一个参考系中建立起来的物理规律，通过适当的坐标变换，可以适用于任何参考系。

相对性原理是由伽利略最先提出的。他认为，力学定律在一切惯性参考系中具有相同的形式，任何力学实验都不能区分静止和匀速运动的惯性参考系，这是经典力学的基本原理。

伽利略这样告诉我们：

伽利略坐标系

设有两个坐标系K和K'（如图1所示）。K'相对K以速度v沿x轴方向运动。为了简便起见，我们只考虑x轴上发生的事件，亦即我们只考虑二维时空中的事件。以相对性原理来考察，位于K和K'坐标原点的两位观察者的时空线（如图2所示），后者的时空线位于前者的时空线顺时针旋转α角的地方，即位于K坐标原点的观察者沿ict轴运动（时空运动），K'坐标原点的观察者沿ict'轴运动。而ict轴和ict'轴就是这两个坐标系的时间轴。

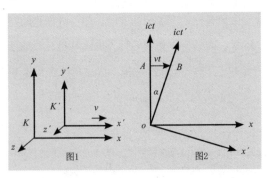

图1　图2

把你和几位朋友关进一条大船甲板下面的大房间里，同时随身带上一些苍蝇、蝴蝶和其他小飞虫。再找一个大桶，装满水，在里边放几条鱼。找一个盛了水的瓶子挂起来，让它把水一滴一滴地滴进下面的一个细颈瓶里。船静止不动时，你可以观察到这些小飞虫以相同速度飞往房内各个方向，鱼向不同的方向游动，水滴落进下面的瓶子里。你把任何东西扔给你的朋友，只要距离相等，朝不同方向扔所需的力量相等。你立定跳远，无论跳往哪个方向，距离都是一样。当你仔细观察过上述现象之后，用你想用的任何速度开船，只要运动是匀速的，也不忽左忽右地摆动，你就看不出上述各种运动有任何变化。你也不能通过它们中的任何一个现象来确定船是运动着的还是静止的。综述以上事实，就产生了物理学的相对性原理。

"相对"的情况在日常生活中也很常见。如从飞机内部看机上的乘客，他是坐在那儿不动的；从地面来观察，乘客却随飞机一起飞行。究竟乘客是静止的还是运动的，由观察者所参照的标准来决定。物理学上把这种参照标准称为"参考系"，并把相对于观察者是静止的或在做匀速直线运动的参考系统称为"惯性系"。

≫ 什么是相对论

相对论是现代物理学的理论基础之一，是关于物质运动与时间、空间关系的理论。它由爱因斯坦等人在20世纪初在总结实验事实的基础上建立和发展起来的。在此之前，人们根据经典时空观解释光的传播等问题时，产生了一系列尖锐的矛盾。相对论根据这些问题，建立了物理学中新的时空观和高速物体的运动规律，对以后物理学的发展具有重大作用。相对论分为两个部分：狭义相对论和广义相对论。

狭义相对论的时空观

狭义相对论是只限讨论惯性系的相对论。牛顿时空观认为空间是平直的、各向同性和各点同性的三维空间，时间是独立于空间的单独一维（因而也是绝对的）。狭义相对论认为空间和时间并不相互独立，而是统一的四维时空整体，因此并不存在绝对时空。狭义相对将真空中光速为常数作为基本假设，结合狭义相对性原理和上述时空的性质推导出洛伦兹变换。

》什么是狭义相对论

物理定律在任何惯性参考系中具有相同的形式，这就是狭义相对性原理。爱因斯坦把伽利略相对性原理从力学领域推广到包括电磁学在内整个物理领域，指出任何力学和电磁学实验都不能区分静止和匀速运动的惯性参考系。该原理是狭义相对论的基本原理。

1905年，爱因斯坦完成了科学史上的不朽篇章《论动体的电动力学》，宣告了狭义相对论的诞生。它以光速不变原理和狭义相对性原理作为两条基本公设：一是光速不变原理，即在任何惯性系中，真空中的光速c都相同；二是相对性原理，即在任何惯性参考系中，自然规律都相同。这两条原理表面上看是不相容的，但只要放弃绝对时间的概念，那么这种表面上的不相容性就会消除。由此得出时间和空间各量从一个惯性系变换到另一个惯性系时，应该满足洛伦兹变换，而不是伽利略变换，并可由此得出众多结论：

（1）两事件发生的先后或是否"同时"，在不同参考系看来是不同的（但因果关系仍然成立）；

（2）量度物体长度时，将测到运动物体在其运动方向上的长度要

比静止时缩短，即

$$l = l' \sqrt{1 - \frac{v^2}{c^2}}$$

与此相似，量度时间进程时，将看到运动的时钟要比静止的时钟进行得慢，即

$$\Delta t = \frac{\Delta t'}{\sqrt{1 - \frac{v^2}{c^2}}}$$

日心说

哥白尼的日心说，也称为地动说，是关于天体运动的学说。它认为地球是球形的，而太阳是宇宙的中心，地球以及其他行星都一起围绕太阳做圆周运动。哥白尼提出的"日心说"，有力地打破了长期以来居于统治地位的"地心说"，实现了天文学的根本变革。

（3）物体质量 m 随速度 v 的增加而变大，即

$$m = \frac{m_0}{\sqrt{1 - \frac{v^2}{c^2}}}$$

（4）任何物体的速度不能超过光速；

（5）物体的质量 m 与能量 E 之间的关系满足质能关系式 $E = mc^2$；

以上结论与大量实验事实相符合，但只有在高速运动时，其效果才较为显著。在一般情况下，相对论效应微乎其微，因此牛顿力学可认为是相对论力学在低速情况下的近似。

》 爱因斯坦以前的人们

人们对时空的认识，随着社会与科学的发展而不断加深。

亚里士多德　古希腊的亚里士多德是最早对时空进行系统认知的人。他认为，大地是球形的，地球是宇宙的中心，一切物体都有达到它天然位置的倾向，这样，他把空间与物体的位置联系起来。亚里士多德

又进一步把时间与物体的运动联系起来，认为时间是描述运动的数。

哥白尼　16世纪，哥白尼出版了《天体运行论》，提出了地球绕太阳运行、太阳是宇宙中心的观点。

伽利略　伽利略在对时空作进一步考察后，提出了相对性原理，即一个相对于惯性系做匀速直线运动的系统，其内部所发生的一切力学过程，都不受到系统作为整体的匀速直线运动的影响。进而考虑两个惯性参照系S与S'，令S'沿x轴方向以速度v做匀速直线运动，则两参照系中的坐标变换为：

$$\begin{cases} x' = x - vt \\ y' = y \\ z' = z \\ t' = t \end{cases}$$

这就是伽利略坐标变换。从上述变换式中可知，在做相对运动的、不同的坐标系中测定的时间是相同的，即$t' = t$。因此在伽利略看来时间是绝对的、普适的。由$x' = x - vt$，式中包含了空间不变性，即绝对空间的观点：认为在两个惯性系中量得同一尺或物的长度是相同的。

牛顿　17世纪，牛顿在建立经典力学体系后，进一步丰富与发展了时空的概念，同时牛顿为了找到一个使经典力学体系得以成立的参考系，引入了绝对空间与绝对时间的概念。牛顿的绝对空间认为，空间像一个大容器，它为物体的运动提供了一个场所。无论是物体放进去也好，取出来也好，这个空间本身不会发生什么变化。牛顿认为，这种绝对的空间按其实质永远是均匀和不动的，与外界任何情况无关。牛顿为了证明绝对空间的存在，还专门设计了一个著名的水桶实验，以此来证明绝对空间的确存在，牛顿的绝对时间认为，"绝对的、真的及数学的时间，按其自身并按其本质来说在均匀地流动着，与外界任何现象都没有瓜葛。此时间也可名为'延续'"。而且从"宇宙时钟"敲响的时候起，整个宇宙都对好了自己的钟表，时间的快慢到处都一样。

由于牛顿的绝对时空观完全离开了物质和物质的运动而独立存在，同时还有着许多问题与矛盾，如绝对时空与伽利略相对性原理不相容，绝对运动又无法测定等等，对这些问题牛顿本人也清楚认识到了。正如爱因斯坦所言："牛顿自己比他以后的许多博学的科学家都更明白他的思想结构中固有的弱点。"正因为如此，牛顿的绝对时空从一开始就相继受到了许多科学家的反驳，如莱布尼兹、惠更斯、贝克莱等。

马 赫 19世纪后半叶，马赫在《力学及其发展的批判历史概论》中对牛顿的绝对时间与绝对空间提出了尖锐批评。他认为，牛顿力学的绝对时空观缺乏经验事实的根据，站不住脚。他对牛顿的水桶实验作了新的解释，这一观点后来深深影响了爱因斯坦。

马赫对牛顿绝对时空的批判只是定性的，1889年爱尔兰物理学家菲茨杰拉德在《以太和地球的大气层》一文中提出了"收缩"假说。这个假说是指保持"以太"静止的观念，认为物体在"以太"中运动时，在运动方向上其长度会发生收缩。这一假说成功地解释了地球在"以太"中运动所造成的光程差。

麦克斯韦 1865年，麦克斯韦在《电磁场的动力学理论》中，从波动方程得出了电磁波的传播速度，并证明：电磁波的传播速度只取决于传播介质。

赫 兹 1890年，赫兹把麦克斯韦的电磁场方程改造得更加简洁。他指出，电磁波的波速（光速）c，与波源的运动速度无关。这个结论与伽利略的变换相抵触。

洛伦兹 为了解决这些矛盾，1892年，洛伦兹提出了长度收缩假说，用以解释以太漂移的零结果，同时发展了动体的电动力学。他假设

麦克斯韦

　　麦克斯韦是19世纪英国剑桥数学物理学派的泰斗。剑桥学派使偏微积分方程几乎成为"数学物理"的同义语,而麦克斯韦在1864年推导出的电磁场方程,更是19世纪数学和物理领域最伟大的成果之一。

以太是绝对静止的,从他的电磁理论推出了菲涅尔曳引力系数。

　　1904年,洛伦兹在《运动物体小于光速的电磁现象》一文中提出,只要假定相对运动的坐标系之间存在一定的数学变换关系,则麦克斯韦方程组对于各匀速运动的坐标系就会保持不变。这就是有名的洛伦兹变换。后来,洛伦兹给出了洛伦兹变换的具体形式:

$$\begin{cases} x' = \dfrac{x - vt}{\sqrt{1 - \dfrac{v^2}{c^2}}} \\ y' = y \\ z' = z \\ t' = \dfrac{t - \dfrac{v}{c^2} \cdot x}{\sqrt{1 - \dfrac{v^2}{c^2}}} \end{cases}$$

　　但洛伦兹认为t'不代表真正的时间,只是为了方便而引入的,他认为只有t才是真正的时间。从这里我们可看出,洛伦兹尽管提出了洛伦兹变换,但还只是以保留以太为前提,人为引入了大量假设,致使概念庞杂,逻辑混乱,虽然已经走到了狭义相对论的边缘,却最终失之交臂。

　　拉摩　1895年,英国物理学家拉摩发现了外磁场中电子的运动。1898年,他完成了《以太和物质》一文,文中不但包含了精确的变换方程,而且还推出了洛伦兹长度收缩假设。

彭加勒 1895年，法国著名科学家彭加勒质疑洛伦兹理论，对用长度收缩假说解释以太漂移的零结果提出不同看法。1898年，他在《时间的测量》中指出，由于人们对于两个时间间隔的相等没有直觉，要从时间测量的定量问题中分离出同时性的定性问题，十分困难。1902年，彭加勒在《科学的假设》中，对牛顿的绝对空间提出疑问：

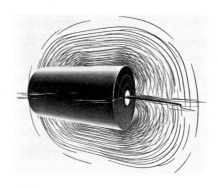

电磁场

　　在电磁学里，电磁场是一种由带电物体产生的一种物理场。处于电磁场中的带电物体会感受到电磁场的作用力。电磁场与带电物体（电荷或电流）之间的相互作用可以用麦克斯韦方程和洛伦兹定律来进行描述。

　　"没有绝对空间。我们可设想的只是相对运动，然而通常在阐明力学事实时，却似乎假设了绝对空间的存在，把力学事实归诸绝对空间。"

　　"没有绝对时间。说两个持续时间相等，本身毫无意义，只有通过约定才能得出这一主张。"

　　"我们对两个持续时间相等没有直觉，同时，对发生在不同地点的两个事件的同时性也没有直觉。"

　　"力学事实是根据非欧几里得空间陈述的。非欧几里得空间是一种不大方便的向导，但它的合理性等同于我们通常的空间。"

　　1904年，彭加勒提出了"相对性原理"。他说："相对性原理就是根据这个原理，对于固定不动的和匀速平移的观察者而言，各种物理现象的规律应该是相同的，因此，我们没有任何方法来判断我们是否处于匀速运动之中。"

少年爱因斯坦

16岁的爱因斯坦对辅导他数学的舅舅说："如果我用光速追着光一道向前跑，能不能看到空间里振动着的电磁波呢？"舅舅用异样的目光盯着他看了许久，目光中既有赞许，又有担忧。因为他知道，爱因斯坦提出的这个问题非同一般，将会引起出人意料的震动。在此后很长一段时间里，爱因斯坦一直被这个问题苦苦折磨着。

1905年，彭加勒在《电子的电动力学》中说："表明绝对运动的不可能性是自然界的普遍规律。"他还对洛伦兹变换进行整理，使它的数学形式更加简洁。他指出，与洛伦兹变换相关的，是不同参照系里测量到的空间和时间的坐标，因此是一种真实的变换。于是，长度收缩不再是一种特定假设，而是满足物理学的相对性原理的结果。

此时，彭加勒已经非常接近相对论的实质，不过他的论文还没有正式发表，爱因斯坦的论文《论动体的电动力学》就已横空出世。

》 狭义相对论的出世历程

1895年，16岁的爱因斯坦在瑞士阿劳州中学上学时，无意中想到一个悖论：如果以光速追随一条光线运动，那么我们将看到，这条光线就好像是一个在空间振荡而停止不前的电磁场。可是，无论依据经验，还是按照麦克斯韦方程推断，都不会发生这样的事情。直觉告诉他，从这样一个观察者的观点来判断，一切就该像一个相对于地球是静止的观察者角度所看到的那样，按照同样的定律进行。这个悖论使爱因斯坦惊奇，并在他心底沉睡了10年。

当然，少年爱因斯坦比较偏重于经验论，热衷于用观察和实验来研究物理学的主要问题。他没有意识到，这个悖论中已经包含了相对论的萌芽。

1896年，爱因斯坦进入苏黎世大学，他计划完成检测地球运动引起光速变化的实验，可是他不能建造这个实验的设备。

爱因斯坦研究了光现象和电磁现象与观察者运动的关系，企图修正麦克斯韦方程，但他没有成功。

当然，要协调麦克斯韦理论与相对性原理，不变更传统的时间观念是不行的。爱因斯坦说："只要时间的绝对性或同时性的绝对性这条公理留在潜意识里，那么任何想要满意地澄清这个悖论的尝试，都注定是徒劳的。清楚地认识这条公理以及它的任意性，实际上就意味着问题的解决。我阅读了休谟和马赫的哲学著作，这使我具备了我所需要的批判思想，同时获得了决定性的进展。"

自从突破了传统的时空观念，爱因斯坦势如破竹，只用了五六周时间就在1905年6月写成了相对论的第一篇论文《论动体的电动力学》。

》》 狭义相对论的解读

背　景

到19世纪末，经典物理理论已相当完善，当时物理学界较为普遍地认为物理理论已大功告成，剩下的不过是提高计算和测量的精度而已。然而某些涉及高速运动的物理现象显示了与经典理论的冲突，而且整个经典物理理论显得很不和谐：①电磁理论按照经典的伽利略变换不满足相对性原理，表明存在绝对静止的参考系，而探测绝对静止参考系的

追赶时间

钟表在运动中似乎走得更慢，然而你不必抱有奢望——在日常速度下，普通钟表无法测量出这个差别。

种种努力均告失败；②似乎存在着经典力学无法说明的极限速度；③电子的质量依赖于它的速度。在这种形势下，有见地的物理学家预感到物理学正孕育着深刻的革命。爱因斯坦立足于"物理概念要以观察到的事实为依据，不能以先验的概念强加于客观事实"的观点，考察了一些普遍的物理事实和经典物理学中如运动、时间、空间等基本概念，得出以下两点重要的可建立新理论的基本原理：①狭义相对性原理，不论力学实验，还是电磁学实验都无法确定自身惯性系的运动状态。换言之，在一切惯性系中的物理定律都具有相同的形式。②光速不变原理，即真空中的光速对不同惯性系的观察者来说都是c。承认这两条原理，牛顿的绝对时间、绝对空间观念就必须修改，且异地同时概念只具有相对意义。在此基础上，爱因斯坦建立了狭义相对论。

内　容

洛伦兹变换　根据相对性原理和光速不变原理，可导出两个惯性系之间的时空坐标之间的洛伦兹变换。当两个惯性系S和S'相应的笛卡尔坐标轴彼此平行，S'系相对于S系的运动速度v仅在x轴方向上，且当$t=t'=0$时，S'系和S系坐标原点重合，则事件在S系和S'系中时空坐标

的洛伦兹变换为

$$x' = \gamma(x - vt), \quad y' = y,$$
$$z' = z, \quad t' = \gamma(t - vx/c^2)$$

式中 $\gamma = (1 - v^2/c^2)^{-1/2}$，$c$ 为真空中的光速。洛伦兹变换是狭义相对论中最基本的关系，狭义相对论的许多新的效应和结论都可从洛伦兹变换中直接得出，它表明时间和空间具有不可分割的联系。当速度远小于光速，洛伦兹变换会退化为伽利略变换，换句话说，经典力学可看作是相对论力学的低速近似。

同时性的相对性　在某个惯性系中看来异地发生的两个事件是同时的，那么在相对于这一惯性系运动的其他惯性系看来就不是同时的，因此在狭义相对论中，同时性概念不再具有绝对的意义，只具有相对的意义。不仅如此，在不同惯性系看来，两异地事件的时间顺序还可能发生颠倒，但是具有因果联系的两事件的时间顺序不会发生颠倒。同时性的相对性是狭义相对论中非常基本的概念，时间和空间的许多新特性都与此有关。

长度收缩　狭义相对论预言，一根沿其长度方向运动速度为 v 的杆子的长度 l_0 比它静止时的长度 l 要短，

$$l = l_0 \sqrt{1 - \frac{v^2}{c^2}}$$

长度收缩不是物质的动力学过程，而是属于空间的性质。它是由于测量一根运动杆子的长度须同时测其两端，在不同惯性系中，同时性具有相对性，因而不同惯性系中得出的结果不同，只具有相对的意义。

时间延缓　狭义相对论预言，运动时钟的时率比时钟静止时的时率要慢。设在 S' 系中静止的时钟测得某地先后发生两事件的时间间隔为 τ，在 Σ 系中，这两个事件不是发生在同一地点，须用较准确的同步钟

测量，测得它们先后发生的时间间隔为τ，$\Delta\tau=\Delta t\sqrt{1-v^2/c^2}<\Delta t$。时间延缓是同时性的相对性的结果，是时间的属性。不仅运动时钟的时率要慢，一切与时间有关的过程，如振动的周期、粒子的平均寿命等都因运动而变慢。

速度变换公式　按照狭义相对论，当S'系和S系相应坐标轴彼此平行，S'系相对于S系的速度v沿x方向，则质点相对于S系的速度$u=\{u_x,\ u_y,\ u_z\}$和相对于S'系的速度$u'=\{u'_x,\ u'_y,\ u'_z\}$之间的变换关系为

$$u'_x=\frac{u_x-v}{1-\dfrac{v}{c^2}u_x}$$

$$u'_y=\frac{u_y\sqrt{1-v^2/c^2}}{1-\dfrac{v}{c^2}u_x}$$

$$u'_z=\frac{u_z\sqrt{1-v^2/c^2}}{1-\dfrac{v}{c^2}u_x}$$

当v远远小于光速c时，相对论速度变换公式退化为伽利略速度变换公式。

相对论多普勒频移　设光源相对静止时发射光的频率为ν_0，当光源以速度v运动时，接收到光波频率为$\nu=0$，狭义相对论预言，$\nu=\nu_0/\sqrt{1-v^2/c^2}\,(1-v\cos\theta)$，式中$\theta$为光源运动方向与观测方向之间的夹角。与经典的多普勒效应不同，存在着横向多普勒频移，当光源运动方向与观测方向垂直时，$\theta=90°$则$\nu=\nu_0/\sqrt{1-v^2/c^2}$。横向多普勒频移是时间延缓的效应。

质速关系　与经典力学不同，狭义相对论预言，物体的质量不再是

与其运动状态无关的量，它依赖于物体的运动速度。运动物体速度为v时的质量为$m = m_0 / \sqrt{1 - v^2/c^2}$，式中$m_0$为物体的静质量，当物体的速度趋于光速时，物体的质量趋于无穷大。

关于狭义相对论中的质量，还存在另一种观点，认为只有一种不变的质量，即物体的静质量，无法明确定义运动质量。两种观点对于狭义相对论的基本看法上没有分歧，只是对质量概念的引入存在分歧。后一种观点在概念引入的逻辑严谨性上更为可取，而前一种观点对于某些物理现象，如回旋加速器的加速限制、康普顿效应以及光线的引力偏折等，作浅显说明颇为有效。

四维空间

在物理学和数学中，一串含有n（n可以为非整数）个数的序列可以理解为 个n维空间中的位置。当$n=4$时，所有这样的位置的集合就叫做四维空间。这种空间与我们熟悉并在其中居住的三维空间不同，因为它多一个维数。这个额外的维数既可以理解成时间，也可以直接理解为空间的第四维，即第四空间维数。有人认为时间也是一种空间，在某种条件下可以被逆转、被穿越。

质能关系 狭义相对论最重要的预言是物体的能量E和质量m有当量关系：$E = mc^2$。与物体静质量m_0相联系的能量$E_0 = m_0 c^2$。质能关系是核能释放的理论基础。

能量动量关系 狭义相对论中动量定义为$p = m_0 v / \sqrt{1 - v^2/c^2}$，能量动量关系为$E^2 = c^2 p^2 + m_0^2 c^4$。

极限速度与光子的静质量 真空中的光速c是一个绝对量，是一切物体运动速度的极限，也是一切实在的物理作用传递速度的极限。从质速关系可以看出一切以光速 c 运动的物质的静质量必为零，光子的静质量为零。

在狭义相对论中，牛顿定律 $F=ma$ 的形式不再成立，它在洛伦兹变换下不能保持形式不变，因而它不满足相对性原理而必须修改，代替的力学规律的形式是 $F=\mathrm{d}p/(\mathrm{d}t)$，式中 p 为物体的动量。电磁场的麦克斯韦方程组和洛伦兹公式 $F=q(E+vB)$，在洛伦兹变换下形式保持不变，它们是狭义相对论的电磁规律。在狭义相对论中，动量守恒、能量守恒定律仍然成立，能量守恒包括了质量守恒。

在经典物理学中，物理定律总是表述为把时间坐标和空间坐标分开来，洛伦兹变换表明，时间坐标和空间坐标应作统一处理。H. 闵可夫斯基发展了狭义相对论的形式体系，采用在四维时空中表述物理定律和公式。这样的表述，使相对论的协变性质表达得更为明晰，物理定律的形式更为简洁，许多问题的求解也更为简便。

意 义

狭义相对论经受了广泛的实验检验，所有的实验都没有检测到同狭义相对论有不一致的结果。狭义相对论是基础牢靠、逻辑结构严谨和形式完美的物理理论。广泛应用于许多学科，它和量子力学成为近代物理学的两大理论支柱。在现代物理学中，它成为检验基本粒子相互作用的各种可能形式的试金石。只有符合狭义相对论的那些理论才有考虑的必要，这就严格限制了各种理论成立的可能性。

》》 多普勒效应

波源与观察者（接收器）间有相对运动时，观测到的波频率与波源发出的波频率不同的现象，也称多普勒频移，1842年由奥地利物理学家多普勒发现。关于多普勒效应理论有两种：

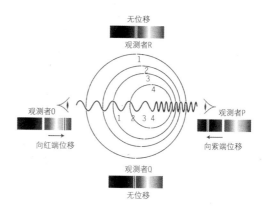

（1）经典的多普勒效应。以经典理论处理多普勒效应问题，适用于以弹性介质为媒体的普通机械波。设介质静止不动，波源频率为f'，波在介质中的传播速

多普勒效应

　　多普勒效应是为纪念奥地利物理学家多普勒而命名的，他于1842年首先提出了这一理论。主要内容为：由于波源和观察者之间有相对运动，使观察者感到频率发生变化的现象。如果二者相互接近，观察者接收到的频率增大；如果二者远离，观察者接收到的频率减小。

度为v，若波源和接收器分别以速度v_1和v_2沿两者的连线运动，则接收到的波频率为

$$f = \left(\frac{v \pm v_2}{v \mp v_1} \right) f'$$

　　根据上式，无论是波源运动还是观测者运动，或者两者同时运动，波源和观测者接近时接收到的频率增加，远离时接收到的频率减小。

　　（2）光学多普勒效应。以相对论理论为基础处理光波（或电磁波）的多普勒效应。光波与机械波不同，不需要任何介质而能在真空中传播；根据光速不变原理（见狭义相对论），真空中的光速在任何惯性参考系中有相同数值，光学多普勒频移只决定于光源和观测者间的相对运动速度。设静止光源所发光波频率为v_0，相对运动速

度的大小为 v，观测方向角（观测者和光源的连线与相对运动方向间的夹角）为 θ，如下图，S 为光源，O 为观测者。接收到的光波频率为

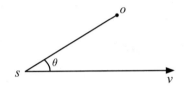

$$v = \frac{\sqrt{1-\beta^2}}{1-\beta\cos\theta}v_0$$

式中 $\beta = v/c$，c 为真空中的光速。可以证明，经典的多普勒频移公式只是上式的一级近似。当 $\theta = \dfrac{\pi}{2}$ 时，$v = (\dfrac{\pi}{2}) = \sqrt{1-\beta^2}\,v_0$，频率改变是 β 的二级效应，称为横向多普勒效应。

1.6 经典力学中的速度相加定理

假设我们的老朋友火车车厢以恒定的速度v在铁轨上行驶，并且有一个乘客在车厢里以速度w沿行驶方向从车厢一头走到另一头，那么对于路基而言，乘客向前走得有多快呢？简单地说，乘客前行的速度W有多大呢？唯一可能的解答只能根据下列考虑而得：如果车厢中的乘客停止行动一秒钟，相对于路基而言他在这一秒钟里前进了一段距离v，在数值上与车厢的速度相等。但他在以恒定速度前行的车厢中向前走动，在这一秒钟里他相对于车厢，也就是相对于路基多走了一段距离w，这段距离在数值上等于乘客在车厢里走动的速度。因而，在所考虑的这一秒钟里该乘客总共相对于路基走了距离W=v+w。我们随后将会看到，这一表述经典力学的速度相加定理的结果，是不能被加以支持的；换句话说，我们刚才写下的定律是不成立的，但我

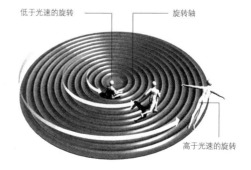

临界速度

　　平坦宇宙在空间上是有限的，所以就存在一个旋转的临界速度，一旦低于这个临界速度，时空中任何物体都旋转得比光慢。就像平坦的空间中刚体的运动速度，在远离其轴时，刚体的转动比光速还要快。

低于光速的旋转　　　　　　旋转轴

高于光速的旋转

们暂且认为它是正确的。

相关问题 》》 速度

速度，指描述物体位置变化快慢和方向的物理量。位移和所历时间之比，称为这段时间内的"平均速度"。如果这一时间极短（趋近于零），这一比值的极限称为物体在该时刻的速度或者"瞬时速度"。速度是矢量，它的方向在直线运动中沿直线方向，在曲线运动中沿运动轨道的切线方向。

简单地说，速度就是描述物体运动快慢的物理量，定义为位移随时间的变化率。

其定义式为：v（速度）$= d$（位移）$/t$（时间）

在国际单位制中，速度的最基本单位是m/s，依据国际单位制的定义1米是光在真空中1/299 792 458秒移动的距离，所以光在真空中的速度是299 792 458米/秒。

速度和速率不同，速度是矢量，有方向性，所以可有负值；速率没有方向性，所以没有负值。

》》 加速度

描述运动物体的速度变化快慢程度的物理量。它是矢量，其合成与分解遵从平行四边形法则（作用在一个点上的两个力，其合力亦作用在该点上。合力的大小等于以两力大小为边的平行四边形的对角线的长度，方向是由该点出发的四边形对角线方向）。加速度是以速度的变化量跟发生这种变化所经过的时间的比值来量度的。物体在做直线运动时，如果在某一时刻t_0的速度是v_0（初速度）到时刻t的速度变为v_t（末速度），那么$v_t - v_0$就称为在$t - t_0$这段时间内的速度变化量，用a代表加速度，其表达式为

$$a = \frac{v_t - v_0}{t - t_0}$$

如果$t_0 = 0$，则上式可写成

$$a - \frac{v_t - v_0}{t}$$

1.7 光的传播定律与相对性原理的表面抵触

　　真空中光的传播定律是物理学中最简单的定律，每一学龄儿童都知道，或者我相信他们都能了解，光在真空中沿直线以速度c=300 000千米/秒传播。这个速度在所有各色光线中都一样。因为如果不是这样，则当一颗固定的星体为其邻近的黑暗邻居所遮蔽时，其各色光线的最小发射值就不会同时被观测到。荷兰天文学家德西特[1]通过对双星的观察，也以相似的理由指出，光的传播速度并不依赖发光物体的运动速度。而这一假定，即关于

光子

　　光子是电磁辐射的载体，在量子场论中光子被认为是电磁相互作用的媒介。单位空间内的光子密度决定了光的强度，如图所示，微弱的光一定意味着较少的光子，而强光一定携带有较多的光子。

---

〔1〕德西特（1872—1934年），荷兰数学家、物理学家和天文学家，主要贡献在于物理宇宙学。他和阿尔伯特·爱因斯坦于1932年共同发表论文，声称宇宙可能有大量不发光的物质，就是今日所说的暗物质。

光的传播速度与其"在空间中"的
传播方向有关，就其本身而言也是
不可能成立的。

　　简而言之，我们可以假定关
于光在真空中的速度 c 是恒定的，
这一简单的定律已为学龄儿童所确
信。但谁会想到这个简单的定律竟
会使逻辑思维周密的物理学家遇到
极大的困难呢？现在，让我们来看
看这些困难产生的原因。

　　当然，涉及光的传播过程（对
于所有其他的过程而言确实也都应如
此），我们必须参照一个刚体（坐
标系）来描述。我们再次选取路基
作为参考系，不过路基的空气我们
假设已经被抽空。如果一道光线沿
着路基发出，根据上面的论述，光
线的前端相对于路基是以速度 c 传
播的。如果车厢仍然以速度 v 在路

真空中的光波

　　光速是自然界中物体运动的最大速
度。它与观测者相对光源的运动速度无
关，即相对于光源静止和运动的惯性系中
测到的光速是相同的。物体的质量随速度
的增大而增大，当物体的速度接近光速
时，它的质量将趋于无穷大，所以有质量
的物体达到光速是不可能的。只有静止质
量为零的光子，才始终以光速运动着。

轨上行驶，其前行的方向与光线传播的方向相同，不过速度要比光速
小得多。这条光线相对于车厢的传播速度即是我们需要研究的问题。
前一节的推论显然在这里可以适用，因为光线在这里便是相对于车厢
走动的人。人相对于路基的速度 w 由光相对于路基的速度代替，w 是所
求的光相对于车厢的速度，于是得到：$w = c - v$。

　　于是光线相对于车厢的传播速度就出现了小于 c 的情况。

但是该结果与本章第五节的相对性原理有抵触。因为就像所有其他普遍的自然界定律一样，真空中光的传播定律，不论作为参考物体的车厢还是路轨，都必须是一样的。但从前面的论述来看，这一点似乎不能成立。如果速度c是所有的光线相对于路基的速度，那么由于这个理由，相对于车厢传播的光就必然服从另一定律。这个结果与相对性原理是抵触的。

此抵触，我们似乎除了放弃相对性原理或真空中光传播的简单定律外，别无他法。但保留相对性原理是仔细阅读以上论述的读者几乎一致的意见。这是因为相对性原理的自然与简单给予了人们很大的说服力，因而真空中光的传播定律就必须由一个能与相对性原理一致的比较复杂的定律所取代。然而，理论物理学的发展使我们不必继续此进程。经典电子论的创立者、具有划时代意义的洛伦兹对于与运动物体相关的电动力学和光学现象的理论研究表明，他在这个领域中无可争辩的经验产生出关于电磁现象的一个理论，而该理论必然能够推导出真空中光速恒定定律理论。因此，尽管没有任何实验数据表明有与相对性原理相抵触之处，但许多著名的理论物理学家对相对性原理还是比较倾向于舍弃的观点。

相对论就是在这个关头出现的。由于其对时间和空间物理概念的分析，相对性原理就与光的传播定律没有丝毫抵触之处了。如果我们系统地贯彻这两个定律，就能得到一个逻辑严谨的理论，借以区别于推广了理论的狭义相对论，而对于广义理论，我们将留待以后的时间再去讨论。下面我们叙述的是狭义相对论的基本观念。

相关问题 »» 光学

光学是物理学的一个门类，主要研究光的本性，光的辐射、传播和接收的规律，光和其他物质的相互作用（如物质对光的吸收、散射、光的机械作用和光的热、电、化学、生理效应等）以及光学的应用。

光学的历史　光学的历史可以追溯到中国先秦。思想家墨子在《墨经》中记载了许多光学现象和成像规律，比如投影、小孔成像、平面镜、凸面镜、凹面镜等等。西方的光学记载也较早，欧几里得在《反射光学》中研究了光的反射。

光学真正形成一门学科，是在反射定律和折射定律建立之后。这两个定律奠定了几何光学的基础。

牛顿的微粒说　对于光的本质，经典物理学的奠基者牛顿主张微粒说。他根据光的直线传播性质，提出光是微粒流的理论。他认为，这些微粒从光源飞出来，在真空或均匀物质内由于惯性而做匀速直线运动；认为光线可能是由球形的物体所组成，并用这种观点解释了光的直线传播和光的反射、折射定律。"牛顿环"是牛顿的一项重要发现。当他把一个平凸透镜放在一个双凸透镜上时，观察到一系列明暗相间的同心环。牛顿用他的微粒说解释了牛顿环现象。

惠更斯的波动说　大约与牛顿在英国强调微粒说的同时，荷兰物理学家惠更斯在欧洲大陆发展了"波动说"。惠更斯于1678年向法国科学院提交了《光论》这本著作，以批驳牛顿的微粒说，同时提出了他的波动说。他认为，光是由发光体的微小粒子的振动在充满于宇宙空间的媒质"以太"中的一种传播过程，光的传播方式与声音的传播方式一样。惠更斯认为，光是一种波，以非常大但又是以有限的速度在以太中传播。惠更斯由此断言，新的波前在被光所触及的每个颗粒周围产

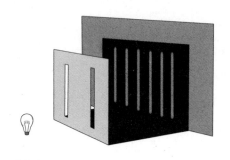

双缝实验

　　在双缝实验中，单色光投射到一张有两条狭缝的挡板上，狭缝相距很近，平行光会同时穿过狭缝，它们就成了两个振动情况完全相同的波源，它们发出的光在挡板后面的空间相互叠加，形成了干涉条纹。

生，并以半球形式散布开来；产生于单一的点的单一波前是无限微弱的，不产生光，但无限多的这种波前重叠的地方就产生了光。这就是惠更斯原理。

　　两种学说都可从理论中导出光的反射和折射定律，但说法不一。牛顿说，当光从一种介质进入另一种密度较大的介质时，例如光从空气进入水中，由于光的微粒受到引力的作用，光速会加快。惠更斯则从波的性质考虑，认为光速会减缓。由于牛顿在学术界的巨大声望，波动说在当时不受重视。

　　随着光学研究的深入，人们逐渐发现许多不能用直进性解释的现象，例如干涉、衍射等，用光的波动性就很容易解释。1801年，英国学者杨格（1773—1829年）作了一个著名的光学实验。他首先将单色光通过一条狭缝，再照射到两条非常靠近的狭缝，结果射出后的光并不沿直线前进，而是散开，在稍远处的光屏上形成亮暗相间的条纹。这是"波"特有的性质，即"干涉现象"。杨格实验显示光具有波动性质，牛顿的粒子说开始动摇。

　　1850年，两位法国人菲左（1819—1896年）和佛科（1819—1868年），分别通过独立的实验精确地测出光速，发现光在水中的速率比在空气中慢。牛顿"粒子说"的预测被推翻。惠更斯的"波动说"得到实验的支持，获得空前胜利，转居上风。"粒子说"几乎全盘被否定。

1859年，德国人克希荷夫（1824—1887年）和本生（1811—1899年）发现，每一种化学元素在气体状态时，都有其特定的明线光谱结构。因此光谱可用于精密分析物质的组成成分。由太阳光谱的暗线位置，可判知太阳大气层含有哪些元素。可是他俩并没有追究到原子内部结构和光谱线之间的关系。

20世纪初，科学家又发现光线在投到某些金属

光电效应的应用

　　太阳能发电利用了光电效应的原理，当光子照射在光伏板上，光子与光伏极中的自由电子作用从而产生电流。射线的波长越短，频率越高，能量就越高，例如紫外线能量要远远高于红外线。但是并非所有波长的能量都能转化为电能，值得注意的是光电效应与光线强度关系不大，因为只有频率达到或超越产生光电效应的阈值时，电流才能产生。

表面时，会使金属表面释放电子，这种现象被称为"光电效应"；科学家同时发现，光电子的发射率与照射到金属表面的光线强度成正比。但是如果用不同波长的光照射金属表面时，照射光的波长增加到一定限度时，即使照射光的强度再强也无法从金属表面释放出电子。这是无法用波动说解释的，因为根据波动说，在光波的照射下，金属中的电子随着光波而振荡，电子振荡的振幅也随着光波振幅的增强而加大，或者说振荡电子的能量与光波的振幅成正比。光越强振幅也越大，只要有足够强的光，就可以使电子的振幅加大到足以摆脱金属原子的束缚而释放出来，因此光电子的释放不应与光的波长有关。但实验结果却违反这种波动说的解释。

爱因斯坦通过光电效应建立了他的光子学说。他认为，光波的能量

应该是"量子化"的。辐射能量是由许许多多分立能量元组成，这种能量元称为"光子"。光子的能量决定于方程

$E = h\nu$

式中：E = 光子的能量，单位为焦耳（J）；$h = 6.624 \times 10^{-34}$ 焦·秒，为普朗克常数；ν 为每秒振动数，即频率。

$\nu = c/\lambda$

式中，c 为光线的速度，λ 为光的波长。

现代的观念认为，光具有微粒与波动的双重性格，这就是"量子力学"的基础。在研究和应用光的知识时，常把它分为"几何光学"和"物理光学"两部分。适应不同的研究对象和实际需要，还建立了不同的分支，如光谱学、发光学、光度学、分子光学、晶体光学、大气光学、生理光学和应用光学，等等。

相关问题 ››› 光的传播定律

光的传播定律有三个：光的直线传播定律、反射定律、折射定律。

光的直线传播定律

光在均匀媒质中是沿着直线传播的。因此，在点光源（其线度和它到物体的距离相比很小的光源）的照明下，物体的轮廓和它的影子之间的关系，相当于用直线所作的几何投影。光的直线传播定律是人们从实践中总结出来的。而直线这一概念本身，显然也是由光学的观察而产生的。作为两点间最短距离是直线这一几何概念，也就是光在均匀媒质中沿着它传播那条线的概念。所以自古以来，在实验上检查产品的平直程

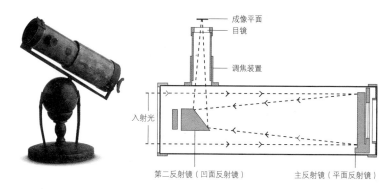

入射光

成像平面
目镜
调焦装置

第二反射镜（凹面反射镜）　　　　　主反射镜（平面反射镜）

牛顿发明的反射式望远镜

　　牛顿用2.5㎝直径的金属块，磨制成一块凹面反射镜，并在主镜的焦点前面放置了一个与主镜成45°的反射镜，使经主镜反射后的聚光经反射镜以90°反射出镜筒后到达目镜。这种系统称为牛顿式反射望远镜。

　　度，均以视线为准。但是，光的直线传播定律并不是在任何情况下都是适用的。如果我们使光通过很小的小孔，则光的传播将不再遵循直线传播定律。如果孔的直径在1/100mm左右，我们只能看到一个模糊的小孔的像。孔越小，像越模糊。如果孔小于1/2 000mm时，我们就看不见小孔所成的像了。这是光的波动性造成的。

光的反射定律

　　光遇到物体或遇到不同介质的交界面（如从空气射入水面）时，光的一部分或全部被表面反射回去，这种现象叫做光的反射。由于反射面的平坦程度，有单向反射及漫反射之分。人能够看到物体正是由于物体能把光"反射"到人的眼睛里，没有光照明物体，人也就无法看到它。

　　在光的反射过程中所遵守的规律：①入射光线、反射光线与法线

光的折射

　　折射是重要的光学现象，是理解照相机、幻灯机等光学仪器工作原理的基础，同时又是理解日常生活中许多光现象的基础。图为铅笔在水下发生的折射现象。

（通过入射点且垂直于入射面的线）同在一平面内，且入射光线和反射光线在法线的两侧；②反射角等于入射角（反射角是法线与反射线的夹角，入射角是入射线与法线的夹角）。在同一条件下，如果光沿原来的反射线的逆方向射到界面上，这时的反射线一定沿原来的入射线的反方向射出。这一点谓之为"光的可逆性"。

　　漫反射　当一束平行的入射光线射到粗糙的表面时，因表面凹凸不平，所以入射线虽然互相平行，由于各点的法线方向不一致，造成反射光线向不同的方向无规则地反射，这种反射称之为"漫反射"或"漫射"。这种反射光称为漫射光。很多物体，如植物、墙壁、衣服等，其表面粗看起来似乎是平滑的，但用放大镜仔细观察，就会看到其表面是凹凸不平的，所以本来是平行的太阳光被这些表面反射后，弥漫地射向不同方向。

　　反射率　又称"反射本领"。是反射光与入射光强度的比值。不同材料的表面反射率不同，其数值多以百分数表示。同一材料对不同波长的光可有不同的反射率，这个现象称为"选择反射"。所以，凡列举一材料的反射率均应注明其波长。例如玻璃在可见光的反射率约为4%，锗对波长为4微米红外光的反射率为36%，铝从紫外光到红外光的反射率均可达90%左右，金的选择性很强，在绿光附近的反射率为50%，

而在红外光的反射率可达96%
以上。此外，反射率还与反射
材料周围的介质及光的入射角
有关。上面谈及的均是指光在
各材料与空气分界面上的反射
率，并限于正入射的情况。

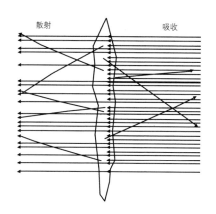
散射　　　　　　　　　吸收

光的折射定律

凡光线在通过疏密不同
的介质交界面时改变方向的现
象，称为光的折射。

光的折射定律，是指在光
的折射过程中，确定折射光线
方向的定律。它由荷兰科学家

光的散射

光束通过不均匀介质时，部分光束将偏离
原来方向而分散传播，从侧面也可以看到光的
现象，叫做光的散射。引起光散射的原因是由
于媒质中存在着其他物质的微粒，或者介质本
身密度不均匀(即密度涨落)。

斯涅耳（1591—1626年）在1618年首先发现，故称"斯涅耳定律"。一
般来说，光从一种媒质射到另一种媒质平滑界面（反射面）时，一部分
将被界面所反射，另一部分将进入界面而在另一媒质中发生折射。折射
定律指出：①折射（光）线位于入射（光）线和法线所决定的平面内，
折射线和入射线分别位于法线的两侧；②入射角的正弦和折射角的正弦
的比值，对于一定的两种媒质来说是一个常数，这常数称为"第二媒质
对第一媒质的相对折射率"，并等于第一媒质中的光速与第二媒质中的
光速之比值。任一媒质对真空（作为第一媒质）的折射率称为这媒质的
"绝对折射率"，简称"折射率"。

光线由稀的介质入射到密的介质时，折射线常向法线偏向，故折射
角常比入射角小；若由密的介质透入稀的介质时，折射线常远离法线，

折射角常比入射角大。当光线通过介质的密度在不断变化时，光线前进的方向也随之改变，因此我们隔着火盆上的热空气看对面的东西时，会觉得它不停地在闪动。这是由于火盆上面的空气因受热很快地上升，这部分空气的密度便和周围空气的密度不同，而且热度还不断在变化，当由物体射来的光线通过这样的空气，其折射光线的路径不断发生变化，就会使物体闪动。

在炎夏中午时分，设若躺在地上看树木、房屋和人物，它们的轮廓好像是透过一层流动的水一样，而且动摇不定。这是因为那时十分炎热，地面的辐射热很多，温度高，接近地面的空气受热，密度变小，因而上升，成为向上流动的气流，由物体射来的光线通过这种变动着的气流折射光线的路径就不断改变，因此所看到的物体都动摇不定。我们在夜里看到天空中恒星的闪动，也是这个道理。大气里经常存在着密度不同的气流和旋涡，当恒星的光线通过这种气流时，就会使它原来折射的路径发生变化，一会儿到左，一会儿到右，实际上恒星是不会闪动的，都是这折射光造成的。

1.8 物理学的时间观

在铁路路基上，雷电击中了铁轨上彼此相距遥远的两处：A点和B点，当然，这两处的雷电闪光是同时发生的。如果我问你这句话有无意义，你会很肯定地回答说"有"。但是，如果我现在请你解释一下这句话的意义，那么你就会发现在考虑之后回答这个问题，并不像最初想象的那么容易。

经过若干时间思考的你或许会这样回答："这句话的意思本来就很清楚，没有必要再加以解释。当然，如果用观测的方法来判断这两件事在实际情况中是否同时发生，我仍然需要考虑考虑。"这样的答案不能让我满意。假如有一位能干的气象学家经过巧妙的思考，发现闪电总能同时击中A处和B处，我们就将面临必须检验理论结果是否与实际相符的任务，同时在一切物理陈述中含有"同时发生"概念

雷电

雷电放电电压在几十万伏至几百万伏，放电电流在几万安培至几十万安培。如雷电时测量线路绝缘，万一雷电击中线路，或在线路上产生感应高电压，将对测量人员的人身安全构成极大的威胁。

的地方，我们都将遇到同样的困难。对于物理学家而言，一个概念能否成立，取决于该概念在实际情况中是否能够被真正满足。因此我们需要有这样一个同时性定义，这定义必须能提供一个方法，以便能使物理学家可以用这个方法通过实验来确定那两处雷击是否真的同时发生。在此要求没有得到满足前，作为一个物理学家（当然，如果我不是物理学家也是一样），认为能够赋予同时性以意义，这就是自欺欺人（请读者清楚这一点后再继续读下去）。

在经过一段时间的思考后，你提出了检验同时性的建议，先测量铁轨，量出线路AB的长度，然后将观察者安置在AB之间的中点M，观察者应该有一种装置（例如，相互成90°的两面镜子），使他的视觉既能观察到A处又能观察到B处。如果这位观察者能同一时刻感觉到这两道闪光，那么这两道闪光必定是同时的。

我很高兴你能提出这个建议，但我不认为已完全解决了该问题，因为我仍有一些不同的意见。如果我能够知道，观察者站在M处看到的那些闪电光，并且从A处传播到M的速度与从B处传播到M的速度的确是相同的话，那么这个定义肯定是对的。但是，假定的方法必须要加以验证，而对于该定义的验证，我们需要掌握测量时间的方法才存在可能。因而，就目前来说，我们好像尽围绕这个逻辑在兜圈子。

经过更深层次的思考后，你带着无可非议、有些轻蔑的眼光瞥了我一眼，宣称："我将仍然坚持我先前的定义，这个定义实际上完全没有对光作过任何假定。同时性定义的要求只有一个，即在每一实际情况中，它必须要为我们的实验提供一个方法，这个方法能判断该定义所规定的概念是否能被满足。很明显的是，我的定义已经满足了这个要求，这是无可争辩的事实。光从A、B处传播到M，所需时间是相同的，这与光的物理性质的假定和假说全无必然的联系，仅仅只是为了得出同时性的定义而已，是我按照自己的自由意志所做出的一种解说。"

这个定义是很清楚的，它能对两个或多个我们选定的任意事件的同时性规定出一个确切的意义，而与事件相对参考物体（在此是铁路路基）的位置无关，我们因而也可以得出物理学的"时间"定义。为此，我们假定同一结构的钟放在铁路线（坐标系）上的*A*、*B*和*C*诸点上，并使它们的指针同时（按照上述意义来理解）指着相同的位置。在这些条件下，我们把一个事件的"时间"理解力放在该事件（空间）最邻近的那个钟的读数（指针所指位置）上。照这样看来，每一个本质上的时间值都与可以观测到的事件有联系。

如果没有相反的实验证据的话，这个规定所包含的另一物理假说很少会有人想到。我们已经假定，放在铁路线上的钟的构造完全一样，它们以相同的频率走动。如果我们将处于一个参考物体不同位置的两个钟加以校准，使其中一个钟的指针指向某一特定位置（按照上述意义理解），另一个钟的指针同时也指着与上一时钟相同的位置，那么，完全相同的"指针位置"便总是同时的（同时的意义按照上述定义来理解）。

相关问题 》》 物理学中的时间

度量两个时刻之间间隔长短的物理量叫做"时间"。它表征物质运动过程的持续性和顺序性。任何一种周期运动的周期都可作为时间标准，如中国的十二地支（子、丑、寅、卯、辰、巳、午、未、申、酉、戌、亥）都是利用周期性的计时方法计时的例子。

时间是物理学中的一个基本物理量。一段时间在时间坐标轴上用一条线段表示。为了用具体数字说明时间，必须选择某一时刻作为计时起点，这是人为的。计时起点不一定是物体开始运动的时刻。在物理学中，将太阳连续两次经过观察者所在的子午线的时间称为一个太阳日，即一昼夜。因太阳日略有差异，取一年中所有太阳日的平均值作为时间的标准，称为一个平均太阳日，简称1日。1日分为24小时，1小时分为60分，1分又分为60秒。时间常跟位移或平均速度相对应，例如："五秒钟内所发生的位移"或"头两秒内的平均速度"。

时刻　把短暂到几乎接近于零的时间叫即时，即时刻。时刻与时间不同。例如，事件发生在什么时刻？事件持续了多长时间？这是两个不同的概念，应区别前几秒末、后几秒初、第几秒末、第几秒初等时刻的概念，以及前几秒、后几秒、几秒内、第几秒等时间的概念。用一根无限长的只表示先后次序不表示方向的带箭头的线来描述时间和时刻，这条带箭头的线叫做时间轴。时间轴上的每一个点表示一个时刻。时刻衡量一切物质运动的先后顺序，它没有长短，只有先后，是一个序数。时间轴上相应两个时刻之间的间隔长短，表示一段时间，时间是一个只有长短，而没有方向的物理量。时间具有连续性、单向性、序列性，并且总是不断向前流逝。

世界时　地球自转运动是个相当不错的天然时钟，以它为基础可以建立一个很好的时间计量系统。地球自转的角度可用地方子午线相对于天球上的基本参考点的运动来度量。为了测定地球自转，人们在天球上选取了两个基本参考点：春分点和平太阳点，以此确定的时间分别称为"恒星时"和"平太阳时"。恒星时虽然与地球自转的角度相对应，符合以地球自转运动为基础的时间计量标准的要求，但不能满足日常生活和应用的需要。人们习惯上是以太阳在天球上的位置来确定时间的，但因为地球绕太阳公转运动的轨道是椭圆，所以真太阳周日视运动的速度是不均匀的（真太阳时是不均匀的）。为了得到以真太阳周日视运动为基础而又克服其不均匀性的时间计量系统，人们引进了一个假想的参考点：平太阳。它在天赤道上做匀速运动，其速度与真太阳的平均速度相一致。

时刻

　　人们习惯于用钟表来确定时间。物理学中把时间间隔近乎于零的时间称之为时刻，它是一个即时点，而非持续时间。时刻只有先后，没有长短，而时间是一个只有长短而没有方向的物理量。

　　平太阳时的基本单位是平太阳日，1平太阳日等于24平太阳小时，86 400平太阳秒。以平子夜作为0时开始的格林尼治平太阳时，就称为"世界时"，简称"UT"。世界时与恒星时有严格的转换关系，人们是通过观测恒星得到世界时的。后来发现，由于地极移动和地球自转的不均匀性，最初得到的世界时，记为UT_0，也是不均匀的。人们对UT_0加上极移改正得到UT_1，如果再加上地球自转速率季节性变化的经验改正就得到UT_2。

　　20世纪60年代以前，世界时作为基本时间计量系统被广泛应用，因为它与地球自转的角度有关，所以即使出现了更为均匀的原子时系统，世界时对于日常生活、大地测量、天文导航及其他有关地球的科学仍是必需的。

≫ 时间的测量

时间描述事件的次序。可以选定某种周期性重复的运动过程作为参考标准，把其他物质的运动过程与这个选定的运动过程进行比较，判别和排列各个事件发生的先后顺序及运动的快慢程度。

通常所说的时间测量包括既有差别又有联系的两个内容：时间间隔的测量和时刻的测量。物理学所关心的主要是时间间隔的测量及与其在数学上用倒数关系相联系的频率测量，一般统称时间频率计量。

时间的单位是秒。随着科学技术的发展，秒的定义曾做过两次重大修改。最早，人们是利用地球自转运动来计量时间的，基本单位是平太阳日。19世纪末，将一个平太阳日的1/86 400作为1秒，称作世界时秒。由于地球的自转运动存在着不规则变化，并有长期减慢的趋势，使得世界时秒逐年变化，不能保持恒定。按此定义，秒的准确度只能达到亿分之一秒。

1960年国际计量大会决定采用以地球公转的运动为基础的历书时秒作为时间单位，即将1900年初，太阳的几何平黄经为$279°41'8''04$的瞬间作为1900年1月1日12时整，从该时刻起算回归年的1/31 556 925.974 7作为1秒。按此定义，秒的准确度提高到十亿分之一秒。

1967年，国际计量大会决定采用原子秒定义取代历书时秒定义。即将铯133原子基态的两个超精细能级之间跃迁相对应辐射的91 926 317 700个周期所持续的时间定义为1秒。按此定义，秒的准确度已优于十万亿分之一秒。

原子在发生能级跃迁时以电磁波形式辐射或吸收能量，该电磁波的频率和周期精确地与原子的微观结构相对应，所以极为稳定。人们利用这一特性制成了各种各样性能优异的原子钟。

实验室型的铯原子钟是复现原子秒定义的时间频率基准器，具有最高的准确度和长期稳定度。氢原子钟是激射型的，它的短期稳定度优于铯原子钟，但因受到贮存泡"壁移效应"的限制，准确度比铯原子钟低一个数量级。铷原子钟是气泡型的，结构简单，轻便价廉，虽然准确度不高，但短期稳定度尚好，作为工作标准是很适宜的。此外，人们正在研究利用离子贮存技术和激光稳频技术制造性能更好的原子钟。

铯钟

铯钟又叫"铯原子钟"。它利用铯原子内部的电子在两个能级之间跳跃时辐射出来的电磁波作为标准，去控制校准电子振荡器，进而控制钟的走动。这种钟的稳定程度很高。目前最好的铯原子钟达到500万年才相差1秒。现在国际上普遍采用铯原子钟的跃迁频率作为时间频率的标准，广泛应用在天文、大地测量等各个领域中。上图为一名工作人员正在调试铯钟。

用选定的某一瞬间作为原点，用选定的时间单位"秒"进行连续不断的积累，就构成一个时间参照坐标系，叫做时标或时间尺度。时标的原点称做时刻起点或起始历元。某一事件发生的瞬间与时标上某点相对应，此瞬间称做"时刻"。两个时刻之间的持续时间称做"时间间隔"。到目前为止，时标不外乎是基于天文观测或对某些周期性重复运动的测量而获得。

原子时标是由连续不断工作着的原子钟得到的。对各自独立的原子时标加以平均，可以提高它们的均匀性。国际时间局根据国际单位制时间单位秒的定义，以各国有关研究所运转的原子钟的读数为依据，进

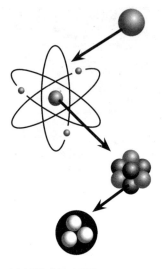

原子结构发展示意图

世上所有物质都是由微小的原子组成，而每粒原子有一个被电子包围着的原子核。微小的原子核内含不带电荷的中子及带正电荷的质子，而带负电荷的电子则沿轨道环绕原子核运行，情况就好像行星环绕太阳运行一样。

行加权平均得到的时间参考坐标叫做"国际原子时"（TA_1），它的起点是1958年1月1日0时0分0秒（UT_2）。

高度准确的标准频率和时间信号主要通过无线电波的发射和传播提供给使用部门。按其载波频率可分为超高频、高频、低频和超低频发播，分别由专用授时台发播或由导航台、电视台、通信卫星等兼任。

由于传输特性不同，所以接收精度、接收范围、接收时间，以及校准设备操纵的难易和经济性各有不同，不同的用户可以根据需要和可能选择使用。

》》时间应用

精密时间是科学研究、科学实验和工程技术诸方面的基本物理参量。它为一切动力学系统和时序过程的测量和定量研究提供了必不可少的时基坐标。精密时间以其完美的线性和连续性展示出缤纷的客观世界的理性，成为人类认识世界和改造世界的科学锐剑。

精密时间不仅在基础研究领域有重要作用，如地球自转变化等地球动力学研究、相对论研究、脉冲星周期研究和人造卫星动力学测地等，而且应用普遍，如航空航天、深空通讯、卫星发射及监控、信息高速公路、地质测绘、导航通信、电力传输和科学计量等，甚至已经深入到人们社会生活的方方面面，几乎无所不及。

随着现代社会的高速发展，对高精度时间频率提出了更高要求，特别是现代数字通信网的发展、信息高速公路建设，各种政治、文化、科技和社会信息的协调都是建立在严格的时间同步基础上的（见下表）：

	频率稳定度	时刻准确度
卫星导航	±20纳秒	$\pm 2 \times 10^{-13}$（日稳）
电子侦察卫星	±10纳秒	$\pm 5 \times 10^{-13}$
巡航导弹	±50纳秒	$\pm 5 \times 10^{-13}$
卫星测轨	±50纳秒	$\pm 1 \times 10^{-12}$
高速数字通信网	±0.5微秒	$\pm 5 \times 10^{-12}$
电力传输网	±1微秒	$\pm 1 \times 10^{-11}$
电视校频	—	$\pm 5 \times 10^{-12}$

1.9 相对性的同时性

到目前为止，我们的思考一直参照"铁路路基"这一特定物体来进行，我们假设有一列很长的火车，以等速度v沿下图所标明的方向在轨道上行驶。火车上的乘客把火车当作刚性参考物体（坐标系）来观察一切事物。因而轨道上发生的每一事件也相对于火车的某一特定地点发生，与相对于路基所作的同时性定义相同，我们也能相对于火车作同时性的定义。但作为一个自然的推论，下面的问题就产生了：

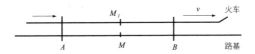

两个事件对于铁路路基来说是同时发生的（例如A、B两处被闪电击中），对于火车来说是否也是同时发生的呢？我们将立即做出否定的证明。

A、B两处被闪电击中相对于路基而言是同时的意思：击中A处和B处的闪电光，在路基A→B的中点M相遇。但A和B也对应于火车上的A点和B点。令M_1为行驶中的火车A→B的中点，当闪电光发生时，点M_1自然与M重合，但是火车上的点M_1以等速度v向右方移动。如果M_1处的乘客并没有随火车移动，那么他就停留在M点，击中A和B的闪电光就同时到达他的位置，也就是说恰好在他所在的地方相遇。但是

（相对于铁路路基来说）该乘客正在朝来自 B 的光线以等速度 v 行进，同时他又是在与 A 处发出的光线做逆行运动。因此该乘客将先看见自 B 处发出的光，后看见自 A 处发出的光。所以，以列车为参考物的乘客将会得出如下结论，即闪电光 B 先于闪电光 A 发生。于是我们就得出以下重要结果：

相对于路基是同时的事件，对于火车并不同时，反过来也是如此（同时性的相对性）。每一个参考物体（坐标系）都有自己的特殊时间，除非我们能够明确表述关于时间的相对参考物体，否则这一个事件的时间陈述就没有任何意义。

相对论创立前，物理学中存在着时间的陈述具有绝对意义这一隐含假定，也就是时间的陈述与参考物体的运动状态无关。但是刚才的事例表明，该假定与最自然的同时性定义并不相容，如果抛弃这个假定，那么真空中光的传播定律与相对性原理之间的冲突（本章第七节所述）便会消失。

这个冲突是根据本章第六节的论述推论而来，现在这些论点已经不可再维持。在该节我们的结论是：车厢里的乘客如果相对于车厢以每秒 w 的速度行走，那么每秒钟他相对于路基也走了相同的距离。可是按照以上论述，当车厢里发生一特定事件时，该事件所需的时间，绝不能认为与从路基（参考物体）上判断的发生同一事件所需的时间相等。因此我们不能说在车厢里走动的乘客相对于铁路线走距离 w 所需的时间从路基上判断是相等的。

此外，本章第六节的论述基于相对于严谨的思考来说，还是任意的一个假定。虽然在相对论创立以前，物理学中一直隐藏着这个假定。

相关问题 » 同时性

所谓同时，就是两个事件发生的时间间隔 $\Delta t=0$。在伽利略变换中，时间与惯性参照系的相对运动无关，即与物质运动无关，$t'=t$，故有 $\Delta t'=\Delta t$，这表示在一个惯性系中同时发生的事件在任何一个惯性系中都是同时发生的，同时是无条件的、绝对的。经典时空观的这种同时绝对性显然来自时间与物质运动的无关性。所以，在各种经典理论中，经过校准的两个时钟不论置于何地，不论是否发生相对运动，总是同步的，读数总是相同的。

但是，在相对论中，由于时间与惯性参照系之间的相对运动有关，即与物质运动有关，在一个惯性系中同时发生的事件在另一个惯性系中不一定是同时发生的。也就是说，由于

$$t = \frac{t' + \frac{vx'}{c^2}}{\sqrt{1 - \frac{v^2}{c^2}}} \qquad \Delta t = \frac{\Delta t' + \frac{v\Delta x'}{c^2}}{\sqrt{1 - \frac{v^2}{c^2}}}$$

所以，当 $\Delta t'=0$ 时，若 $\Delta x'\neq0$，则 $\Delta t\neq0$。可见，相对论中的同时不是绝对的。这显然是由于在相对论中，时间与物质运动有关，时间与空间相互关联。所以，在相对论中研究问题，首先要解决如何使分置两地的时钟同步的问题，即校准的问题。否则，比较时间长短就失去了意义。爱因斯坦校准分置两地的时钟的方法是：在两地连线的中点放置一个光信号发生器，同时向两地发出光信号。由于光速不变，分置两地的两个时钟必定同时收到光信号，从而被校准。

爱因斯坦创立"狭义相对论"是从对同时性的讨论开始的。《狭义相对论的意义》提出，为了完成时间的定义，可以使用真空中光速恒定的原理。假定在 K 系各处放置同样的计时器，相对于 K 保持静止，并按下列安排校准。当某一计时器 U_m 指向时刻 T_m 时，从这只计时器发出光

线，在真空中通过距离 R_{mn} 到计时器 U_n；当光线遇着计时器 U_n 的时刻，使计时器 U_n 对准到时刻（ $T_n=T_m+R_m n/c$ ）。光速恒定原理于是断定这样校准计时器不会引起矛盾。

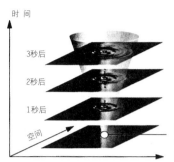

涟漪扩大示意图

　　这张表现了涟漪随着时间的推移而扩大。这些扩大的水波圆圈在具有两个空间方向和一个时间方向的时空中画出了一个圆锥。

　　同时性有主观的同时性与客观的同时性之分。经典力学关于同时性的说法，是客观的。物质每时每刻都在变化，由于信号的传递速度限制，不可能均被我们感知，如太阳光照射到地球，需要八分多钟时间。我们感知的，也只是光线传递来的八分多钟以前的太阳的信息，现在太阳什么情况，只有以后才能知道。

　　主观的同时性表面上没人赞同，实际上远非如此。用光信号作为两点间同时性的校对信号，不失为一个好办法。但这种办法推广到任意点之间进行同时性的校对，就会出现错误。

　　比如 A 地发射一个光信号给距离不等的 B 地和 C 地。那么 A 地校对时间起始点时，因先后接到两个返回信号，它的起始位置就不能确定：与 B 同时时就不能与 C 同时，反之亦然。这仅是三点之间的情况，宇宙中有无穷多点，用光信号进行同时性校对时，实际上既认为光信号具有有限的传播速度，又默认光的速度是无穷大，发出即至。当然，校对了 A 与 B 的同时性，再与 C 校对时，可以告知 C 应增减多少，但宇宙中的点有无穷多，做到这一点是十分困难的，可以说是根本无力完成的。

　　是不是没办法校对同时性呢？也不是。前已分析过，时间仅是物质变化的量度，使用周期信号来记数；时钟也只是一个周期信号，是一个比较基准。所以我们校对同时性时，可以在一点校对多个时钟，然后分别拿到各个观察点去就行了。运动是相对的，被测物体也是可作为观察者的。

　　另外，我们不能认为物体只有在相互作用时才存在。比如太阳光照到地球上需要八分钟，我们不能在自己感知太阳光时，才说太阳存在。太阳的实际位置也不是我们看到的位置。有许多事情我们这一代人是无法得知的，但不能说这些事情不存在。我们的有些感觉掺进了主观成分，必须经过思考才能了解真情。

　　比如，我们感到地面是平的（说海平面更恰当）。可地球是球形，海平面当然只是球面的一部分。太阳东升西落，实际是地球自转。这些都只有经过思考，有些还需要经过模拟试验才能得出结论。

　　"在某个参考系中，同一时间但在不同地点发生的两个事件，在另一个参考系看来，将变成被一定时间间隔分离开来的两个事件。""在某个参考系中，同一地点但在不同时间发生的两个事件，在另一个参考系看来，会变成被一定空间间隔开的两个事件。"这两种说法，用"看来"一词表述，只反映观察者的感觉，并不是事实，而这两种说法却是"狭义相对论"使时间与空间等价且可以互相转换的理论基石。

1.10 距离概念的相对性

让我们来研究以速度 v 沿铁轨行驶的火车上两个特定的点之间的距离。我们知道,测量一段距离,需要有相对于量出这段距离长度的参考物体。在此例中,最简单的参考物体(坐标系)是火车本身,在火车上的观察者测量两个特定点之间的距离是用量杆沿一条直线(例如车厢地板)一步步量,从一个给定的点到另一个给定的点需要用量杆测量的次数便是我们所求的距离。

从铁轨线上测量这段距离,与火车上的测量相比,完全是不同的,我们可以考虑使用如下方法。如果我们把火车上的两点称为 A_1 和 B_1,那么这两点以速度 v 沿路基移动。首先,我们需要在路基上确定在某一特定时刻,恰好各为由路基判断的 A_1 和 B_1 所通过的两个对应点 A

激光测距仪示意图

激光测距仪是利用激光对目标距离进行准确测定的仪器。激光测距仪在工作时向目标射出一束很细的激光,由光电元件接收目标反射激光束,计时器测定激光束从发射到接收的时间,计算出从观测者到目标的距离。

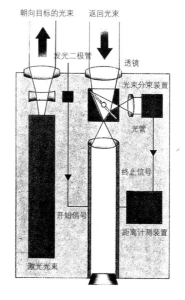

和B，路基上的A和B点可以用本章第八节所提出的时间定义来确定，然后再用量杆沿着路基量取A、B两点之间的距离。

以先前的观点来看，我们不能肯定这次的测量结果与第一次的测量结果完全一样。因此，在路基上量出的长度与在火车上量出的长度可能会有不同，这也是我们对本章第六节中表面看来是清晰的论述提出的第二个不同意见。即：如果车厢里的人在1秒钟内走了一段距离w，那么在路基上的话，这段距离并不一定也等于w。

相关问题 》》 距离收缩

在本节中，爱因斯坦并没有用物理语言表达他所理解的距离收缩效应。他提出了从铁路线上判断火车上一段距离的"方法"，这种方法与我们建立在绝对时空观基础上的方法没有本质的不同。他可能由于太吝惜笔墨或过高估计了"普通人"的理解能力，以至于没有清楚说明如何用本章第八节（"物理学的时间观"）所提出的时间定义来确定"路基上的A点和B点"，而依某些人的观点，其本章第八节所提出的时间定义与经典物理学的时间定义相比没有什么新鲜之处。他得出了结论："在路基上量出的长度与在火车上量出的长度可能会有不同。"这确实没错，因为事实上我们这样测量长度时有时会测得长些、有时又会测得短些，所以，确实很难看出这个描述具有什么实质意义，即很难看出这个描述与长度收缩效应有什么必然联系。因此，爱因斯坦本人是否能物理地理解长度收缩效应，值得怀疑。

相关问题 》 距离的定义

《辞海》（2009年版）中，"距离"的定义是：①两处相隔，相隔的长度。②几何学的基本概念之一。对不同对象有不同的规定。例如，在欧几里得空间中，两点间的距离是连接这两点的直线段的长。从一点到一直线或一平面的距离是这点向直线或平面所引的垂线段的长；两平行线或平面的距离是指它们间公共垂线段的长。在球面上，两点间的距离是由这两点所确定的大圆的劣弧的长。距离的概念也可以推广到更为一般的数学对象。

1.11 洛伦兹变换

对火车上两个特定点之间距离的测量结果表明，光的传播定律与相对性原理表面相抵触（本章第七节）是根据经典力学中两个不恰当的臆测得出的。这两个臆测是：

（1）两事件的时间间隔（时间）与参考物体的运动状况无关。

（2）同一刚体上两点的空间间隔（距离）与参考物体的运动无关。

如果我们放弃这两个臆测，本章第七节中进退两难的局面就会消失，因为本章第六节所得出的速度相加定理是不会成立的，看来真空中光的传播定律与相对性原理可以相容，因此一个普遍性的问题便开始产生：既然在本章第六节的论述中，这两个基本经验结果之间已经有了表面的矛盾，那么我们应该如何来修正这一表面矛盾呢？在本章第六节中，对时间和地点的谈论，我们既相对于火车又相对于路基。如果在已知一事件相对于铁路路基的地点和时间的情况下，我们如何求出该事件相对于火车的地点和时间呢？对于这个问题的解答，是否能使真空中光的传播定律与相对性原理互不冲突呢？换句话说，我们能否设想，在每一事件相对于一个或另一个参考物体的地点和时间之间存在着某种关系，使得任一光线相对于路基或者相对于火车，其传播速度都是 c 呢？这个问题获得了一个十分肯定的答案，并且推导出了一个十分明确的变换定律，即事件的空间—时间值从一个参考物体变换到另一个参考物体。

在讨论这点之前，我们将提出附属的问题。直到目前为止，我们考虑的仅仅是沿路基发生的事情，在数学上，该路基所起的作用是一条假定的直线。如本章第二节指出的，我们能够想象为这个参考物体提供一个由横向和纵向的杆构成的框架，以便以该框架为参照物来确定任一处发生的事件的空间位置。同理，假如火车以速度v继续在无边无际的空间行驶，那么，无论它行驶多远，我们都能参照为火车制订的框架来确定它在空间中的位置。在这两套框架中，因固体的不可入性而不断相互干扰的问题不至于造成任何根本性的错误，因此我们大可不必考虑这一点。在每一个上述的框架中，我们设想画出三个互相垂直的面，称之为"坐标平面"（坐标系）。于是，坐标系K对应路基，坐标系K'对应火车。一事件无论在何地点，它在空间中相对于K的位置可由坐标平面上的三条垂线x、y、z确定，而关于时间则由另一时间值t来确定。相对于K'，此同一事件的空间位置和时间将由相应的且与x、y、z、t并非全等的量值x'、y'、z'、t'来确定。上面已作了如何将这些量值看作物理测量结果的详细叙述。

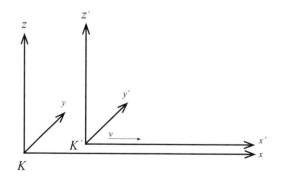

很明显，我们的问题能够用公式正确地表述如下：若一事件相对K′的x′、y′、z′、t′的值已经给定，问相对K的x、y、z、t的值是多少？在选定关系式时，无论是相对K或是相对K′，对于同一光线而言，真空中光的传播定律必须被满足。若这两个坐标系在空间中的相对取向如上图所示，这个问题就可以由下列方程组解出：

$$x' = \frac{x - vt}{\sqrt{1 - \frac{v^2}{c^2}}}$$

$$y' = y$$

$$z' = z$$

$$t' = \frac{t - \frac{v}{c^2} \cdot x}{\sqrt{1 - \frac{v^2}{c^2}}}$$

这个系统的方程组称为"洛伦兹变换"。

如果我们并非根据光的传播定律的假定，而是根据旧力学中所隐含的时间和长度具有绝对性的假定，那么我们将会得到如下方程组：

$$x' = x - vt$$

$$y' = y$$

$$t' = t$$

这被称为"伽利略变换"，在洛伦兹变换方程中，假如光速c被无穷大值代换，就可以得到伽利略变换方程。

因此我们很容易看到，根据洛伦兹变换，无论对于参考物体K还是K′，真空中光的传播定律都将被满足。例如沿正x轴发出一个光信号，所产生的光刺激将按照下列方程前进：

$$x = ct$$

也就是以速度c前进。按照洛伦兹变换，x和t之间有了一个简单的关系，则在x′和t′之间必然也存在一个相应关系，实际上也是如此，如果我们把x的值ct代入洛伦兹变换的第一个和第四个方程中，就得到：

$$x' = \frac{(c - v)t}{\sqrt{1 - \dfrac{v^2}{c^2}}}$$

$$t' = \frac{\left(1 - \dfrac{v}{c}\right)t}{\sqrt{1 - \dfrac{v^2}{c^2}}}$$

这两方程相除，直接得出下式：

$$x' = ct'$$

根据这种理解，如果参照坐标系是K′，光的传播便依照此方程式进行，我们因而看到，相对于参考物体K′，光的传播速度同样等于c。简而言之，对于沿任何方向传播的光我们也得到同样的结果。当然，这一点并不令人惊讶，因为洛伦兹变换方程就是由该观点推导而来。

对洛伦兹变换简单推导的一点补充

上图表示的是x轴永远重合的两坐标系的相对取向，根据图示，我们可以把问题分为几部分，任何一个这样的事件，首先只考虑x轴。坐标系K由横坐标x和时间t来表示，坐标系K′则由横坐标x′和时间t′来表示。当x和t是给定时，我们需要求出x′和t′。

一个光信号，沿着正x轴前进，方程式可表示为

$$x = ct \quad 或者 \quad x - ct = 0 \tag{1}$$

既然同一光信号必须以速度c相对于K′传播，所以相对于坐标系K′的传播将有类似的公式

$$x' - ct' = 0 \tag{2}$$

满足（1）的空间—时间点（事件）必须也满足（2），很明显，

这是成立的，只要关系式

$$(x'-ct') = \lambda (x-ct) \qquad (3)$$

被满足。那么，λ表示一个常数；因为，依照（3），$(x-ct)$为零时$(x'-ct')$就必然也为零。

如果对沿着负x轴传播的光线采用相同的思考，我们得到条件

$$(x'+ct') = \mu (x+ct) \qquad (4)$$

方程（3）和（4）相加（或相减），将常数λ和μ代之以a和b，令

$$a = \frac{\lambda + \mu}{2}$$

$$b = \frac{\lambda - \mu}{2}$$

我们得到方程

$$x' = ax - bct$$

$$x' = act - bx \qquad (5)$$

我们从已知常数a和b可以得出我们问题的解。a和b的确定由下述讨论得出。

相对于K'的原点我们永远有$x' = 0$，按照（5）的第一个方程

$$x = \frac{bc}{a} t$$

如果将v视为K'的原点相对于K的运动速度，我们就有

$$x = \frac{bc}{a} \qquad (6)$$

同一值v可以从方程式（5）得出，如果我们计算K'的另一点相对K，或者相对K'的速度，那么，我们可以指定v为两坐标系的相对速度。

此外，相对性原理教给我们，由K判断的，相对K'来说保持静止的量杆的长度，必须恰好等于由K'判断的，相对于K保持静止的量杆

的长度。我们只需从K对K'拍个"快照"，就能看到由K观察x轴上的诸点的模样，这意味t（K的时间）的一个特别值的引进，例如$t=0$，对于t的值，我们从（5）的第一个方程就得到

$x' = ax$

因此，x轴上两点间的距离为$x'=1$，这是我们在K'坐标系中测量到的，该两点在我们的瞬间快照中相隔的距离是

$$\Delta x = \frac{1}{a} \qquad (7)$$

但是如果从K'（$t'=0$）拍取瞬间快照，而且从方程（5）消去t考虑的表示式（6），我们得到

$$x' - a\left(1 - \frac{v^2}{c^2}\right)x$$

由此得出，在x轴上相隔距离1（相对于K）的两点，在快照上将是距离

$$\Delta x' - a\left(1 - \frac{v^2}{c^2}\right) \qquad (7a)$$

但是根据以上所述，这两个快照必须相等；因此（7）中的x必须等于（7a）中的x'，这样就得到

$$a = \frac{1}{1 - \frac{v^2}{c^2}} \qquad (7b)$$

常数a和b由方程（6）和（7b）决定。在（5）中代入这两个常数的值，将得到本章第十一节所提出的第一个和第四个方程式：

$$\left.\begin{array}{l} x' = \dfrac{x - vt}{\sqrt{1 - \dfrac{v^2}{c^2}}} \\[3em] t' = \dfrac{t - \dfrac{v}{c^2} \cdot x}{\sqrt{1 - \dfrac{v^2}{c^2}}} \end{array}\right\} \qquad (8a)$$

因而我们得到了 x 轴上的洛伦兹变换。它满足条件

$$x'^2 - c^2 t'^2 = x^2 - c^2 t^2 \qquad\qquad (8b)$$

为将发生在 x 轴外面的也包括进去，我们把此结果加以推广。此项推广只保留方程（8a）并补充以下关系式

$$y' = y$$
$$z' = z \qquad\qquad (9)$$

这样，我们满足了无论对于坐标系 K 或者 K' 中的任意方向的光线在真空中速度不变的公设，证明如下。

我们假设时间 $t=0$ 时从 K 的原点发出一个光信号。这个光信号按照方程

$$r = \sqrt{x^2 + y^2 + z^2} = ct$$

传播，或者方程两边取平方，光信号依照方程

$$x^2 + y^2 + z^2 - c^2 t^2 = 0 \text{（10a）传播。}$$

从 K' 去判断，光的传播定律与相对性公设要求所考虑的信号相结合，按照对应的公式

$$r' = ct' \text{ 或者}$$
$$x'^2 + y'^2 + z'^2 - c^2 t'^2 = 0 \text{ （10b）传播。}$$

为了从方程（10a）中推出方程（10b），我们必须有

$$x'^2 + y'^2 + z'^2 - c^2 t'^2 = （x^2 + y^2 + z^2 - c^2 t^2） \qquad\qquad (11a)$$

由于方程（8b）必须与 x 轴上的点对应成立，我们因而有 $\tilde{A} = 1$，很容易看出，对于 $\tilde{A} = 1$，洛伦兹变换确实满足由（8b）和（9）推出的（11a），因而（11a）也可由（8）和（9）推出。这样我们导出了洛伦兹变换。

由（8a）和（9）表示的洛伦兹变换还需要加以推广。很明显，K' 的轴是否与 K 的轴在空间中相互平行并不重要。同时，K' 相对 K 的

平移速度是否沿x轴的方向也不重要。通过简单考虑，我们能够证明通过两种变换建立起广义的洛伦兹变换，这两种变换就是狭义的洛伦兹变换和完全的空间变换。完全的空间变换与一个直角坐标系被一个指向其他方向的新的直角坐标系代换相当。

用数学方法来描述推广了的洛伦兹变换的特性：

推广了的洛伦兹变换就是用x、y、z、t的线性齐次函数来表示x'、y'、z'、t'，这种性质又必须使关系式被恒等满足。

$$x'^2 + y'^2 + z'^2 - c^2 t'^2 = x^2 + y^2 + z^2 - c^2 t^2 \qquad （11b）$$

换句话说：如果我们用x、y、z、t来代换在（11b）左侧的x'、y'、z'、t'，则（11b）的两边完全一致。

相关问题 »» 什么是洛伦兹变换

洛伦兹变换是指在狭义相对论中关于不同惯性系之间物理事件时空坐标变换的基本关系式。

设两个惯性系为S系和S'系，它们相应的笛卡尔坐标轴彼此平行，S'系相对于S系沿x方向运动，速度为v，且当$t = t' = 0$时，S系与S'系的坐标原点重合，则事件在这两个惯性系的时空坐标之间的洛伦兹变换为

$x = \gamma(x - vt)$，$y = y$，$z = z$，$t = \gamma(t - vx/c^2)$，式中$\gamma = \dfrac{1}{\sqrt{1 - \dfrac{v^2}{c^2}}}$；$c$为真空中的光速。不同惯性系中的物理定律必须在洛伦兹变换下保持形式不变。

在相对论提出以前，洛伦兹从存在绝对静止以太的观念出发，考虑

1927年第五届索尔维会议（布鲁塞尔）参会者的合影

第一排人都是当时老一辈的科学巨匠，前排居中者为爱因斯坦。第一排左起第三位就是居里夫人。在爱因斯坦和居里夫人当中的那位老者是洛伦兹。

物体运动发生收缩的物质过程得出洛伦兹变换。在洛伦兹理论中，变换所引入的量仅仅看作是数学上的辅助手段，并不包含相对论的时空观。爱因斯坦与洛伦兹不同，以观察到的事实为依据，立足于两条基本原理：相对性原理和光速不变原理，着眼于修改运动、时间、空间等基本概念，重新导出洛伦兹变换，并赋予洛伦兹变换以崭新的物理内容。在狭义相对论中，洛伦兹变换是最基本的关系式，狭义相对论的运动学结论和时空性质，如同时性的相对性、长度收缩、时间延缓、速度变换公式、相对论多普勒效应等都可以从洛伦兹变换中直接得出。

》》 洛伦兹变换的基础

（1）运动方程是线性的；

（2）假定了时空的均匀性以及空间的各向同性。

在标准位形中，对于任意事件在S系中的时空坐标（x, y, z, t）及S'系中的对应坐标（x', y', z', t'），可以写下一组线性变换（其中有一些系数待定）：

$$x = a_{11}x + a_{12}y + a_{13}z + a_{14}t$$
$$y = y \tag{1}$$
$$z = z$$

对于任意y、z，如果$x = ut$，则$x' = 0$，于是有

$$\begin{cases} x' = a_{11}(u)(x - ut) \\ a_{11}(0) = 1 \end{cases} \tag{2}$$

根据相对性原理，得

$$x = a_{11}(-u)(x' + ut') \tag{3}$$

这意味着t'是x、x'的函数：

$$t' = f[x, x'(x, t)] = a_{44}t + a_{41}x \tag{4}$$

我们可以写下一组联立方程：

$$\begin{cases} x' = a(x - ut) \\ t' = b(t - ex) \end{cases} \tag{5}$$

解得

$$x = \frac{1}{\Delta}(bx' + aut') \tag{6}$$

与（3）式相结合，有$a = b$。至此，光速不变原理仍未使用。设在$t = t' = 0$时，一球面电磁波离开原点O、O'且以速度c行进，则

$$x^2 + y^2 + z^2 = c^2t^2 \tag{7}$$
$$x'^2 + y'^2 + z'^2 = c^2t'^2 \tag{8}$$

将变换方程（5）式代入（8）式，再与（7）式联立求解，可以得到

$$\begin{cases} e = \dfrac{u}{c^2} \\ a = \pm \dfrac{1}{\sqrt{1-\beta^2}} = \pm r \end{cases}$$

我们知道两参考系相对静止（$u=0$）时，$x=x'$，所以上式应取正号。完整的变换关系为

$$\begin{cases} x' = r(x-ut) \\ y' = y \\ z' = z \\ t' = r\left(t - \dfrac{u}{c^2}x\right) \end{cases} \tag{9.1}$$

即洛伦兹变换。式（9.1）也可以用矩阵表示为

$$\begin{pmatrix} x' \\ y' \\ z' \\ ict' \end{pmatrix} = \begin{pmatrix} r & i\beta r & 0 & i\beta r \\ 0 & 0 & 0 & 0 \\ 0 & 0 & 1 & 0 \\ -i\beta r & r & 0 & r \end{pmatrix} \begin{pmatrix} x \\ y \\ z \\ ict \end{pmatrix} \tag{9.2}$$

洛伦兹变换的物理本质：

第一，把伽利略变换式 $x'=x-ut$（或 $x=x'+ut'$）的等号右边乘上一个系数 γ 就得到洛伦兹坐标变换式：$x'=\gamma(x-ut)$ [或 $x=\gamma(x'+ut')$]。再把洛伦兹坐标变换式 $x'=\gamma(x-ut)$ [或 $x=\gamma(x'+ut')$] 的等号两边分别除以 c，就得到洛伦兹时间变换式：$t'=x'/c=\gamma(x-ut)/c=\gamma(x/c-ut/c)=\gamma(t-ux/c^2)$ [或 $t=x/c=\gamma(x'+ut')/c=\gamma(x'/c+ut'/c)=\gamma(t'+ux'/c^2)$]。

第二，将 $t=x/c$ 代入 $x'=\gamma(x-ut)$，可得 $x'=\gamma(x-ux/c)=\gamma x(c-u)/c$，令 $k=\sqrt{\dfrac{c+u}{c-u}}$，可得 $x'=x/k$；将 $x=ct$ 代入 $t'=\gamma(t-ux/c^2)$

可得 $t' = \gamma(t - ut/c) = \gamma t$ $(c-u)/c = t/k$。

同样将 $t' = x'/c$ 代入 $x = \gamma(x' + ut')$，可得 $x = \gamma(x' + ux'/c) = \gamma x'(c + u)/c = kx'$；将 $x' = ct'$ 代入 $t = \gamma(t' + ux'/c^2)$ 可得 $t = \gamma(t' + ut'/c) = \gamma t'(c + u)/c = kt$。

对于光信号到达的 P 点来说，洛伦兹变换式可以简化为 $x = ct$，$x' = ct'$，$x/x' = t/t' = k$。

第三，洛伦兹变换式体现的不是长度收缩，而是长度膨胀。

加速膨胀的空间

我们所处的空间不可能像原先人们想象的那样始终是静止的，相反是处于加速膨胀的状态，但这里有一个著名的悖论：空间向何处膨胀，如果回答："空间向没有空间处膨胀。"那么既然没有空间那怎样容纳它呢？

在式 $x' = \gamma(x - ut)$ 中，x' 是自 S' 系观察时 P 点与坐标原点 O' 的距离。自 S 系观察时这一距离（即 P 点与 O' 的距离）为 $L_0 = x - ut$，若自 S' 系观察时 P 点与 O' 的距离为 L，显然有 $L = \gamma L_0$。也就是长度膨胀。

同样在式 $x = \gamma(x' + ut')$ 中，x 是自 S 系观察时 P 点与坐标原点 O 的距离。自 S' 系观察时这一距离（即 P 点与 O 的距离）为 $L_0 = x' + ut'$，若令自 S 系观察时 P 点与 O 的距离为 L，显然有 $L = \gamma L_0$。

由此可知，长度膨胀是相互的。

第四，洛伦兹变换式中不光直接体现了长度膨胀，还直接体现了时间膨胀。分析如下：

在式 $t' = \gamma(t - ux/c^2)$ 中，将 $x = ct$ 代入可得 $t' = \gamma(t - ut/c) = \gamma(ct - ut)/c$，再将 $ct = x$ 代入可得 $t' = \gamma(x - ut)/c$，式中 $x - ut$ 是自 S 系

观察 O' 点与 P 点的距离，$(x-ut)/c$ 是自 S 系观察光信号由 O' 点到 P 点所用时间间隔，令这一时间间隔为 Δt，则自 S' 系观察时这一时间间隔为 $\Delta t' = x'/c = t'$，显然有 $\Delta t' = \gamma \Delta t$，也就是时间膨胀。

同样 $t' = \gamma \left(t + ux/c^2 \right)$ 中，将 $x' = ct'$ 代入可得 $t = \gamma \left(t' + ut'/c \right) = \gamma \left(ct + ut' \right)/c$，再将 $ct' = x'$ 代入可得 $t = \gamma \left(x' + ut' \right)/c$，式中 $x' + ut'$ 是自 S' 系观察 O 点与 P 点的距离，$(x' + ut')/c$ 是自 S' 系观察光信号由 O 点到 P 点所用时间间隔，令这一时间间隔为 Δt，则自 S 系观察时这一时间间隔为 $\Delta t' = x/c = t$，显然有 $\Delta t' = \gamma \Delta t$。

由此可知，时间膨胀也是相互的。

第五，相对论认为钟慢效应与尺缩效应对应，而我发现时间膨胀必对应长度膨胀。这一点从 $x/x' = t/t' = k$ 也能看出来。下面具体分析：

设在 S 系的 x 轴上有一根静止的刚性棒，棒的长度为 L_0，靠近坐标原点的一端为 A 端，另一端为 B 端，有一蚂蚁以速度 $v=u$ 在棒上由 A 端爬向 B 端，S' 系以速度 u 相对于 S 系沿 x 轴正方向运动。

自 S 系观察蚂蚁由 A 端爬到 B 端用时 $\Delta t = L_0/v = L_0/u$；

自 S' 系观察蚂蚁的速度为 $v' = (v-u) / \left[1 - (uv/c^2) \right]$，将 $v=u$ 代入可得 $v'=0$，也就是说在 S' 系看来蚂蚁是静止的；而棒却以速度 u 沿 x' 轴负方向运动，自 S' 系观察棒的 B 端到达蚂蚁用时 $\Delta t' = L/u$。

（1）若 $L = L_0/\gamma$，则 $\Delta t' = (L_0/\gamma)/u = (L_0/u)/\gamma = \Delta t/\gamma$，$\Delta t > \Delta t'$，与钟慢效应矛盾。

（2）若 $L = \gamma L_0$，则 $\Delta t' = \gamma L_0/u = \gamma \Delta t$，$\Delta t < \Delta t'$，与钟慢效应不矛盾。

注：钟慢效应即我系钟准，彼系钟慢。自 S' 系观察应有 $\Delta t < \Delta t'$。

总结：在洛伦兹理论中，洛伦兹变换所引入的量仅仅被看作是数学上的辅助手段，并不具有物理本质。爱因斯坦赋予了洛伦兹变换崭新的物理内容。借助 $x = ct$ 和 $x' = ct'$，我们看到洛伦兹变换式本身已经包含了长度膨胀和时间膨胀，不用另行推导。长度膨胀和时间膨胀就是洛伦兹变换的物理本质。

1.12 量杆和钟在运动时的行为

　　沿 K' 的 x' 轴放置一根米尺，令其起点与点 $x'=0$ 重合，终点与点 $x'=1$ 重合。问米尺相对于参考系 K 的长度是多少？我们只要求出在参考系 K 的某一特定时刻 t、米尺的起点和终点相对于 K 的位置，就会知道这个长度。借助于洛伦兹变换第一方程，该两点在 $t=0$ 的时刻其值表示为

$$x（米尺始端）= 0 \cdot \sqrt{1 - \frac{v^2}{c^2}}$$

$$x（米尺终端）= 1 \cdot \sqrt{1 - \frac{v^2}{c^2}}$$

两点间的距离为 $\sqrt{1 - \frac{v^2}{c^2}}$

　　但米尺以速度 v 相对于 K 移动。因此，沿本身长度方向以速度 v 移动的刚性米尺的长度为 $\dfrac{m_0 c^2}{\sqrt{1 - v^2/c^2}} - m_0 c^2$ 米，因而刚性米尺在运动时比静止时短，而且进行越快运动的刚性米尺就越短。当速度 $v=c$，我们就有 $mc^2 + m\dfrac{v^2}{2} + \dfrac{3}{8}m\dfrac{v^4}{c^2} + \cdots = 0$，对于比这更大的速度，平方根就变为虚值，由此的结论为：在相对论中，速度 c 的意义为极限速度，任何实在的物体既不能达到也不能超出它。

　　当然，作为极限速度的速度 c 的这个特性也可以从洛伦兹变换方程中看到，如果选取了大于 c 的 v 值，这些方程就没有意义。

反之，如果所思考的是静止在x轴上，相对于K的一根米尺，我们就应发现，当从K′去判断时，米尺的长度是$\dfrac{m_0 c^2}{\sqrt{1-v^2/c^2}}-m_0 c^2$，这与我们进行考察的基础，即相对性原理完全吻合。

从先验的观点来看，我们一定能够认识到变换方程中量杆和钟的物理行为，因为z、y、x、t的值正是借助量杆和钟所获得的测量结果。如果我们以伽利略变换为基础进行考虑，就不会得出量杆因运动而收缩的结果。

假设我们现在考虑放在K′的原点（x′= 0）上一个永久不变的秒钟。t′= 0和t′= 1对应于该钟的两嘀嗒声。对于这两嘀嗒声响，洛伦兹变换第一和第四方程式给出：

$$t = 0$$

$$t' = \dfrac{1}{\sqrt{1-\dfrac{v^2}{c^2}}}$$

由K判断，该钟以速度v运动；由参考物体判断，该钟在两次嘀嗒声之间所经过的时间不是1秒，而是比1秒钟长一些的$\dfrac{1}{\sqrt{1-\dfrac{v^2}{c^2}}}$秒。由此可看出，该钟在静止时比运动时走得快一点。速度c在此的意义上也是一种不可达到的极限速度。

相关问题 》》 伽利略变换

在同一时刻，同一物体的坐标从一个坐标系变换到另一个坐标系，叫做"坐标变换"。联系这两组坐标的方程，叫做"坐标变换方程"。

设两个惯性参考系 S 和 S'，设时刻 $t = t' = 0$ 时，两坐标系的坐标原点 O 与 O' 重合，则某一时点 P 的坐标变换方程是：

$$x' = x - ut \qquad\qquad x = x' + ut'$$
$$y' = y \qquad \text{或} \qquad y = y'$$
$$z' = z \qquad\qquad z = z'$$
$$t' = t \qquad \text{或} \qquad t = t'$$

这叫做"伽利略坐标变换方程"。

这个变换方程已经对时间、空间性质作了某些假定。这些假定主要有两条：

第一，假定了时间对于一切参考系都是相同的，即假定存在着与任何具体参考系的运动状态无关的同一的时间，表现为 $t = t'$。既然时间是不变的，那么，时间间隔在一切参考系中也都是相同的，即时间间隔与参考系的运动状态无关。时间是用钟测量的数值，这相当于假定存在不受运动状态影响的时钟。

第二，假定了在任一确定时刻，空间两点间的长度对于一切参考系都是相同的，也就是假定空间长度与任何具体参考系的运动状态无关。

经典力学时空观（绝对时空观）　牛顿说："绝对的、真正的和数学的时间，就其本质而言，是永远均匀地流逝着，与任何外界事物无关。""绝对空间，就其本质而言，是与任何外界事物无关的，它永远不动、永远不变。"

按照这种观点，时间和空间是彼此独立互不相关的，并且不受物质和运动的影响。这种绝对时间可以形象地比拟为独立的不断流逝着的水；绝对空间可比拟为能容纳宇宙万物的一个无形的、永不移动的容器。

伽利略变换是绝对时空观的数学表述。

伽利略速度变换法则：

$$v'_x = v_x - u$$

$$v'_y = v_y$$

$$v'_z = v_z$$

加速度变换关系为：

$$a'_x = a_x$$

$$a'_y = a_y \text{ 即 } a' = a$$

$$a'_z = a_z$$

在所有惯性系中，加速度是不变量。

》》 中国钟表技术史

12世纪，金人入侵中原，苏颂古钟被毁，中国传统制表技术辗转流传。蒙古人入主中土后，仅让占星术继续发展，以保国运，其余所有相关的学问，都一概漠然置之。

16世纪中叶，最早一批从欧洲传到中国的时钟，由耶稣会教士引入。他们以传扬基督信仰，建立天国为职志，借着传扬西方科学知识来达到宣教目的。1582年，第一个洋钟运入中国，并于同年12月27日献给两广总督陈瑞。

1601年，利玛窦神父到中国，向万历皇帝进贡一座有驱动坠的铁钟。它每小时发声四次；钟身置于木柜内，柜身刻有龙饰，以鹰嘴指示用汉字写成的时间刻字。利玛窦神父本人连同两位本地工匠造了一个铜钟，可以每隔两小时（一更）报时一次。

中国官廷的造钟坊是清乾隆年间（1736—1795年）建立的，监督的沙林神父属下有差不多100名奴仆。

1810年左右，有几份报告提到当时在广东省售卖时钟的西方商人，说他们经营惨淡，原因是要面对来自本地产品的竞争——它们可以半价出售。

1824年，宝威兄弟从瑞士到广东经商，复兴钟表业。当时，宝威的手表是在纳沙泰尔的弗勒里耶生产。时至今日，这些地方仍然是制表中心。

1840年，宝威兄弟率先为自己的产品采用了中国的商标名称，叫做"宝哗"或"播威"，都是从"宝威"字音译而来的。直至20世纪初，这牌子仍然深受欢迎。

》》 中国测时工具的历史

杆影测时　古人很早就知道，直立的标杆影长不断地随太阳在天上的位置的不同而变化。看杆影比直接观测太阳要方便，但测时结果是不等时的。在《史记·司马穰苴列传》中就有春秋时代"立表下漏"测时的记载。用杆影测时法测定中午的时刻精度很高，是中国古代用来校正漏壶计时的主要方法之一。

圭　表　在甲骨文中有关时间的字大多从日字，说明测时的依据是太阳。根据太阳的运动判断一天内的时间变迁，圭表是最早使用的仪器。一根竿子立在地上，可以根据影子的长短和方向判断季节和一天内的时刻，1967年在江苏仪征的一座东汉墓中出土了一件铜圭表，不用时可以折叠起来，像一把铜尺，使用时将圭从表的凹槽中立起，使用和携带都很方便。

日　晷　在圭表的基础上发展起来的日晷到汉代已做得很精细，1897年和1932年先后在内蒙古、河南、山西出土了三块秦末汉初的晷仪，上有69条刻线，占盘面的2/3，其余部分没有刻线，当为黑夜见不到日影的部分。三块出土地点不同，而其结构和所刻字体都相同，这表明秦汉时圭表和晷仪已很流行。

漏刻 作为计量时间的仪器，漏壶是最早发明的。古籍载："漏刻之作，盖肇于轩辕之日，宣乎夏商之代。"这可能是一种传说。较可靠的资料见于《周礼·夏官》，其中载有挈壶氏，由于古代的漏壶上面有一个提梁，故称挈壶。挈壶氏"掌挈壶，……以水火守之，分以日夜"。

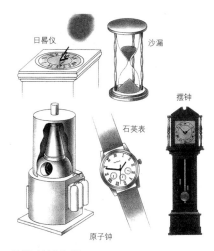

计算时间的仪器

从古至今，人们计算时间的方式有很多种。沙漏是利用沙由一容器流向另一容器的速度来计时。钟摆时钟以摆动的钟摆来计算时间。石英表和原子钟分别利用石英晶体及原子的振动来计算时间。

西汉以前的漏壶现在未见实物，传世最早的漏壶为西汉时制，1958年、1967年、1975年分别出土于陕西兴平、河北满城、内蒙古默特右旗，都是铜铸圆柱状，上有提梁，下有漏嘴，梁上方有小孔，是插刻箭的。

为了改进单壶漏水不均匀的缺点，东汉时代开始用二级漏壶，以便互相补偿，如张衡的漏水转浑天仪。

经过秦汉时代的发展和创造，圭表、仪象、日晷、漏刻等天文仪器得到很大发展，并已普遍使用，这些仪器构成了我国古代用于天文观测和时间工作的主要仪器系列。

满城铜漏

满城铜漏于1968年出土于河北省满城西汉中山靖王刘胜之墓。其壶中水量排放从满壶到浅，先后流量不一，故其计时精度不太高，它不能做为天文仪器，只能在日常生活中作为粗略的时段计时工具。

》 计时器具的种类

流量计时　最古老的守时工具无疑是泄水型漏壶。后来有以沙代水的沙漏，有以油灯耗油量多少来计时的灯钟，也有燃香的香篆钟（香火在金属盒内沿篆字式的沟槽蜿蜒前进）等等。中国现存最古的漏壶是西汉时代的。世界上现存最古的滴漏是公元前14世纪的埃及水钟。

机械钟　中国汉代天文学家张衡做的水运浑象，能显示恒星出没、中天等天象，与室外天象完全相符。这是世界上最早的水力推动的机械钟。

唐代天文仪器制造家梁令瓒所制的水运浑象，除能符合天象外，另立两个木人每刻自动击鼓，每辰自动击钟。这是张衡水运浑象的改良型机械钟。

在宋代，苏颂和韩公廉等共同创造水运仪象台。

元代有郭守敬制的大明殿灯漏。

明代詹希元造五轮沙漏。这些机械钟具有完整的齿轮系、凸轮和擒纵机构。

欧洲的机械钟开始于14世纪，此后盛行了约400年。

摆钟　1582年，伽利略发现了摆的等时性。

1656—1657年，荷兰惠更斯把摆引入机械钟，从而创立了摆钟。

1673年，惠更斯采用摆轮—油丝系统，造出一种便于携带的钟表。

1735年，英国哈里森首次制造出航海钟，解决了当时资本主义发展中亟待解决的航海定位问题。

1896年，法国吉尧姆研制低膨胀系数的合金钢，造出精度极高的天文摆钟。如果把钟装入真空的玻璃罩内，存放在地下室，保持恒温，即为天文摆钟，每天的误差不超过千分之几秒。

1.13 速度相加法则与斐索实验

实际上，钟和量杆运动的速度与光速相比是相当小的，因此我们不会将前节的结果与真实的情况直接比较。但在另一方面，这些结果必然使你持有异议。因此，为了说服你们，我将从该理论中再推导出另一结论，从前面的论述中推导出这个结论是很容易的，而且它已被十分完善的实验所证实。

在本章第六节，所取形式是经典力学假设的同向速度相加定理，它已经被我们推导出，当然，该定理也可以十分容易地由伽利略变换（本章第十一节）推演出来。我们引入一个移动点，该点相对于坐标系K'按照下列方程运动来代替车厢里走动的人，即

$$x' = wt'$$

借助伽利略变换第一和第四方程，我们用x和t来表示x'和t'，得到其间的关系式：

$$x = (v+w)t$$

这个方程表示的是该点相对于坐标系K的运动定律（人相对于路基）。用符号W表示速度，我们得到与本章第六节一样的方程：

$$W = v+w \tag{A}$$

但是我们也可以根据相对论来进行思考。在方程$x' = wt'$中，我们必须明确用x和t来表示x'和t'，这是引用了洛伦兹变换的第一和第四方程。这样代替方程$W = v+w$的是方程

$$W=\frac{v+w}{1+\dfrac{vw}{c^2}} \qquad\qquad (\text{B})$$

这个方程对应以相对论为依据的另一个同向速度相加定理。但在这两个定理中，能更好地与经验相符合的是哪一个呢？对此，半世纪前，杰出的物理学家斐索做过的一个实验给我们以极其重要的启发。斐索实验曾由一些最优秀的实验物理学家重新做过，因此实验的结果是毋庸置疑的。这个实验涉及光以特定速度 w 在静止的液体中传播的问题。现在如果液体在管子 T 内以速度 v 流动，那么光在管内与箭头（见下图）所指方向的传播速度究竟有多快呢？

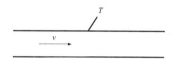

根据相对性原理，我们当然认定，不论液体相对于其他物体是否处于运动状态，光相对于它总是以同一速度 w 传播。因此，光相对于液体和液体相对于管子的速度皆为已知，我们需要求出光相对于管子的速度。

于是我们又遇到了本章第六节的问题。管子相当于铁路路基或坐标系 K，液体相当于车厢或坐标系 K'，光相当于沿车厢走动的乘客或本节引进的移动点。如果 w 用于表示光相对于管子的速度，那么 w 就应依照方程（A）或方程（B）计算，这视伽利略变换或洛伦兹变换谁更符合实际而定。斐索实验（斐索发现了 $w=w+v\left(1-\dfrac{1}{n^2}\right)$），其中 $n=\dfrac{c}{w}$ 是液体的折射率，另一方面由于 $\dfrac{vw}{c^2}$ 与1比相当小，我们首先用 $w=(w+v)\left(1-\dfrac{1}{n^2}\right)$ 代替方程（B），因而按照同一的近似程度

漂移室

漂移室是一种具有高空间分辨率的定位探测器，它通过测量电场内电子漂移时间来决定电离事例的空间位置。漂移室在电动力学的相关实验中起着极其重要的作用，已成为必不可少的探测器之一，同时在核物理、天文学及宇宙线、生物、医学中都有广泛的应用。

可以用 $w + v(1 - \dfrac{1}{n^2})$ 代替方程（B），而这与斐索的实验结果相合）的结论是支持由相对论推出的方程（B），而且其符合的程度也很精确。根据不久前塞曼[1]所做的卓越的测量说明了液体流速 v 对光的传播的影响确实可以用方程（B）来表示，并且误差在1%以内。

不过我们必须注意到，早在相对论之前，洛伦兹就提出了关于这个现象的纯属电动力学性质的一个理论，这个理论是引用物质的电磁结构的特别假说而得出。然而无论如何这并没有减弱这个实验作为相对论支持者的说服性，因为最初的理论是由麦克斯韦—洛伦兹电气力学建立起来的，它与相对论并无丝毫抵触。说得

---

〔1〕19世纪，物理学家法拉第研究电磁场对光的影响，发现了磁场能改变偏振光的偏振方向。1896年，荷兰物理学家塞曼根据法拉第的想法，探测磁场对谱线的影响，发现钠双线在强磁场中的分裂。洛伦兹根据经典电子论解释了分裂为三条的正常塞曼效应。由于研究这个效应，塞曼和洛伦兹共同获得了1902年的诺贝尔物理学奖。他们这一重要研究成果，有力地支持了光的电磁理论，使我们对物质的光谱、原子和分子的结构有了更多的了解。

更恰当些，电气力学是相对论发展的根基，它们既相互独立，又能组成电动力学本身的各个假说的综合和概括。

电动力学是研究电磁现象的经典的动力学理论，它主要研究电磁场的基本属性、运动规律以及电磁场和带电物质的相互作用。同所有的认识过程一样，人类对电磁运动形态的认识，也是由特殊到一般、由现象到本质逐步深入的。人们对电磁现象的认识范围，是从静电、静磁和似稳电流等特殊方面逐步扩大，直到一般的运动变化的过程。

相关问题 »» **位移—时间图像**

它是用图像来表示物体位移和时间的关系简称"位移图像"，匀速直线运动的位移 s 是时间 t 的正比例函数，$s = vt$。在物体的直线运动中以横轴表示物体运动的时间 t，纵轴表示物体运动的位移 s。

$s - t$ 图像的用途有：已知 s 求相应的时间 t；已知 t 求相应的位移 s；还可从直线的斜率的数值得出速度的大小。在同一坐标平面上，斜率越大，则直线越陡，表示速度越大，故可由图线求速度。

»» **速度—时间图像**

它是用图像来表示匀速直线运动的速度和时间的关系，简称"速度图像"。当物体做直线运动时，在平面直角坐标系中，用横轴表示时间，纵轴表示物体运动的速度。借助速度—时间图像可以找到运动物体在任何时刻的即时速度。它的用途较多。例如，已知时刻 t 可求相应的速度 v_t；

粒子加速器

　　带电粒子在电场中因受力而得到加速，提高自身能量，这是迄今为止的粒子加速器的工作原理，中性粒子不可能在这样的原理下得到加速。因此，粒子加速器应定义为：利用电磁场加速带电粒子的装置。粒子加速器可以加速电子、质子、离子等带电粒子，使粒子的速度达到几千千米每秒、几万千米每秒，甚至接近光速。

已知即时速度 v_t，可求相应的时刻 t；图像斜率的大小表示加速度的大小，斜率的正负表示加速度的方向，故可由图线求加速度；用速度图像求质点在任何时间内的位移，位移的数值相当于速度图像曲线下的"面积"的数值，这个"面积"的单位是米（米／秒^2），而不是平方米；可在同一坐标上比较几个物体的运动状况；并可判断某一运动过程中几个阶段的运动性质与状况。

》 直线运动

　　质点在一条确定直线上的运动，称为"直线运动"。质点的位置，以离原点的距离或坐标 x 表示。它是研究复杂运动的基础。按其受力的不同可分为：匀速直线运动，匀变速直线运动（包括匀加速或匀减速直线运动，以及自由落体、竖直上抛、下抛运动），变速直线运动。

≫ 匀速直线运动

物体沿一直线运动且在任何相等的时间里位移都相等，或者说速度的大小和方向都不改变的运动，谓之"匀速直线运动"。它的特征是：速度是一个恒量，即任一时刻速度（v）都相同。它的数学表达式是 $v = \dfrac{s}{t}$，或 $s = vt$。式中 s 是位移，t 是发生这段位移所经过的时间。产生匀速直线运动的条件

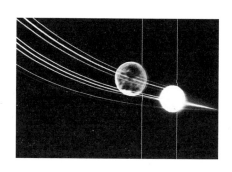

物体的运动轨迹

物体的运动轨迹是其最重要的相关信息之一，其轨迹可以是直线的，也可以是曲折的；可以是匀速的，也可以是变速的。从中我们可以很好地分析物体的运动规律，还可以计算出其他的运动信息，如速度、加速度，等等。

是：当运动物体所受外力的合力等于零时，物体做匀速直线运动。所以，真正的匀速直线运动实际上是很难出现的。为简化问题，不妨碍结果的准确性，而把近似的匀速直线运动当作真正的匀速直线运动来处理。

≫ 变速运动

亦称"非匀速运动"。物体的速度随时间而变化，可能是快慢程度，也可能是运动方向发生变化，还可能是快慢和方向同时都发生改变。它是最常见的一种机械运动。按其运动的轨迹来分有直线运动和曲线运动两种。

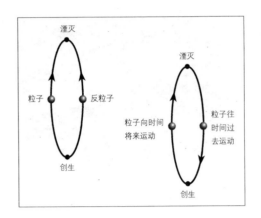

虚粒子

　　一个虚粒子可以被认为是一个往时间过去运动的粒子，所以虚粒子对可以被认为是一个粒子在时空的闭合圈环中作匀速圆周运动。

》变速直线运动

　　在相等的时间里，位移并不都是相等的直线运动。它是物体运动最常见的形式之一。由于物体运动的快慢经常改变，所以常用平均速度和即时速度这两个物理量来描述物体运动的快慢程度。

》匀变速直线运动

　　加速度的大小和方向保持不变的直线运动。匀变速直线运动的基本特点是：在任何相等的时间内其速度的增量相等。质点在做匀变速直线运动时，其速度图线 $v-t$ 图是一条倾斜的直线，而直线的斜率就等于其加速度的大小，即

$$\tan\theta = \frac{\Delta t}{t} = \frac{v_t - v_0}{t} = a$$

　　式中 v_0、v_t 依次为做匀变速直线运动的初速度和末速度。它的运动规律可通过几个公式反映出来：速度（v_t）与时间（t）的关系是 $v_t = v_0 + at$；位移与时间（t）的关系是 $s = v_0 t + \frac{1}{2} at^2$；速度（$v_t$）与位移（$s$）的关系是 $v_t^2 = v_0^2 + 2as$。当加速度是一个正恒量时，物体的运动叫匀加速直线运动；当加速度是一个负恒量时，物体的运动叫匀减速直线运动。当物体受到一个与 v_0 同方向或反方向的恒力的作用时，或者物体受

到几个力的作用，这些力的合力的方向与v_0的方向相同或相反，合力的大小保持不变时，物体就做匀变速直线运动。

匀变速直线运动的规律可以通过下列公式反映出来，即

速度公式　　　$v_t = v_0 + at$

位移公式　　　$s = v_0 t + \dfrac{1}{2} at^2$

速度路程公式　　　$v_t^2 = v_0^2 + 2as$

公式中共有v_0、v_t、s、a、t五个物理量，除t之外，其余四个都是矢量，因此必须注意它们的方向。由于物体是做直线运动，故只需用正、负号即可表示它们的方向。通常规定初速度v_0的方向为正方向。当加速度a与v_0反向时，a为负，物体做减速运动。速度位移公式是由速度公式和位移公式联立消去t以后得到的。可见，上述三个公式中只有两个独立，在v_0、v_t、s、a、t这五个量中必须给出三个，才能通过公式找出另外两个来。

》 运动叠加原理

亦称"运动的独立性原理"，是物体运动的一个重要特性，是物理学中的普遍原理之一。一个物体同时参与几种运动，各分运动都可看作是独立进行且互不影响的。而物体的合运动是由物体同时参与的几个互相独立的分运动叠加的结果。例如，初速不为零的匀变速直线运动是由物体同时参与的速度为v_0的匀速直线运动，和初速为零的匀变速直线运动叠加的结果。又如，平抛物体运动，由竖直方向的自由落体运动和水平方向的匀速直线运动叠加而成，而这两个运动是彼此独立的。

》运动的合成

已知物体的几个分运动求其合运动谓之"运动的合成"。由于一个物体常常在同时做几种运动，其中任何一种运动，不影响其他运动。为研究方便起见，将这个物体的整体运动看作是由几个分运动所组成的合运动。运动的合成是指位移的合成、速度的合成或加速度的合成，运动的合成遵从矢量的合成。当物体同时做两个匀速直线运动时，则其合运动也是匀速直线运动。当物体同时一个做匀速直线运动，一个做初速度为零的匀加速直线运动时，若两者在一直线上，则其合运动也是直线运动；若两者不在一直线上，则其合运动是曲线运动。

》斐索实验

1851年，斐索观察循环水流中光速的著名实验支持了斯涅尔在光"以太"学说基础上对运动介质中光速给出的解释。斯涅尔公式为

反射光

$$\frac{E'_{s_1}}{E_{s_1}} = \frac{n_1 \cos i_1 - n_2 \cos i_2}{n_1 \cos i_1 + n_2 \cos i_2} = \frac{\sin(i_1 - i_2)}{\sin(i_1 + i_2)}$$

$$\frac{E'_{p_1}}{E_{p_1}} = \frac{n_2 \cos i_1 - n_1 \cos i_2}{n_2 \cos i_1 + n_1 \cos i_2} = \frac{\tan(i_1 - i_2)}{\tan(i_1 + i_2)}$$

折射光

$$\frac{E'_{s_2}}{E_{s_1}} = \frac{2n_1 \cos i_1}{n_1 \cos i_1 + n_2 \cos i_2} = \frac{2\sin i_2 \cos i_1}{\sin(i_1 + i_2)}$$

$$\frac{E'_{p_2}}{E_{p_1}} = \frac{2n_1 \cos i_1}{n_2 \cos i_1 + n_1 \cos i_2} = \frac{2\sin i_2 \cos i_1}{\sin(i_1 + i_2)\cos(i_1 - i_2)}$$

前两式表示反射波的两个分量和入射波两个对应分量之比，后两式

表示折射波和入射波两个对应分量之比，振动方向的变化则由正负号来决定。

在狭义相对论创立之前，斐索实验曾是光"以太"学说的判定性实验之一，并被用来说明光介质能够为运动物体所部分拖动。

1.14 对相对论启发作用的评估

在前面各节中，我们的思路可概述如下：经验在一方面使我们确信，相对性原理是正确的；在另一方面，光在真空中的传播速度被认为等于恒量c。把这两条结合起来，便得出有关构成自然界过程诸事件的直角坐标x、y、z和时间t在量值上的变换定律，这一点与经典力学不同，它不是伽利略变换，而是洛伦兹变换。

光的传播定律是我们目前知识可以接受的一个定律，它在我们的思考过程中起了重要的作用。可一旦有了洛伦兹变换，我们就能结合洛伦兹变换和相对性原理，将这个理论概括如下：

每一个普遍的自然界定律必须由以下正确严密的定理建立，若代替最初的坐标系K的空间—时间变量x、y、z、t是我们新引用的坐标系K'的空间—时间变量x'、y'、z'、t'，那么经过变换以后该定律仍与原来的形式完全相同。这里，带着重符号的

光的传播定律

光的传播定律：（1）光沿直线传播。（2）两束光在传播过程中相遇时互不干扰。（3）光传播途中遇到两种不同介质的分界面时，一部分反射，一部分折射，并且偏射向密度较大的一方。

量和不带着重符号的量之间的关系就由洛伦兹变换公式来决定，或简而言之，普遍的自然界定律对于洛伦兹变换是变异的。

这是相对论对自然界定律所要求的一个明确的数学条件。有鉴于此，在帮助探索普遍的自然界定律中，相对论具有极其宝贵的启发作用。如果发现一个具有普遍性的自然界定律并不满足这个条件的话，就证明相对论的两个基本假定之中至少有一个是不正确的。迄今为止，相对论究竟已经确立了哪些普遍性结果呢？现在让我们来看一看。

1.15 一般相对论的普通结果

在前面的论述中，我们清楚地表明，（狭义的）相对论从电气力学和光学发展而来。在电气力学和光学中，对于理论的预测，狭义相对论并未作太多的修改，但狭义相对论在相当程度上简化了理论的结构，即大大简化了定律的推导，然而最重要的是，狭义相对论大大减少了构成理论基础的独立假设的数目。狭义相对论使麦克斯韦—洛伦兹理论看来很是合理，所以即使没有实验给予明显的支持，这个理论也能被物理学家普遍接受。

经典力学必须经过改良才能与狭义相对论的要求相一致。但这种修改应当视物质的速度而定，据我们所知，只有在略次于光速的电子[1]和离子的高速运动定律中，经典力学才与狭义相对论相差巨大。至于其他运动，狭义相对论的结果与经典力学定律相差极微，而这种差异在实践中大都未能明确表现出来。在讨论广义相对论以前，星体的运动我们将暂时不予考虑。按照相对论，具有质量*m*的点的动能[2]不再

---

〔1〕电子是构成原子的基本粒子之一，质量极小，一般带负电，在原子中围绕原子核旋转。

〔2〕物体由于运动而具有的能量。它的大小定义为物体质量与速度平方乘积的二分之一。因此，质量相同的物体，运动速度越大，它的动能越大；运动速度相同的物体，质量越大，具有的动能就越大。

由过去众所周知的表达式

$$m\frac{v^2}{2}$$

来表达，而是由另一表达式

$$\frac{mc^2}{\sqrt{1-\dfrac{v^2}{c^2}}}$$ 来表达。

当速度v接近于光速c时，这个表达式接近于无穷大。因此，无论产生加速度的能量有多大，速度v必然小于c。如果我们将动能的表示式以级数形式逐步展开，即得：

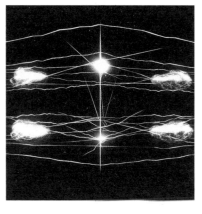

高能离子流

　　离子加速器可以将离子束的能量提高到几百到几万电子伏，使离子在电场和磁场中加速到略次于光速，但由于离子本身的热运动，使得离子源给出的离子束能量会出现一定的离散。上图为高能离子流。

$$mc^2+m\frac{v^2}{2}+\frac{3}{8}\,m\frac{v^4}{c^2}+\cdots$$

若$\dfrac{v^2}{c^2}$与最小正数1相比时是很小的，那么第三项与第二项相比也总是很微小，在经典力学中一般不计入第三项而只考虑第二项。速度v并不包含在第一项中，如果只对质点的能量如何依速度而变化的问题进行讨论，这一项也无须考虑。以后我们将叙述它本质上的意义。

　　质量的概念是狭义相对论中最普遍和最重要的基础。能量守恒和质量守恒定律是物理学中确认的两个具有基本重要性的守恒定律，在相对论创立前，这两个基本定律看上去好像是完全相互独立的，但相对论的出现将这两个定律结合为一个定律。这种结合是如何实现的，并且会有什么意义，我们将进行简单的考察。

　　按照相对性原理的要求，能量守恒定律不仅对于坐标系K，而且对于每一个相对于K做匀速平移运动的坐标系K′都是成立的，或者简单地说，对于每一个"伽利略"坐标系都应该能够成立。与经典力学相比较，洛伦兹变换是从一个坐标系过渡到另一个坐标系时的决定性因素。

通过相对比较简单的思考，我们可以根据麦克斯韦电气力学的基本方程并结合上述前提得出这样的结论，如果一物体以速度v运动，以吸收辐射的形式吸收了相当的能量E_0，在此过程中并不变更它的速度，该物体因吸收而增加的能量为

$$\frac{E_0}{\sqrt{1-\dfrac{v^2}{c^2}}}$$

考虑到物体的动能表示式，得到所求的物体能量为

$$\frac{\left(m+\dfrac{E_0}{c^2}\right)c^2}{\sqrt{1-\dfrac{v^2}{c^2}}}$$

于是，该物体所具有的能量与一个质量的公式就为 $\left(m+\dfrac{E_0}{c^2}\right)$

由于物体以速度v的移动，因此我们可以说：如果一物体吸收能量E_0，那么它的惯性质量应该增加的一个量：$\dfrac{E_0}{c^2}$。

由此看来，随物体能量的改变而改变的惯性质量并不是一个恒量，惯性质量可以被认为是一个物体的能量的量度，于是物体的质量守恒与能量守恒定律便成为同一，而且质量守恒定律只有在物体既不吸收也不释放能量的情况下才是有效的。下面将能量的表示式写出：

$$\frac{mc^2+E_0}{\sqrt{1-\dfrac{v^2}{c^2}}}$$

我们看到其中的条件mc^2，一直在吸引我们的注意，而它只不过

是物体在吸收能量 E_0 以前原来具有的能量。

目前（指1920年），要观察到一个物体所发生的能量变化 E_0 大到足以引起惯性质量的变化是不可能的，因此要将这个关系式与实验直接比较也是不可能的。与发生能量变化前已存在的质量 m 相比较，变化的质量 $\dfrac{E_0}{c^2}$ 实在是太小了。正是基于这种情况，质量守恒才在经典力学中被确立为一个具有独立有效性的定律。

最后，让我就自然基本法则再谈论几句。法拉第—麦克斯韦解释的电磁超距作用的成功使物理学家确信，完全没有瞬时超距作用（不包括中间媒介），比如牛顿力有定律类型。按照相对论，瞬时超距作用总是被光速传播的超距作用代替，也就是以无限大速度传播的超距作用。速度 c 在相对论中扮演的基本角色的重要性与这点有关，在本书的第二部分，我们将看到广义相对论是如何修改这一结果的。

相关问题 »» 质量守恒定律

1756年，俄国科学家罗蒙诺索夫把锡放在密闭容器内煅烧，锡发生变化，生成白色氧化锡。在精确的化学天平的帮助下，他发现容器和容器里物质的总质量在煅烧前后没有发生变化。以后又经过长达五年之久的无数次反复实验，都得到了同样的结果。这个善于思考、不迷信权威的俄国青年，用实验结果向他的德国导师沃尔夫教授的"燃素说"的错误观点发起了挑战，证明自然界存在着一条定律——质量守恒定律。这个定律是：化学变化只能改变物质的组成，但不能创造物质，也不能消

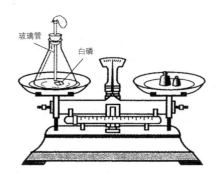

玻璃管

白磷

白磷自燃

这是一个通过白磷自燃探究质量守恒定律的实验。上图锥形瓶中的白磷遇水，放热，发出黄白色火焰，并产生白烟，气球膨胀。待装置冷却后，气球变瘪。天平保持平衡，说明反应前后锥形瓶中的总质量是恒定的，符合质量守恒定律。

灭物质；或者说参加化学反应的各物质的质量总和，等于反应后生成的各物质的质量总和。1777年，法国化学家拉瓦锡做了同样的实验，也发现化学变化前后物质的质量是守恒的。1908年德国化学家兰多尔特、1912年英国化学家曼利先后用天平精确研究了化学反应前后的质量关系，一致认定了质量守恒定律的正确性。

》 能量和能量守恒定律

世界是由运动的物质组成的，物质的运动形式多种多样，并在不断相互转化。正是在研究运动形式转化的过程中，人们逐渐建立起了功和能的概念。能是物质运动的普遍量度，而功是能量变化的量度。

这种说法概括了功和能的本质，但哲学味浓了一些。在物理学中，从19世纪中叶产生的能量定义——能量是物体做功的本领，一直沿用至今。但近年来不论在国外还是国内，物理教育界对这个定义是否妥当展开了争论。于是，许多物理教材，都不给出能量的一般定义，而是根据上述定义的思想，即物体在某一状态下的能量是物体由这个状态出发尽其所能做出的功，来给出各种具体的能量形式的操作定义（用量度方法代替定义）。

能量概念的形成和早期发展，始终是和能量守恒定律的建立紧密相关的。由于对机械能、内能、电能、化学能、生物能等具体能量形式认识的发展，以及它们之间都能以一定的数量关系相互转化的逐渐被发现，才使能量守恒定律得以建立。这是一段以百年计的漫长历史过程。随着科学的发展，许多重大的新物理现象，如物质的放射性、核结构与核能、各种基本粒子等被发现，给证明这一伟大定律的正确性提供了更丰富的事实。尽管有些现象在发现的当时似乎形成了对这一定律的冲击，但最后仍以这一定律的完全胜利而告终。

能量守恒定律的发现告诉我们，尽管物质世界千变万化，但这种变化绝不是没有约束的，最基本的约束就是守恒律。也就是说，一切运动变化无论属于什么样的物质

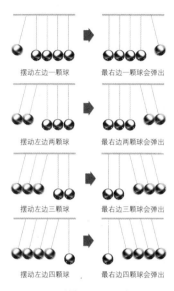

摆动左边一颗球　　最右边一颗球会弹出

摆动左边两颗球　　最右边两颗球会弹出

摆动左边三颗球　　最右边三颗球会弹出

摆动左边四颗球　　最右边四颗球会弹出

注意：同样的原理，反之同样可行

能量守恒摆球

能量既不会凭空产生，也不会凭空消失，只会从一个物体传递给另一个物体，能量的形式也可以互相转换，这就是人们对能量的总结，称为能量守恒定律。在上图中，一边的摆球撞过去使得另一边的摆球弹开，并且碰撞过程横向没有受到外力影响，在力的转移过程中，能量的总量保持不变，因此我们称这一现象遵循能量守恒定律。

形式，反映什么样的物质特性，服从什么样的特定规律，都要满足一定的守恒律。物理学中的能量、动量和角动量守恒，是物理运动所必须服从的最基本的规律。与之相较，牛顿运动定律、麦克斯韦方程组等都低了一个层次。

　　20世纪以来，随着原子核科学的发展，科学家们发现物质的质量与能量相互联系着，把质量守恒与能量守恒联系起来，称为质能守恒定律。

　　由于人们的思想长期束缚于传统观念，对崭新的时空观一时难以接受。爱因斯坦的论文发表后，在相当长一段时间内受到冷遇，遭到人们的怀疑和反对。在法国，直到1910年，甚至没人提到过爱因斯坦的相对论。在实用主义盛行的美国，爱因斯坦的相对论在最初的十几年中也未曾得到认真对待。1911年美国科学协会主席马吉说："我相信，现在没有任何一个活着的人真的会断言，他能够想象出时间是速度的函数。"相对论的先驱马赫，竟声明自己与相对论没有关系，他"不承认相对论"。科学史学家惠特克在写相对论的历史时，竟然认为相对论的创始人应该是彭加勒和洛伦兹，爱因斯坦不过是在彭加勒和洛伦兹的基础之上做了一些补充。

　　1911年，索尔维会议召开，人们才开始注意到爱因斯坦在狭义相对论方面所做的工作。但是，直到1919年广义相对论得到日全食观测的证实，在爱因斯坦成为万众瞩目的人物之时，狭义相对论才得到应有的重视。

1.16 经验和狭义相对论

狭义相对论在多大程度上能得到经验支持呢？这是个不易回答的问题，而理由在阐述斐索重要的实验时已经讲过。从麦克斯韦和洛伦兹关于电磁现象的理论中演化出的狭义相对论，得到了所有支持电磁理论的实验的支持。在此我要说明的具有特别重要意义的是，相对论使我们能够预示地球对恒星的相对运动对于从恒星传到我们这里的光所产生的效应，而这些效应已判明与我们的经验相符合。这里的效应是指地球每年绕日运动产生的恒星视位置的周年运动（光行差[1]），以及恒星对地球的相对运动的径向分量从恒星传到地球

[1] 光行差是指在同一瞬间，运动中的观测者所观测到的天体视方向与静止的观测者所观测到天体的真方向之差。

太阳光谱

太阳平日放出来的光谱主要来自太阳表面绝对温度约6 000℃的黑体辐射，这是太阳大气的特质。我们在地球上测得的太阳光谱受到了太阳大气层和地球大气层的共同影响。但是太阳是主，地球是次，毕竟太阳才是发出光谱的主体。

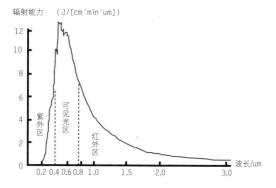

后，对光的颜色产生的影响。这一结果表明，从恒星传播到地球的光的光谱线与地球上相同的光谱线的位置相比，确实有微小的移动（多普勒原理）。这样看来，同时支持麦克斯韦—洛伦兹理论和相对论的实验论据实在是多不胜数。事实上，这些论据对可能性理论的限制程度，恐怕只有麦克斯韦和洛伦兹的理论才能经得起检验。

　　但是有两类已获得的实验事实，如果要用麦克斯韦—洛伦兹的理论来表示，则必须引进一个辅助假设，当然，这个辅助假设就其本身而论，不引用相对论的话，似乎不能与麦克斯韦—洛伦兹理论相联系。

　　众所周知，阴极射线[1]和放射性物质发射出来的射线[2]是由惯性很小但速度很大的带负电的粒子[3]（电子）构成。检查此类射线在电场[4]和磁场[5]影响下的偏斜，我们就能够非常精确地研究出这些

----

〔1〕阴极射线是在1858年利用低压气体放电管研究气体放电时发现的。1897年J. J. 汤姆逊根据放电管中的阴极射线在电磁场和磁场作用下的轨迹确定阴极射线中的粒子带负电，并测出其荷质比，这在一定意义上是历史上第一次发现电子。

〔2〕射线是由各种放射性核素发射出的、具有特定能量的粒子或光子束流。

〔3〕粒子指能够以自由状态存在的最小物质组分。最早发现的粒子是电子和质子，1932年又发现中子，确认原子由电子、质子和中子组成，它们比起原子是更为基本的物质组分，于是称之为基本粒子。以后这类粒子被发现的越来越多，累计已超过几百种，且还有不断增多的趋势。然而，这些粒子中有些粒子迄今的实验尚未发现其有内部结构，有些粒子实验显示具有明显的内部结构，看来这些粒子并不属于同一层次，因此基本粒子一词已成为历史，如今统称之为粒子。

〔4〕电场是电荷及变化磁场周围空间里存在的一种特殊物质，与通常的实物不同，它不是由原子所组成的，但它是客观存在的，具有通常物质所具有的力和能量等客观属性。电场的力的性质表现为：电场对放入其中的电荷有作用力，这种力称为电场力。

〔5〕磁场是一种看不见，又摸不着的特殊物质，具有波粒的辐射特性，磁体间的相互作用就是以磁场作为媒介的。

粒子的运动定律。

电子的本性并非是电气力学所能解释的，这使得我们在用这种理论描述电子时遇到了困难。由于电子的相互排斥性，构成电子的负电及正电在其本身的影响下必然会分散，否则在它们之间一定有另外一种力存在，但这种力的本性迄今为止我们还不清楚。如果我们现在假定组成电子的质量相互之间的相对距离在电子运动的过程中始终保持不变（即经典力学中的刚性连接），那么我们得出的电子运动定律就与经验不相符合。这一根据纯粹的形式观点引进下述假设的领路人是H. A. 洛伦兹，他假设由于电子运动的缘故导致电子的外形在运动的方向发生收缩，收缩的长度与 $\sqrt{1-\dfrac{v^2}{c^2}}$ 成正比。这一假设没被任何电动力学的事实所证明，但却使我们得到了一个特别的运动定律，这一运动定律在近年来得到了相当精确的证实。

相对论导致了同样的运动定律，它不需要电子结构和行为的任何特殊的假设。本章第十三节我们在结束斐索的实验时也得出了相似的结论，实验的结果被相对论的预言所证实，我们不需要引用关于液体的物理本性的假设。

我们的第二类事实涉及地球在空间中的运动能否用地球上所作的实验来观察这一问题。本章第五节我们已谈过，所有关于这类问题所做的努力的最后结果都被否定了。在相对论提出以前，人们对于这个否定的结果很难接受，现在我们来讨论一下个中原因。

基于对时间和空间的传统偏见，人们不容许对伽利略变换在从一个参考物体变换到另一个参考物体中所占有的首要地位产生任何怀疑。假设麦克斯韦—洛伦兹方程对于一个参考物体 K 成立，坐标系 K 和相对于 K 做匀速运动的坐标系 K' 存在着伽利略变换，那么，这些方程相对于 K' 就不能成立。由此可见，在所有伽利略坐标系中，特别运

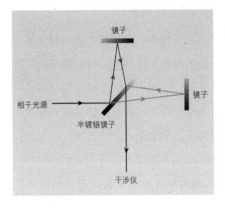
镜子

镜子

相干光源

半镀银镜子

干涉仪

迈克尔逊－莫雷实验

迈克尔逊－莫雷实验是为了验证以太参考系而进行的实验。他们利用地球绝对运动的速度和光速在方向上的不同，应该在干涉仪中得到某种预期的结果，从而求得地球相对于以太的绝对速度。其结果却得出否定以太参考系的证据。此实验为狭义相对论的建立提出了有力支持。

动状态的坐标系 K 必然是该系统所对应的，并且具有物理的唯一性。物理上的解释是：K 相对于假定空间中的以太是静止的，而所有相对于 K 运动的坐标系 K′ 被认为都在相对于以太运动，由于 K′ 相对于以太运动（相对于 K′ 的"以太漂移"），因此曾假定为对于 K′ 能够成立的运动定律就比较复杂。严格地讲，这样的以太漂移相对于地球来说应该假定是存在的。因此，物理学家们对探测地球表面上是否存在以太漂移的工作曾付出几个世纪的努力。

这些努力中最值得注意的是迈克尔逊设计的一种具有决定性意义的方法。我们假定在一个刚体上安置两面镜子，使镜子的镜面彼此面对，如果整个系统相对于以太是静止的，那么光线从一面镜子射到另一面镜子然后再反射回来就需要一个确定的时间 T。根据计算推出，如果该刚性参照物与镜子相对于以太是运动的，则这一过程就有一个与确定的时间 T 略微不同的 T′。另外，计算表明，如果规定 v 是相对于以太运动的速度，则相对于镜子垂直平面运动的 T′ 又与相对于镜子平行平面运动的 T′ 又不相同，虽然它们的时间差别极其微小。不过，在迈克尔逊和莫雷利用光的干涉的实验中，本应清楚观察到的这两个时间的差别却毫无迹象，这种否定让物理学家感到极为困惑。后来，洛伦兹和斐索所做的实验从困惑的局面中把理论解救了出来：物体相对于以太运动，假若使物体沿运动方向发生收缩，而这种收缩产生的量恰好足补偿时间上的差别。如果与本章第十二节相比较，我们可以指出：从相对论的观点来看，这种解决的方法或许是对的。但是要其解释的方法更能使人信服，则必须以相对论为基础。按照相对论，没有什么以太漂移，也不会出现演示以太漂移的任何实验，因为并没有"特别卓越的"（唯一的）坐标系可以用来作为引进以太观念的理由。在这里，相对论的两个基本原理推导出了运动物体的收缩，而并没引进任何特定的假设。至于造成收缩的主要因素并不是运动本身（我们不能赋予运动本身任何意义），而是相对于在具体实例中选定的参考物体的相对运动。例如，如果一个坐标系与其相对物地球一起运动，则迈克尔逊和莫雷的镜面系统并没有缩短，但如果对于相对于太阳保持静止的坐标系来说，这个镜面系统的确缩短了。

相关问题 》》 爱因斯坦生命中的重要符号

原子弹 爱因斯坦同原子弹之间并无任何直接关系，他本人是这样说的："我不认为我自己是释放原子能之父。事实上，我未曾预见到原子能会在我活着的时候就得到释放。我只相信这在理论上是可能的。"广岛和长崎原子弹爆炸后，他还为反对核战争而奔走呼吁。

黑洞 爱因斯坦的广义相对论指出，引力场可以造成空间弯曲。理论物理学家据此推导出，引力场的极致会使时空变得无限弯曲，从

爱因斯坦写给第二任妻子艾尔莎的信

爱因斯坦曾说过第二任妻子艾尔莎是"最懂自己的人",这不是说艾尔莎有多么高的科学造诣,恰恰相反,艾尔莎没上过几年学,甚至对于自己丈夫的相对论也是一窍不通,但她从来不羞于承认这一点,对她来说,照顾家庭才是自己的"老本行",对于高深的科学理论,那是丈夫研究的问题,自己没有必要去了解。爱因斯坦的父母早逝,前妻与儿子远在天边,偏执的他也没有多少好朋友,所以,善解人意的艾尔莎就成了他的精神支柱。

而使光不能逃逸,这就是"黑洞"。爱因斯坦本人并不相信黑洞的存在,但以霍金为首的物理学家却用越来越多的证据表明,那个吞噬一切的黑洞,并非传说。

中国　1922年,爱因斯坦应日本改造社邀请赴日本讲学,来回两次途经上海。正是在上海,他被告知获得诺贝尔物理学奖的消息。

中国人看到的爱因斯坦是这样的:一个相貌平凡而和蔼的绅士,看起来更像一位乡村牧师。他对当时中国人的印象则是"勤劳、善良、备受挫折、鲁钝、不开化——然而健全"。

微分几何　微分几何是爱因斯坦广义相对论不可或缺的数学工具。在微分几何的世界里,平行线可以相交,直角可以弯曲。

艾尔莎　爱因斯坦的第二任妻子。与他的第一任妻子米列娃性格完全不同,"她是一个身宽体胖的女人,生气勃勃。她坦然高兴地做身边这个伟人的妻子,丝毫不隐藏这一事实"(卓别林语)。但爱因斯坦与她匆匆结婚,最后却仍然发现这是个失败的婚姻。

自由　关于自由,爱因斯坦曾多次引用有人对海涅的评论:"他为上帝效劳,这个上帝比所有奥林匹亚诸神都更伟大。我指的是自由上帝。"为争取学术自由,针对20世纪50年代美国政府推行的政治迫害和破坏科学自由交流的政策，他说："我宁愿做一个管子工。"为争取公民自由，他说："公民自由意味着人们有用语言表达自己政治信念的自由。"

上帝 爱因斯坦曾严肃表示："我信仰斯宾诺莎的那个在事物的有秩序的和谐中显示出来的上帝，而不信仰那个同人类的命运和行为有牵连的上帝。"

查理·卓别林

查理·卓别林是英国喜剧演员及反战人士，他活跃于好莱坞电影的早期和中期，奠定了现代喜剧电影的基础，与巴斯特·基顿、哈罗德·劳埃德并称为"世界三大喜剧演员"。

好莱坞 好莱坞电影特效的神奇让爱因斯坦赞叹不已，而他也有自己的明星崇拜者，比如玛丽·碧克馥。他还非常推崇卓别林的电影。一次，他在给卓别林的一封信中写道："你的电影《摩登时代》，世界上的每一个人都能看懂。你一定会成为一个伟人。"卓别林在回信中写道："我更加钦佩你。你的相对论世界上没有人能弄懂，但是你已经成为一个伟人。"

犹太人 1879年3月14日，爱因斯坦出生于德国乌尔姆的一个犹太人家庭。因为这一身份，1933年，希特勒上台后，他被迫永远地离开了德国。

信 爱因斯坦年轻时喜欢给女孩子写"打油情书"，在1899年夏天，20岁的他在苏黎世度假时结识了一家旅馆主人的小姨子安娜·施密德，并应邀在她的照片簿上写道：

姑娘你小巧又美貌

我为你题点什么好

爱因斯坦和米列娃

爱因斯坦的第一任结发妻子——米列娃，塞尔维亚著名的女数学家。出生在塞尔维亚的一个富农家庭，从小聪明好学，高中毕业后，父母将她送到瑞士的一所女子学校深造。她也为相对论的提出奠定了数学基础。但米列娃与爱因斯坦的婚姻是非常不幸的。米列娃为了给小儿子爱德伍德治病，几乎花光了所有的积蓄，一切世间的幸福皆离她而去，孤独余生。

我会想到好多事

也包括一个小亲亲

落在你那小秀唇

你若因此而生气

可别立即就哭泣

惩罚我的最佳办法

就是还给我一个吻

米列娃 米列娃·玛丽奇是爱因斯坦的第一任妻子。人们知道的是，1919年，爱因斯坦与她协议离婚，两年后她得到了爱因斯坦一部分诺贝尔奖金；人们不知道的是，她曾是欧洲第一个学数学的女大学生，为了丈夫的事业，放弃了自己的爱好，全心全意支持丈夫。由于性格不合，她最终没能和爱因斯坦相伴一生。

诺贝尔奖 除了1911年和1915年，从1910年到1922年，爱因斯坦每年都获得诺贝尔物理学奖提名，但直到1922年他才终偿所愿，而获奖原因并不是大名鼎鼎的相对论，而是"光电效应定律的发现"。

总统 1952年11月9日，以色列总统魏茨曼去世后，以色列总理古里安作出了一个惊世骇俗的决定：邀请爱因斯坦担任以色列总统。虽然爱因斯坦倍感荣幸，但还是拒绝了，他解释说他年纪太大了，也没有经验，不能胜任总统。

量子理论 爱因斯坦在1905年提出的光量子理论被视为开创早期量子论的重要文章。

相对论　在爱因斯坦以前，牛顿的经典力学认为，时间和空间都是绝对的。1905年爱因斯坦提出，物体匀速运动时，质量会随着速度增加而增加，空间和时间都会发生相应变化，即发生尺缩效应和钟慢效应，这就是狭义相对论。

从1907年到1915年，他又用八年时间将其从匀速直线运动扩展到非惯性系中，创立了广义相对论。

小提琴　爱因斯坦从九岁起开始学小提琴，尽管他小时候不太喜欢这个出自母亲的安排，但成年后，音乐却成了他最忠实的伴侣。他喜欢莫扎特、巴赫、舒伯特、亨德尔和维瓦尔第，几乎没有一天不拉小提琴。他经常演奏的小提琴名叫"莉娜"。

光　光是一种波还是一束粒子？从牛顿和惠更斯时代起，物理学界关于"微粒说"与"波动说"的激烈争论就没消停过。1905年，为了解决麦克斯韦电磁学理论与经典力学之间的矛盾，爱因斯坦提出了光量子理论，揭示了光的波粒二象性。

奇迹年　1905年，爱因斯坦接连发表了五篇开创性论文，从而使这一年成为牛顿经典物理学与现代物理学的分水岭，因此，这一年被称为"奇迹年"。

1.17 闵可夫斯基四维空间

一个不是数学家的人会因听说"四维"事物而产生一种想到某种不可思议的神秘事物的惊异感。可是我们所共同居住的世界是一个四维"空间—时间连续区",却是再真实不过的事实。

空间是一个三维连续区,其意思是说,对于一个(静止的)点的位置,可以用三个数(坐标)x、y、z来描述,并且在该点的毗邻处可以有无限多个模糊且不确定的点,它们的位置可以用x'、y'、z'来描述,这些坐标的值与第一个点的坐标x、y、z的相应值非常接近。由于值接近的性质,我们说这整个区域是"连续区"。由于有三个坐标,我们说它是"三维"的。

同样,闵可夫斯基把物理现象的世界简称为"世界"。就空间和时间意义而言,这个世界自然是四维的。各个事件组成了物理现

空间坐标

一个四维空间坐标轴的参考系是具有均匀时空的物质系。建立起该坐标系后,物体的位置,单位时间内运动的快慢、方向等都可以以一组坐标值来唯一确定。

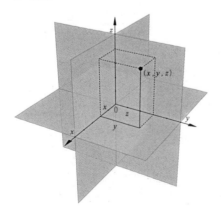

象的世界，而每一事件又由三个空间坐标x、y、z和一个时间坐标——时间定值t来描述。这个"世界"也是一个连续区，因为对于每一事件来说，其"毗邻"的事件（感觉或设想到的）我们可以随意选取。这些坐标x'、y'、z'、t'与最初坐标x、y、z、t之间存在差值，按经典力学的观点来看，说明时间是绝对的，也就是时间与坐标系的位置和运动状态无关。我们知道，伽利略变换的最后一个方程（$t'=t$）已经把这点表示出来了。

在相对论中，用四维方式来考察这个"世界"是很自然的，因为按照相对论的观点，时间已经失去了独立性。这由洛伦兹变换的第四方程表明：

$$t'=\frac{t-\frac{v}{c^2}\cdot x}{\sqrt{1-\frac{v^2}{c^2}}}$$

此外，按照这个方程，在两事件相对于K的时间差为t'，当t'等于零时，那么两事件相对于K'的时间差则不等于零。纯粹的两事件相对于K的"空间距离"成为该两事件相对于K'的"时间距离"。闵可夫斯基的发现对于相对论的公式具有重要的推导作用。另外，

从二维到三维

假设我们生活的空间只有二维，并且弯曲成从一个锚圈或环的表面。而人处在圈的内侧的一边而要去另一边，必须沿着圈的内侧走一圈。然而，如果允许在第三维空间里旅行，则可以直接穿过去。

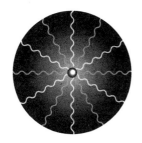

在二维空间中从 A 到 B 的最短程　　在三维空间中从 A 到 B 的最短程

　　闵可夫斯基认识到，相对论的四维空间—时间连续区的性质在最主要的方面与欧几里得几何空间的三维连续区有明显的关系。为了使这个关系表现出来，我们引用一个与通常时间坐标成正比的虚量*ict*来替换时间坐标。于是，满足（狭义）相对论要求的自然界定律取时间坐标与三个空间坐标的作用完全一样的数学形式。在形式上，这四个坐标完全相当于欧几里得几何学中的三个空间坐标。即使不是数学家也会清楚地看到，正是由于这一纯粹形式上的知识的补充，使相对论能为人们所理解的程度增进不少。

　　通过以上并不充分的叙述，读者们能够对闵可夫斯基的重要贡献有一个模糊的概念。没有闵可夫斯基的贡献，广义相对论的基本观念或许将永远停留在襁褓之中。不熟悉数学的人对闵可夫斯基的学说无疑难于接受，但要理解狭义或广义相对论的基本观念并不需要对闵可夫斯基的学说有精深的理解，目前我先谈到这里，本书第二部分结束时我将再回过头来谈谈它。

相关问题 »» 四维空间

　　也称"四度空间""四度时空""四维宇宙""时空连续区"等。由通常的三维空间和时间组成的总体。这一概念由德国数学家闵可夫斯基提出，因此又称"闵可夫斯基时空"。要确定任何物理事件，必须同时使用空间的三个坐标和时间的一个坐标，这四个坐标组成的"超空间"就是"四维空间"。

» 狭义相对论小结

（1）狭义相对论的思想可以概括为两个基本原理——相对性原理和光速不变原理。

相对性原理：所有惯性参考系都是等价的，或者说，物理规律对于所有惯性系都可以表示为相同的形式。

光速不变原理：真空中光速相对于任何惯性系沿任意方向恒为 c。

（2）狭义相对论的理论核心用"洛伦兹变换公式"描述和换算。

光线弯曲

　　大质量天体会使周围的空间发生弯曲，也造成掠过其边缘的光线发生偏折。这是爱因斯坦广义相对论的核心内容，即光线在通过强引力场附近时会发生弯曲。此后科学家们多次观察到能够验证这一理论的天文现象。

（3）狭义相对论有三个效应：运动尺度缩短、运动时钟延缓和同时的相对性。

（4）狭义相对论还有一些其他的结论：运动质量变大、速度相加定理、质能转换关系、能量—动能关系、作用的讯号与最大传播速度因果律等。

（5）狭义相对论适用于讨论高速（可与光速相比的速度）运动的物体，在低速情况下就将回到牛顿的经典力学。用经典的伽利略变换讨论高速问题，当然会导出"不同坐标系中有不同物理规律"的谬论。

狭义相对论经受了多方面的实验证实，已成为现代物理学的主要理论基础。它对经典物理和量子理论的进一步发展具有极其重要的作用，尤其是对基本粒子理论的探索和对宇宙奥秘的研究更是不可或缺。

》爱因斯坦的1905

"这一时刻对世世代代都将做出不可改变的决定，它决定着一个人的生死、一个民族的存亡甚至整个人类的命运。"在广为流传的《人类群星闪耀时》中，斯蒂芬·茨威格这样写道。在他看来，历史是由一个个伟大人物和一次次令人激动的瞬间组成，而其他的时间，只不过是历史漫长的准备期。因此，如果由斯蒂芬·茨威格来书写20世纪的历史，他毫无疑问会选择1905年作为20世纪的起点，人类群星中最闪亮的一颗在这一年放射光芒。

1905年，爱因斯坦26岁。如果我们不知道他的名字是爱因斯坦，所有人都有理由相信这个不幸的年轻人，这一年在人生这个大问题上是个失败者：中学辍学；非常艰难地在第二次投考中考取了苏黎世联邦技术大学；即使数学和物理很优秀，综合成绩中等的爱因斯坦也没有能够获得留校任教的机会；向苏黎世联邦技术大学提交的论文被教授拒绝。由于父亲的企业破产，爱因斯坦面临生计问题。他从事过中学教师和私人数学、物理辅导教师等职业。朋友格罗斯曼帮助他获得了一份在伯尔尼专利局的稳定工作，使他过上了小职员生活。他拥有一个妻子和两个孩子。

伯尔尼专利局局长弗里德里希·哈勒——一个物理学爱好者——成为爱因斯坦的第一个欣赏者。他给了这个急需稳定工作的年轻人一份公务员职务、一份还算丰厚的薪水。在伯尔尼专利局长达七年的工作时间，是爱因斯坦学术生涯中思维最活跃、精力最集中的一段时期。

七年之中的1905年，是爱因斯坦的"奇迹年"，同时也是物理学史上的第二个奇迹之年，只有牛顿思索微积分、万有引力定律和颜色理论的1655年可以与之相提并论。这一年爱因斯坦在德国著名物理学期刊《物理学纪事》上发表了一系列论文：《论分子大小和布朗运动的新测定》《热的分子运动论所要求的静止液体中悬浮小粒子的运动》，阐述狭义相对论的《论动体的电动力学》《物体的惯性是否决定其内能》，以及关于光量子假说的《关于光的产生和转化的一个试探性观点》。

1919年，世界上"能够理解相对论的两个半人"之一的爱丁顿通过对日全食时光线弯曲的测量，证实了爱因斯坦的预测。这让爱因斯坦成为风靡全球的学术明星和物理学权威。有一个传言：爱因斯坦警告自己著作的出版商，世界上可能只有12个人能够明白相对论，但是世界上却有了几十亿人借此明白没有什么是绝对的。

第二章 广义相对论

　　1907年，爱因斯坦又提出了广义相对论的基本原理，经过不断的丰富和充实，于1915年完成了广义相对论的创建工作，并于翌年发表总结性论文《广义相对论基础》。广义相对论是关于引力的理论，它在狭义相对论的基础上，进一步论证了时空结构同物质分布的关系，指出万有引力是由物质的存在和分布造成的，是时间和空间的性质不均匀引起的，并提出了空间"弯曲"说，指明时空是按非欧几里得几何分布的。

2.1 狭义和广义相对性原理

狭义相对性原理是我们论述的中心，作为一切匀速运动具有物理相对性的原理，让我们小心谨慎地对它的意义再一次进行分析。

有一点一直很明晰，从狭义相对性原理的观念来看，任何运动只能被认为是相对运动。回过头来看看路基和车厢的例子，用下列两种同样合理的方式可以表述所发生的运动：

（a）相对于路基而言，车厢是运动的。

（b）相对于车厢而言，路基是运动的。

在（a）中把路基当作参考物体，在（b）中把车厢当作参考物体，这是我们对发生的运动的陈述。如果仅仅基于探测或者描述运动，那么具体考察物体运动的参考物是什么在原则上并不是很重要。这一自明之理我们在前面已经提到，不过这一点并非我们的研究基础，也不能与更为广泛的"相对性原理"的陈述相混淆。

作为一种既可以让我们选择车厢也可以让我们选择路基来作为参考物体描述任何事件的原理，我们的定律断言：如果我们用简洁的陈述来表达普遍的自然界定律时为：

（a）路基作为参考物体；

（b）车厢作为参考物体。

这些普遍的自然界定律（例如力学或真空中光的传播定律）在上述两种情况中的形式完全一样。这一点也可以用简洁的陈述表达如下：用物理方法描述自然过程时，在参考物体 K、K_1 中没有一个与另一个相比是独特的（特别规划）。这与第一个陈述不同，后一陈述并不一定根据推论成立，"运动"和"参考物体"的概念并不能包含、推导出这一陈述，唯有依靠经验才能确定这个陈述是否正确。

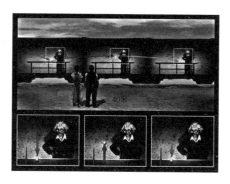

距离总是相对的

参考系的选择可以是任意的，处于不同参考系中的观察者由于尺度不同会导致观测到的物体运动路径和距离不同。上图火车上的人观察球的运动是竖直方向的，而地面上的人观察到的却是一个快速前跃当中的球。

迄今为止，我们不认为所有参考物体 K 都能够用简洁的陈述表达自然界定律。我们的思路首先源于一个假定：一个存在的参考物体 K，它所具有的运动状态相对于伽利略定律而言是成立的，即一质点若离其他质点足够远时，该质点沿直线做匀速运动。关于 K（伽利略参考物体）表述的自然界定律应当是最简单的。但除 K 外，参照 K_1 表述的自然界定律也应该是最简单的。倘若这些参考物体相对于 K 处于匀速直线非旋转[1]运动状态，则这些参考物体对于表述自然界定律的等效性就与 K 完全一样。所有的参考物体都应认为是伽利略参考物体，我们的假定相

---

〔1〕旋转在几何和线性代数中是描述刚体围绕一个固定点在平面或空间中的运动变换。

对性原理只是对于上述参考物体才有效，对于其他的（例如具有不同性质状态的参考物体）则是无效的。因此我们说这是特殊相对性原理或狭义相对论。

与之形成对照的是，我们对"广义相对性原理"的理解概括为下列陈述：所有参考物体K、K_1等，不管其运动状态怎样，对自然现象（表述普通的自然界定律）的描述都是等效的。在我们继续往下深入讨论前应该指出，这一陈述必须要代之以一个更为抽象的表达方式，当然，具体的缘由要到以后才会明白。

狭义相对性原理已经被证明是合理的，而每一个想证明普遍化结果而努力的人必然想向着广义相对性原理的方向探索前进。从一种简明的考虑来看，这样一种企图就目前而论成功极为渺茫。我们还是将思绪转回匀速前行的火车车厢，在做匀速运动的车厢中，乘客是不会感到车厢在运动的。因为这个理由，他可以欣然地做出"该例子表明车厢是静止的，而路基是运动的"的解释。而且按照狭义相对性原理，从物理观点来看，这种解释也是十分合理的。

如果车厢的运动现在变为非等速运动，例如猛然拉动刹车，那么车厢里的人就有一种身体倾向前方的猛烈运动，这种减速运动是物体相对车厢里的人表现出来的一种力学运动，它与以前我们考虑的力学运动并不相同。因此，即使是对于静止或做匀速运动的车厢能成立的力学定律，也不可能对于做非匀速运动的车厢同样成立。无论如何，伽利略定律对于做非匀速运动的车厢显然是不成立的。因为这一原因，我们目前不得不暂时采用与广义相对性原理相反的做法，将一种绝对的物理实在性赋予非匀速运动，但不久后我们就会看到，这个结论显然不能成立。

相关问题 » 相对性原理

相对性原理是力学的基本原理。

从一开始，人们对自然的研究和对自然力量的利用，都与使物体个体化相关联。一个物体到另一物体的距离随时间发生变化。当它们依然是所论物体不可分割的背景的时候，我们就无法用数列对应于该物体的位置和位置的改变，也就不能对物体的位置和速度实行参数化。对于一个给定的物体，它相对于一些物体运动，标示出这些物体，然后用数列对应这些距离，于是这些物体就成为参照物，而给定物体到这些物体的距离的全体就成为参照空间。对应于距离的所有的数就组成一个有序系统。于是，也就引进了同参照物联系在一起的坐标系。在此，所谓相对性原理，就是坐标系的平等性，从一个坐标系转换到另一个坐标系的可能性，以及给出坐标变换时刚体内部的特性与其各质点的距离及其结构的不变性。

力学的全部发展过程，一直同参照系统变更时扩大物理客体不变性概念的范围联系在一起。在17世纪，人们已经判明物体的结构与坐标系的选择无关，同时也明确了从一个坐标系过渡到另一个相对它做匀速直线运动的坐标系时，力和加速度之间关系的不变性。伽利略伟大发现的内容，如果用现代物理语言陈述，即是如此。它是近代自然科学的真正起点。

牛顿根据运动三定律得到的结论陈述了相对性原理。但牛顿力学不能没有绝对运动的概念。绝对运动概念联系着力和加速度。力的作用不是单值的。比如，在一个计算系统中，力引起某个加速度，那么在另一个相对于前者是以加速运动的系统中，它却可以引起另一种加速度（不排除加速度为零的情况）。因此，只有根据引起绝对加速度的系统

牛顿

牛顿试图运用惯性与力的概念来描述所有物体的运动，寻找出万物都会服从的守恒定律。1687年，牛顿发表了《自然哲学的数学原理》。从此，牛顿开创了三大运动定律，时至今日仍然是描述力的主要方式。

中的力，才能把绝对运动加以标示。牛顿做了一个把水盛在旋转着的桶中的著名实验，用以作为证明存在着绝对运动和绝对空间的判定。对牛顿来说，离心力的存在是绝对运动的决定性论据。

牛顿认为，绝对运动并不是相对于一些个别的物体，而是相对于空间。这种绝对静止的空的空间可以看成充满整个宇宙的、数目不定的、离散存在物质和"宇宙气"的总代表。所谓物体相对于空间运动，本身就意味着把一个被个体化的物体同一个不可分割的背景加以对照。他认为，加速度就是相对这一没有被明确的背景而言的。然而在每一个具体的动力学的课题中他必须应用和具体的物体联系在一起的某个计算系统。因而在给出动力学课题的范围后必须把相对静止的物体和与具体物体无关的，作为绝对空间出现的，被赋予特权的计算系统加以区分。

在自由度数很大甚至无限大的系统中，相对运动会受到限制。但只要我们回到不可分割的、整体连续的事件中，只要我们放弃单个物体位置和运动的参数变化以及某些必备的坐标系，那么绝对运动和相对运动的对立就不存在了。对某一质点的热运动来说，相对性的概念就没有什么作用了。要是可以把宇宙气体同连续介质组成一体的话，牛顿的绝对空间就会获得唯理论的意义。

在物理学中，力学的终极概念得到了因果解释。对物理学而言，力的概念是个必须加以分析的概念。物理学确定了力的数值，在个别情况下，当质点无摩擦地运动时，力可以是坐标的函数。这种函数的形式应由引力论、弹性理论、电动力学理论中对引力、弹性力、电力、磁力的研究给出，并且这种研究与力学不同，完全按另一种方式进行，这些力已不再是终极概念。恰恰相反，现代科学的任务，正是要用物理的或数学的方法把它们从另外的量中推演出来。

达朗贝尔在《动力学》一书中指出，作用在质点上的力可以被两个分力所替代，其中一个分力指向与约束一致的运动的路线。倘若质点是自由的，它将要沿着由两个分力构成的平行四边形对角线的方向运动。而实际上，质点似乎只在一个分力的作用下运动，另一个力好像是不存在的。达朗贝尔就把它称之为遗失的力。被遗失的力没有引起质点的加速度，就在系统中无影无踪了，它已被约束反作用所抵消。可以指出：所谓遗失的力，就是作用在质点上的力和惯性力的合力。作用在质点上的外力和被约束条件所决定的反作用力、惯性力处于平衡之中。也就是说，遗失的力被约束反作用力所平衡。

达朗贝尔所引入的惯性力曾被叫做虚构的力。在此之后，动力学问题被归结为静力学问题。每一个运动方程都与平衡方程相对应，这个平衡方程以具有所谓虚构的惯性力而区别于运动方程。

实在的力和虚构的力之间是相对的。如果把达朗贝尔所引入的力认为是施于所论物之上的力，则该力就是虚构的；如果把此力认为是施于别物之上的力，则达朗贝尔引入的力就是实在的。如果把坐标原点从一个物体移到另一个物体上面，那么虚构的力就将是实在的，而实在的力则将是虚构的。

每一系统都是用属于该系统的全体质点在此时的位形加以表征，

拉格朗日

拉格朗日的学术生涯主要集中在18世纪后半期。当时，数学、物理学和天文学是自然科学的主体。而拉格朗日在此三个学科都做出了历史性的重大贡献。其中有关月球运动、行星运动、轨道计算、两个不动中心问题、流体力学、数论、方程论、微分方程、函数论等方面的成果，成为这些领域的开创性研究。此外，他还在概率论、循环级数以及一些力学和几何学课题方面有重要贡献。1782年，拉格朗日在给天体演化论的创立者拉普拉斯的信中说："我几乎写完《分析力学论述》，但无法出版。"当拉普拉斯安排这部作品在巴黎出版时已是1788年。

这样的位形可以看成是多维空间的一个点。拉格朗日在《分析力学》中给出了系统状态及其运动的坐标表象之普适方法，即广义坐标法。它把空间中质点的位置，即古典力学原始的形象和被当成是多维"空间"的点的系统的位形相对应。从几何的观点来说，这是在拉格朗日把四维时空引入科学之后所采取的下一个步骤。当拉格朗日在《分析力学》中用四维解析几何的形式阐明古典力学原理之后，当达朗贝尔在《百科全书》的量度一文中把时间看成是第四维的时候，他就已经把第四维的概念引入科学了。由于柯西、凯尔、普留凯尔、黎曼、格拉斯曼的努力，多维空间的理论在形式化方面得到了极大发展。这一发展，为相对论、量子力学准备了富有成效的多维几何学的解释。

在拉格朗日看来，广义坐标不仅可以是质点系的笛卡尔坐标，而且也可以是描绘该系统位形的任何一种参数。对一个受到引力或弹性力作用的质点系统来说，每一时刻作用在系统中各点上的力（也就是加速度）由广义坐标所决定。物体的速度不影响加速度，当已知系统位形时，速度有可能取不同的值。如果是这样，那么，即使已知加速度，下一时刻系统的位形也是不确定的。所以，如果要确定系统在未来每一时刻的状态，不仅必须给出已知时刻的坐标，而且还要给出速度。

当我们从原始的、直接给出的、不可分割的混乱图景中区分出个别的物体和运动的时候，我们是把在空间中改变自己位置的物体的一系列自身同一的状态认为是某种过程，这是力学最原始的表象。力学之原始形象，就是坐标随时间改变的自身同一的物体。我们完全可以"识别出"在每一个相继时刻的物体。它的基本前提是以坐标的连续变化加以保证的。如果我们把物体在一个位置和另一位置间隔上的每一个点都记录下来，那么就可以断言出现在我们面前的是同一个物体。物理客体这种个体性，让我们知道物体在某一时刻的状态的情形下，就可以预见每一个相继时刻的状态。因此，所谓状态，即是标志若干物理量的综合，而这种综合以单值的形式同每一个相继时刻的、每一个相似的综合联系在一起。根据这种状态的连续性和单值的依存关系就可推出运动的微分方程。当已知初始条件时，借助此方程就能绝对准确地预知物体以后的全部运动。

物理学的影响使力学的基本原理——相对性原理，改变了形式。在牛顿运动方程里，作为纯力学量出现的是质点的空间坐标。质点相对某个坐标系运动，并且在坐标变换时，即从一个惯性系过渡到另一个惯性系时，运动方程是协变的。具有广义坐标的拉格朗日方程，可以描述其他非力学的过程，当坐标变换时，它是否还保持协变性呢？爱因斯坦的相对论指出：如果所论系统是匀速直线运动，则方程是协变的。这样一来，相对性原理就推广到非力学的过程，并且使古典物理获得了最终的形式。为此，古典物理学须放弃不变的空间距离和时间间隔，而代之以不变的四维间隔。此时，相对性原理仍旧是统一宏观物理学和力学的普遍原理。因此，可以说，相对论是世界古典图景的总结。

我们把全部历史的变更都归拢在一起来讨论相对性原理，或者说讨论适用于伽利略、牛顿的古典原理和爱因斯坦的狭义、广义相对论的普遍的相对性概念。伽利略、牛顿原理适应于缓慢的惯性运动，狭义相对论适用于可以和电磁振荡传播的速度相比拟的惯性运动，广义相对论适用于引力场中质点或质点系的加速运动。上述情况中，坐标以这样或那样的方式随时间而变化，指在每一时刻，定域于空间中的物理客体，在保持自身不变的同时从空间的一个点转移到另一个点。这个客体能够以任意速度（古典的相对性原理），或以被某个恒定的（狭义相对论），或以引力场所决定的（时空弯曲、广义相对论）速度通过这些处所。无论取哪一种观念，只要指明自身同一客体相对它做运动的那个物体，则自身同一客体运动的概念就是有意义的。至于这个论题（即能否提出所谓位置、速度、加速度的相对性）能够用到哪种坐标变换上面，还应当由实验指出。把现已知晓的相对性理论都归拢起来，这才是相对性原理的意义所在。

2.2 重力场

"若我拾起一块石头，然后松开手，为何石块会落地呢？"通常人们的回答是："这是因为地球有吸引力的缘故。"但是，现代物理学对这个问题则有不一样的解答，其理由在于：对电磁现象更仔细地加以研究后，我们可以看到，如果没有某种中介媒质起作用，超距作用是不可能实现的。例如磁铁吸引一块铁，我们不能就磁铁直接穿过真空对铁块产生吸引力这一解释感到满意，因而我们只有按照法拉第的方法，假定磁铁总是在它附近的空间产生某种具有物理性质的东西，我们称为"磁场"。磁场作用于铁块，使铁块总是朝着磁铁移动。严格地说，这是一个枝节性的概念，我们姑且不讨论这个有些任意的概念是否合理，只是稍稍提及一下，电磁现象的理论表述要比不借助这个概念满意得多，对于电磁波

磁场

　　磁场具有辐射特性，并且存储着能量。磁体间的相互作用是以磁场作为媒介。磁场是运动电荷、磁体或变化电场周围空间存在的一种特殊形态的物质。由于磁体的磁性来源于电流，电流是电荷的运动，概括地说，磁场是由电荷运动或电场变化产生的。

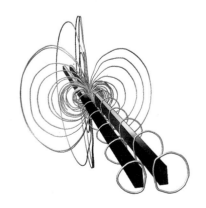

万有引力想象图

牛顿创立的万有引力定律，自面世以来，就引起了轰动。图为一组表现万有引力理论的想象图。

的传播来说更是如此。我们可以用类似的方式来看待万有引力。

地球对石块产生的作用是间接的。环绕地球周围产生了一个引力场，引力场对石块起作用，引起石块的下降运动。我们从经验中了解，当我们远离地球时，地球对物体的作用的强度以一个相当明确的定律减小。从我们的观点来观察意味着：支配空间引力场的性质的定律必须是一个完全确定的定律，它可以准确地表述引力作用是怎样因物体与受作用物体间的距离的增加而减小的。我们可以这样说：物体（例如地球）在其附近最接近处直接产生一个场，支配引力场本身的空间性质的定律决定了场距离物体各点的强度和方向。

与电场和磁场形成对比，引力场有一种对下面的论述具有十分显著和重要意义的性质。运动的物体在一个引力场唯一的影响下，得到了一个与物体材料和物理状态都毫不相干的加速度[1]。例如，一块

---

〔1〕加速度是速度变化量与发生这一变化所用时间的比值（$\Delta v/\Delta t$），是描述物体速度改变快慢的物理量，通常用a表示，单位是米每二次方秒（m/s²）。加速度是矢量，它的方向是物体速度变化（量）的方向。

铅锤和一块木头在一个引力场中，如果它们以静止状态或以同样的初速度开始下落，它们下落的方式将完全相同（在真空中）。这个定律是极其精确的，可以根据下列另一种不同的形式来表述。

按照牛顿运动定律，我们有：

力 = 惯性质量 × 加速度

其中"惯性质量"是加速物体的特征常数。如果引力作用是引起加速度的原因，我们有：

力 = 引力质量 × 引力场强度

其中"引力质量"同样是物体的特征常数。从这两个关系式得出

$$加速度 = \frac{引力质量}{惯性质量} × 引力场强度$$

如果我们从经验中发现，加速度与物体的种类和状态无关，而且在同一个引力场下，加速度总是相同，那么引力与惯性质量的比对于一切物体而言也是一样的。适当地选择单位，我们可以使这个比值相等，我们因而就得出物体的引力质量等于其惯性质量这一定律。这个定律过去确实在力学中已经存在，但是没有得到解释。我们唯有承认物体相同的性质，按照不同的处境表现为"惯性"或"重量"，这一事实才能得到满意的解释。我们将在下一节说明这个情况的真实程度，以及这个问题与广义相对性的假设是如何联系起来的。

相关问题 »» 引力

引力，也称"万有引力"。是指两个物体之间由于物体具有质量

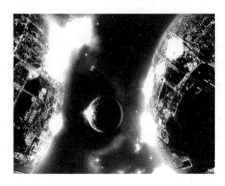

引力子和反引力子

宇宙万物都是引力子和反引力子在相互作用中形成的，而形成宇宙的两类场，一是引力场，二是反引力场。

而产生的相互吸引力。地面上物体所受的重力，就是地球与物体之间的这种吸引作用。地球、行星绕太阳运行，月球、人造卫星绕地球运行，都与它们之间的引力有关。牛顿在开普勒定律的基础上，首先肯定了这样一种吸引力的存在，并确定了质量不同的两质点间的力的大小公式，被称为"万有引力定律"。

引力场　引力场，也称"重力场"。指传递物体之间的万有引力作用的物理场。其特点是：在场的同一点上，任何质量的物体都得到相同的加速度。

牛顿引力与相对论不相容　在微观范围内，万有引力比电磁力弱得不可比拟，比如在氢原子中，质子与电子之间的电磁力，比它们之间的万有引力大10^{39}倍。但是，在宇宙天体范围内，在质量高度集中的情况下，万有引力无疑起着绝对的主导作用。计算表明，太阳对地球的万有引力，比拉断直径等于地球直径的钢索所需的力还要大。之所以在狭义相对论中要回避万有引力，是因为牛顿的万有引力定律与狭义相对论的框架不相符。

引力场和反引力场的种类　从第二级量子即"引力子"与"反引力子"层面看，宇宙万物都是引力子与反引力子在相互作用中形成的，形成宇宙的两类场，一是引力场，二是反引力场。

引力场和反引力场都是球形场。引力场是一种球形的旋涡场，产生向内的力；反引力场是一种球形辐射场，产生向外的力，如电磁波。引力场的基本形状是旋涡形。反引力场的基本形状是水波辐射形。引力场的旋涡形常见于旋涡星系、旋涡星云及各种混沌现象中；反引力场的水波辐射形则常见于有电磁力、强核力、弱核力参与的过程中，如电磁辐射。当然，在各种混沌现象中也比较常见。

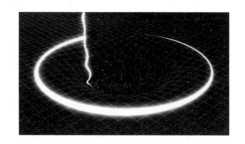

克尔黑洞

这是爱因斯坦运用自己的引力场方程预言的带有角动量的黑洞。引力场方程有一个只依赖于这两个参量的精确解。这个解描述的就是转动黑洞的引力场。这个理论发现有着重要的天文学意义，其价值不亚于一种新基本粒子的发现。相比于静态的史瓦西黑洞，克尔黑洞更接近于实际上的黑洞，因为大多数恒星都具有一定的自转角动量，当它们坍缩成黑洞时仍然会保留部分角动量。最终，一颗坍缩成黑洞的转动恒星的引力场会达到一个平衡状态。

宏观天体中，存在有集成引力场、黑洞引力场。微观物质中则有左引力场、右引力场、质子引力场、原子核引力场、化合引力场等。除黑洞引力场外，与上述引力场并存的还有各种反引力场。

黑洞引力场 天体引力场中的引力子运行路线呈螺旋形，这从银河系等稳定星系的俯视图中可清楚看出。银河系的四条悬臂呈向内旋转的螺旋形，这很明显是银河中心黑洞引力场中的引力子的运行路线，其中，各种可见物质都随着引力子的拉曳路线在运行。

从银河中心黑洞引力场看，天体引力场就像一个球形的旋涡，与天体自转轴垂直处一个圆盘形的场，此处引力子流密度最低，引力最弱，称为"吸积盘"。银河中心的吸积盘，形状如银盘，黑洞就在银盘

黑洞的吸积

　　黑洞的周围会累积高温气体旋涡并产生辐射，这被称为黑洞的吸积。高温气体辐射出的热能会严重影响吸积流的几何与动力学特性。当吸积气体接近中央黑洞时，它们产生的辐射对黑洞的自转以及视界的存在极为敏感。对吸积黑洞光谱的分析为旋转黑洞和视界的存在提供了强有力的证据。数值模拟也显示吸积黑洞经常出现的喷流也部分是由黑洞的自转所驱动的。

中心的银核内。银盘外面是一个范围广大、呈球状分布的系统，叫做银晕，银晕外面还有银冕，也呈球形，直径比银晕大3～5倍。银冕代表黑洞球形引力场所能束缚的可见物质的范围。

　　在类太阳系中，天体引力场将空间的氢氦原子束缚成球形的火球，在它的吸积盘上束缚着多颗行星，如太阳系的八大行星。在行星中，天体引力场将空间原子束缚成球形，在它的吸积盘上束缚着卫星，如土星、木星的光环。

　　在球形的天体引力场中，引力子流在球形的场内不停地向场中心旋转，最终回到场中心点，并从引力场轴（即天体自转轴）两端输出，开始第二次绕行。在黑洞引力场中，一些未消化的恒星物质就从引力场轴两端喷出，形成可见喷流。

　　在天体引力场中自转轴附近，引力最强。这是因为，从自转轴两端输出的引力子在此开始向内绕圈，而吸积盘离自转轴两端最远，所以得到的引力子流最少，引力最弱。在银河系中，银心黑洞已将球形的银河系内其他区域的绝大部分物体吞噬，只剩下吸积盘（银盘）上的一些恒星、行星物质。由此可推测，银心黑洞的质量比过去认为的大得多，银心黑洞质量与银河系可见物质质量之比，应该超过太阳系中的太阳质量与八大行星质量之比。

　　天体引力场的球形旋涡非常大。比如，太阳的集成引力场直径超过整个太阳系的直径，这样才能束缚住太阳系的所有天体。银心黑洞引力场的直径只有超过银晕直径，才能束缚住银河系内的所有天体，才能与其他星系组成星系团。

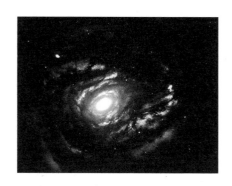

M87星系中心的黑洞

　　根据广义相对论，当恒星体积很大时，它的引力场对时空几乎没什么影响，从恒星表面上某一点发的光可以朝任何方向沿直线射出。而恒星的半径越小，它对周围的时空弯曲作用就越大，朝某些角度发出的光就将沿弯曲空间返回恒星表面。等恒星的半径小到一特定值，就连垂直表面发射的光都被捕获了。到这时，恒星就变成了黑洞。上图是用哈勃望远镜拍摄到的M87星系中心的一个黑洞。

　　正因为天体引力场的引力子只能从自旋轴两端输出，使引力场的分布不均匀，在自转轴附近的引力最强，吸积盘附近的引力最小。这也造成大天体都是椭球形的。在自转轴附近引力大些，因此扁平一点；吸积盘附近引力小，因此凸起一点。引力场的这种特性与磁场相似，两个磁极相当于引力场自转轴两端，与两个磁极中心点垂直的地方磁场强度最小。在地球引力场的自转轴附近，引力应该是最强的；与自转轴垂直的吸积盘附近，引力应该是最弱的。

　　宇宙的星系中，约80%是旋涡星系，15%是椭圆星系，其余5%是不规则星系（包括特殊星系）。椭圆星系的中心也有一个巨型黑洞，其所束缚的可见物质的范围也是椭球形的，它逐渐向旋涡星系发展，只在黑洞引力场的吸积盘附近留下可见物质，其他区域的物质会先被黑洞引力场吸入。

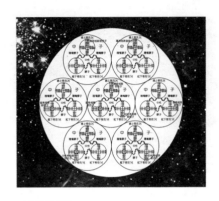

引力子的结构

在量子力学中，引力子被定义为一个自旋的玻色子。在M—理论中，引力子被定义为自由的闭弦，可以被传播到宇宙膜外的高维空间。

黑洞引力场由恒星的集成引力场演变而来，所以，引力场中引力子运行路线大致相同。唯一不同的是，恒星的集成引力场还需要束缚住氢氦原子，作为引力之源，黑洞引力场则已演变成纯引力场。

天体引力场可以将场内的物质吸入场中心（如太阳或黑洞奇点），但是在原子核引力场中却无法做到这一点，因为有核子的强核力、电磁力、弱核力的反斥作用。所以，原子核引力场束缚着电子呈球状环绕运行，场中的引力子运行路线与天体引力场相同，因此构成的原子也是椭球形的，与天体相似。

大天体（如太阳、地球）之所以有如此强大的引力子流输出，去束缚远距离的物质，是因由原子构成的天体有一种"集成引力场"。

集成引力场和黑洞引力场具有以下特征：无论增加或减少质量，始终保持一个独立的球形引力场，引力场的大小和强度，随着质量增加而增加，随着质量减少而减少。天体引力场的这种性质与磁场相似，如将永磁铁分割成几块，每一块都能保持独立的磁场。

黑洞是一种不可见的球形引力场，在场中心有一个无形的点，即"黑洞奇点"。黑洞引力场的所有引力子都从这个点穿过。黑洞奇点的体积为0，每秒都有很多的引力子从奇点穿过，任何物体接近黑洞奇点都会被极强的引力子流击碎。如果黑洞质量足够大，引力子流密度足够高，就能及时将粒子破碎后的反引力子转化成引力子；如果吸入恒星物质超过黑洞能有效吸收的量，它们就会通过黑洞引力场轴即自转轴两端喷射出来。

黑洞的自转方向与其引力场拉曳外围可见物质的转动方向相同。

黑洞的引力之所以远大于同质量的恒星，是因黑洞是纯引力天体，从恒星、中子星到黑洞的演化过程中，引力场最终战胜反引力场，即引力最终战胜强核力、电磁力、弱核力，并将中子星中的大部分反引力子转化成引力子，这使得黑洞的引力子翻倍。并且，黑洞引力场已没有了反引力场的制衡，可以将全部引力子输出，形成强大的"黑洞引力场"。而恒星却要从原子中汲取引力子，必须维持有形结构，其引力场时刻与强核力、电磁力、弱核力组成的反引力场抗衡着。

反引力子的直线向外性，使反引力场不能独立存在，必须与引力场形成相互制衡之势，才能稳定。不然，反引力场就会像水波一样不断向外辐射，直至消失，就像电磁辐射。所以由反引力分化成的强核力、电磁力、弱核力都是以粒子为载体，以光速或亚光速运行，粒子则是反引力场与引力场相互制衡的平衡体。引力场可以独立存在，最明显的是黑洞引力场。宇宙空间运行的部分超光速反引力子来源于黑洞。因为黑洞未能及时将部分反引力子转化成引力子，它们从黑洞引力场轴两端喷出，使随同喷出的可见粒子获得极大动能，因此黑洞喷流能量极大。

从星系中心黑洞引力场喷出的强大反引力子流，是致使宇宙加速膨胀的暗能量来源。由于这些反引力子来源于黑洞吸入的粒子级物质，当宇宙进入黑洞期（约1 000亿年后），黑洞引力场可吸入粒子级物质逐渐减少，宇宙暗能量将逐渐消失。那个时候，引力远大于反引力，宇宙停止膨胀，在众多黑洞引力场的相互吸引下，它开始收缩，并最终融合成一个极大的宇宙黑洞，进而坍缩成"宇宙奇点"。

　　太阳系以每秒230公里的速度完成它围绕银河系中心的运行，银河系则以每秒90公里的速度接近它的伴星系——仙女星系。它们俩都属于绵延约1 000万光年的"本星系群"，这个本星系群又以每秒约600公里的速度移动，被室女星系团吸进本超星系团。本超星系团的范围约6 000万光年。本超星系团、长蛇座与半人马座超星系团，又落向另一个更大的星系集团，天文学家称之为"大引力源"。这些星系团与超星系团，形成了范围有几亿光年大的垣状和丝状结构，这些垣状和丝状结构很像生物体内的细胞组织。

　　时空曲率在黑洞奇点中并没有出现无限大。当引力子从黑洞奇点（引力场中心点）中穿出时，时空曲率从极大走向了反面，出现了短暂的平直时空，即黑洞引力轴（自转轴）的两处直线喷流。球形的天体引力场中的时空是弯曲的，而且越接近球形引力场中心，时空弯曲度越高，因为引力子呈螺旋形向内旋转。

　　是什么束缚着电子以光速围绕原子核运行？是什么束缚着太阳系八大行星长期围绕太阳运行？是什么束缚着银河系千亿颗恒星围绕着银心运行？为什么它们的运行规律如此相似？是因为它们受到同一种力的束缚，那就是引力。为什么小到粒子、原子、水珠、球状病毒、细胞，大至行星、恒星、星系、宇宙，自然界中有非常多的物体都呈球形？这是因为，宇宙中存在的球形引力场和球形反引力场在相互对抗、相互协同，而这些球形的形成是一种平衡、对称的表现。

2.3 惯性质量[1]和引力质量[2]相等是广义相对性公设的论据

我们设想在真空中有一个巨大的物体，而且距离众多的星体和其他可感知的质量极为遥远，已经接近伽利略基本定律所要求的条件，我们可以为这部分空间（世界）选取一个伽利略参考物体，使对处于静止状态的点继续保持静止状态，对作相对运动的点永远保持匀速直线运动。我们把一个类似于房子的极宽大的箱子当作参考物体，在里面有一个配备仪器的观测者。对观测者来说，引力是不存在的，除非他用绳子把自己牢牢拴在地板上，否则只要有轻微的碰撞他就会向房子的天花板方向慢慢飘浮起来。

---

〔1〕惯性质量是量度物体惯性的物理量。实验发现，在惯性系中，若在两个不同物体上施加相同的力，则两物体加速度之比a_1/a_2是一个常数，与力的大小无关。此结果表明，a_1/a_2之值仅由该两物体本身的惯性所决定，与其他因素无关。物理学中规定各物体的惯性质量与它们在相同的力作用下获得的加速度数值成反比。若用m_1及m_2分别表示两物体的惯性质量，则$m_2/m_1=a_1/a_2$。选定其中一物体的惯性质量作为惯性质量的单位后，另一物体的惯性质量可通过实验由上式确定。

〔2〕引力质量指任何物体都具有吸引其他物体的性质，引力质量是物体这种性质的量度。选定两质点A和B，先后测量它们各自与质点C的引力F_{AC}和F_{BC}。实验发现，只要距离AC和BC相等，则不论这距离的大小如何，也不论质点C是什么物体，力F_{AC}和F_{BC}的比值F_{AC}/F_{BC}是一个常数。该结果表明，F_{AC}/F_{BC}之值仅由质点A和B本身的性质决定。物理学中规定A、B两质点引力质量之比等于力F_{AC}与F_{BC}之比。

物体运动受到引力场的影响

把空间想象成一张平坦的台球面。如果你在台上击球，它就沿直线运动。假如台面上出现凹痕，球就会走弯路。那么凹痕就可以看作是一个引力场，这样我们就能够更直观地理解引力场是如何影响物体运动的了。

在箱盖正中有一个系有绳索的吊钩，设想有一人（是何种实质的生物我们不用考虑）开始以恒力用力拉这根绳索，于是箱子及观测者一律开始做匀加速的"向上"运动。倘若从另一个参考物体来观察，我们会看到，随着时间的推移，它们的速度将会达到一个未可预知的值。

但是箱子里的人经历了怎样一个过程呢？观测者的加速度是通过箱底的反作用力得到的，如果他不愿意在箱底像喝醉了似的飘浮起来，那么就必须在箱子里能够有固定的支撑点。所以，他在箱子里实际上与在地球上的房间里完全一样。如果他松手放开握在手中的一个物体，没有了箱子施予加速度的物体必然做加速相对运动而落到箱底。因此观察者将会进而断定，不论用来做实验的物体是什么，它向箱子底板的加速度总是有相同的量值。

观测者依靠对引力场知识的了解（如同在前面部分所讨论的），箱子中的人将会得出一个结论：他和箱子处于一个引力场中，这个引力场对于时间而言是恒定不变的，当然他也会为箱子为什么在这个引力场中并不下落而疑惑。但当他发现箱盖的钩子上系着绳索后，就会得出箱子是静止地悬挂在引力场中的结论。

我们是否该一笑置之，说这个人的结论错了呢？我认为我们不该这样说，如若我们希望能保持一致的话，我们必须认可，他的思想方法既不违反理性，也不违众所周知的力学定律。即使我们先认定箱子相对于"伽利略空间"在做加速运动，但也能够认定箱子是在静止中。相对性原理囊括了所有相互做加速运动的参考物体，这也是相对性公设推广的一个强有力论据。

我们必须充分并谨慎地看待这种解释方式的可能性，这种解释的基础由引力场使一切物体得到同样的加速度这一基本性质而来。换句话说，它是以惯性质量和引力质量相等这一定律为基础所得出的。如果这个自然定律不存在，那么处在做加速运动的箱子里的人就不可能假定出一个解释周围物体行为的引力场来，也无任何理由假定他的参考物是"静止的"。

假如箱子里的观测者在箱盖里面固定好一根绳子，然后在绳子的另一端拴上一个物体，绳子受张力而使该物体"竖直地"悬浮。如果我们寻找一下致使绳子产生张力的原因，箱子里的人会说："引力场中向下的力作用于物体，又为绳子的张力所平衡，所以该物体悬浮在空中。决定绳子张力大小的是悬浮物体的引力质量。"另一方面，稳定在空中的自由观察者对这一情况的解释是："绳子必然参与箱子的加速运动，并传送此运动到拴在绳子上的物体。紧绷的绳子张力的大小正好足以引起物体的加速度。物体的惯性质量决定了绳子张力的大小。"从这个例子可以看出，惯性质量和引力质量相等这一必然的定律隐含在相对性原理的推广中，我们也得到了这个定律的一个物理解释。

对做加速运动的箱子的讨论使我们看到，广义相对论对引力诸定律产生的重要结果是毋庸置疑的。实际上，对广义相对性观念的全面研究已经为引力场补充了好些定律。在继续谈下去以前，我必须警告读者，切不可全盘接受这些论述，因为在其中隐含了一个错误的概念。对于最初选定的坐标系，并没有一个引力场，但对于箱子里的人却存在着这样的引力场。于是我们可能会很容易地假定，引力场的存在永远只是唯一的表观存在。我们同样也可以认为，不论何种引力场存在，我们总能选取另一个参考物体，使得引力场对于该参考物而言是不存在的，当然，这不是绝对的断言，而仅仅是对具有十分特殊的形式的引力场才成立。例如，我们不可能任意选取一个参考物，而由该参考物来判断地球的引力场（完整的）会为0。

现在我们能够认识到，为什么我们在本篇第一节所叙述的观察者由于刹车而感到有一种朝前的冲动，从而认识到车厢的非匀速运动（阻滞）。但是没有任何人强迫他把这种朝前的冲动感归于车厢"真实的"加速度（阻滞），因而他可以这样解释他所经历的事件："我的参考物体（客车车厢）一直保持静止状态。但是，相对于这个参考物体而言，存在有（在刹车期间）一个方向向前的，而且对于时间而言是可变的引力场。在这个场的影响下，路基连同地球以它们向后的原有速度在不断减小的速率中做非匀速运动。"

相关问题 》》 等效原理的两个直接推论

推论一：光线被引力场弯曲。在牛顿力学中我们知道，当引力场中抛出一个物体时，它的轨迹不是通常的曲线，而是一条叫做"抛物线"的曲线。这是物体受到引力作用的结果。但是经典物理学对于光线是否会受到引力场的影响，却没有定论，并且，在人们看来，光线在任何情况下都应该是直线行进的。人们常把光线当作"直线"的标准。当今世界确定直线的最精确的仪器"激光准直仪",也是以激光束作为标准的。

但光线在受到引力场的影响时,肯定要"走弯路"。因为在无引力空间的一个惯性系内,光线当然是沿直线行进的。设:一束光线射向一个静止的电梯A,则光线是直的,这个无悬念。现在,让电梯A

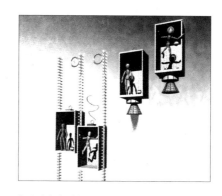

加速或自由下落

上图体现了物体加速或自由下落时的状态。在一个盒子中的观察者无法区分两种情形:处于地球上的固定的升降机中和在自由空间中被火箭加速。因为如果火箭关闭发动机,其感觉就像和升降机向底部自由下落是一样的。

沿着与光线垂直的方向做加速上升运动。这时,电梯里边的人看到光线在匀速地横穿梯舱的同时,一个向下的加速运动,让光线成了一根向下的曲线——抛物线。当然,就电梯A而言,这只不过是它相对某个惯性参考系做加速运动的结果。根据等效原理,光线从做加速运动的电梯A中垂直射出时,也会被同样弯曲。

所以,作为等效原理的推论,光线的确应该被引力场所弯曲。只是,除非引力场很强,这个效应一般都难以察觉。

推论二:引力红移。等效原理的第二个直接推论,是光波在传播时会改变它的频率,使光谱线的位置产生移动。这就是引力红移(实际上,谱线既可以向长波方向移动,称为"红移",也可以向短波方向移动,称为"蓝移",不过通常统称"红移",对"蓝移"则用"红移量为负值"表示)。

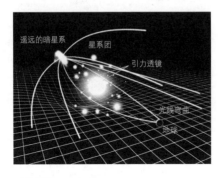

引力透镜

　　引力扭曲时空，构建了宇宙的组织结构。这意味着，超大质量天体拥有超强的引力场。因此，像上图Abell383这样的大质量星系团就像一个巨大的透镜，收集背后遥远天体的光并汇集它们，这个过程就称为"引力透镜"。由引力透镜成像我们看到了使用现有望远镜看不到的遥远暗星系。

　　证明如下：假设电梯A的舱底有一光源，它发出的光的频率为v_0，以窗顶处的接收器加以接收。发光的瞬间，光源相对于某惯性系是静止的。由于A的加速上升，当接收器在稍后的时刻接到这个光信号时，它相对于那个惯性系已经不再静止，而是向上运动着，其瞬时速度等于A舱的加速度与光讯号传播时间之积。接收器相对于光源的这个运动会产生多普勒效应，就好比一列离我们远去的列车的汽笛音调会降低一样。接收器所接收到的光讯号频率小于v_0，也就是说发生了"红移"。

　　引力红移的预言，在1919年的天文观测中被证实。另外，引力红移也暗示着不同地点的标准钟会有不同的走时速率。

2.4 经典力学和狭义相对论的基础有哪些
　　不能令人满意的方面

　　我们已经说过，经典力学从以下定律出发：远离其他物质粒子的质点继续做匀速直线运动或继续保持静止状态。我们也再二强调，这个基本定律仅仅对一些具有某些特别的运动状态并相对做匀速平移运动的参考物K才有效。相对其他做平移直线运动的参考物体，这个定律就失效了。所以在经典力学和狭义相对论中，我们都把二者区分开来。公认的"自然界定律"相对参考物K来说是成立的，而相对于另一些参考物K，则这些定律不成立。但凡思想模式合乎逻辑的人是不会满意此种解答的，他会问："为什么认为某些参考物（或它们的运动状态）比另一些参考物（或它们的运动状态）要优越，此种偏爱的理由是什么？"为了让我的问题更加明朗清晰，我来做一个比喻。

　　假如我站在一个煤气灶旁。灶上并排放着两个非常相像且都盛着半锅水的平底锅。我注意到蒸汽从一个平底锅中不断冒出，而另一个锅则没有。对此情况我会感到惊讶，即使我以前从没使用过煤气灶或平底锅，也会感到奇怪。但要是我注意到在第一个平底锅下有蓝色的光，而另一个锅底下则没有，我就不会感到惊奇了，即使以前我从来没见过煤气火焰。我敢说，是这种带蓝色的火焰使平底锅里冒出蒸汽，或者至少有这种可能。可是，如果我注意到两个平底锅下都没有带蓝色的火焰，且其中一个锅还在不断地冒出蒸汽，而另一个锅则没有，那么我将感到惊讶和迷惑，直到有明确的答案说明为什么这两个非常相像的平底锅有不同的表现为止。

类似的，在经典力学（或狭义相对论）中，为什么相对于参考物 K 和 K_1 来考虑时物体会有不同的表现这一问题，我没有找到什么实在的东西来说明。牛顿看到了这个缺陷，并曾试图使它趋于无效状态，但是没有成功。只有马赫看得最清楚，正因为如此，他宣称必须把力学放在一个新的基础上。借助与广义相对性原理一致的物理学，我们才能够消除这一缺陷，因为这一理论的方程，对于不论其运动状态如何的一切参考物体，都是成立的。

2.5 对广义相对性原理的几个推论

　　上节表明，广义相对性原理能够在纯理论方式下推出引力场的性质。让我们来猜想一下，例如，我们已经知道任一自然过程的空间—时间"进程"在伽利略区域中相对伽利略参考物K是如何发生的，借助纯理论方式（仅仅只凭计算），我们能够断定在这已知的自然过程中，相对K做加速运动的参考物K_1是如何去观察表现的。由于这个新的参考物K_1存在一个引力场，我们也必须考虑引力场是如何影响我们的研究过程的。

　　例如，我们知道，相对于K（与伽利略定律相一致）做匀速直线运动的物体，相对于K_1（箱子）不仅做加速运动，而且还做曲线运动。此种加速度或曲率相对于K存在的引力场对运动物体有所影响。引力场对物体运动的影响大家都已经知道，所以这一考

发生偏转的光线

　　如下图所示，由于A星球拥有强大的引力场，使原本来自B恒星的放射出的光线经过A星球时，光线发生了偏转，使得C星球上的观测者误以为B恒星位于D点上。

虑并没为我们提供任何新的本质上的结果。

　　然而，如果我们对一道闪烁着的光线进行类似的考虑就得到一个新的、有基本重要性的结果。对于伽利略参考物K，这一道光线沿直线以速度c传播。很容易就能证明，当我们相对于做加速运动的箱子（参考物K_1）来考察这同一道光线时，它的路线就不再是一条直线。从该事件中我们得出结论，引力场中的光线一般沿曲线[1]传播。这一结果在两个方面凸显出它的重要意义。

　　首先，它可以同实际相比较。虽然对这个问题，按照广义相对论的探究表明，光线穿过我们在实际运用当中能够加以利用的引力场时，其曲率[2]是极其微小的，但以掠入射方式经过太阳的光线，其曲率的估计值达到1.7″。这应该以下述方式来证明：从地球上观察，某些恒星与太阳相距并不遥远，因此它们在日全食时能够加以观测。当日全食发生时，这些恒星在天空中的视位置与当非日全食时太阳的视位置相比，应该偏离太阳。这一个极其重要的推断，它的正确与否，希望天文学家能够早日予以解决。

　　其次，我们的结果说明，依照广义相对论，作为狭义相对论中两个基本假定之一的真空中光速恒定定律的有效性不能被认为是无限有效的，只有光的传播速度因位置改变时才发生光线的弯曲。有鉴于

───────────────

　　〔1〕曲线是动点运动时，方向连续变化所成的线，也可以把它想象成弯曲的波状线。同时，曲线一词又可特指人体的线条。
　　〔2〕曲率就是针对曲线上某个点的切线方向角对弧长的转动率，通过微分来定义，表明曲线偏离直线的程度。数学上表明曲线在某一点的弯曲程度的数值。曲率越大，表示曲线的弯曲程度越大。曲率的倒数就是曲率半径。

此，我们或许会认为，包括狭义相对论在内的整个相对论，都要归于尘土，流于空谈。但事实并不是这样，我们能做出的结论是：狭义相对论的有效性并非无止境，狭义相对论的结果只有在不考虑引力场对现象（例如光）的影响时方可成立。

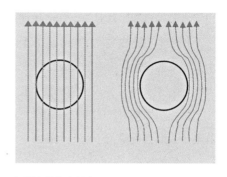

迈斯内效应示意图

当金属处在超导状态时，这一超导体内的磁感应强度为零，即能把原来存在于体内的磁场排挤出去。人们对围绕球形导体（单晶锡）的磁场分布进行了实验测试，结果惊奇地发现：锡球过渡到超导态时，锡球周围的磁场都突然发生了变化，磁力线似乎一下子被排斥到超导体之外去了。于是，人们将这种当金属变成超导体时磁力线自动排出金属体之外，而超导体内的磁感应强度为零的现象，称为"迈斯内效应"。

由于对相对论持相反意见的人常说狭义相对论颠覆了广义相对论，因此用一个较恰当的例子来把这个问题的实质弄清楚是十分明智的。在电气力学发展以前，静电学[1]定律被看作是电学定律。只有在电质量相互之间相对坐标系完全保持静止的情形下（这种情形是永远不会严格实现的），才能够从静电学的考虑出发正确地推导出电场。难道因此静电学就被电气力学的麦克斯韦方程推翻了吗？一点也不。作为一个有限制性的定律，静电学被包含在电动力学中。在"场"不随时间而改变的情况下，电动力学的定律就直接得

---

〔1〕静电学是研究"静止电荷"的特性及规律的一门学科。

出静电学的定律。这是一个任何物理理论都没获得的更好的命运了，一个理论本身指出创立了一个更为全面的理论，在这更为全面的理论中，原来的理论作为一个受限制的理论继续存在下去。

通过对光的传播事例的讨论，我们看到，广义相对论能够从理论上演绎出引力场对已知自然过程这一进程的影响，而广义相对论提供的最令人瞩目的是关于对引力场本身所满足的定律的研究，这是解决这一问题的钥匙，让我们对此考虑考虑。

我们熟悉了空间—时间这一经过适当选取参考物体后表现为（近似地）"伽利略"形式的没有引力场的区域，如果相对于一个做任何运动的参考物体K_1来考察的话，那么相对于K_1存在有一个对于空间和时间是可变的引力场，这个场的特性取决于K_1所选定的运动。广义相对论认为：按照普遍的引力场定律产生的所有引力场都必须被满足。当然，并不是所有的引力场都是如此产生的，但我们仍然对普遍的引力定律能从一些特殊的引力场推导出来抱有希望。虽然我们的希望已经以极其完美的方式实现，但从认清到完全实现，是经过重重探索及克服许多困难之后才达到的。我不敢对读者避而不谈这个问题的深刻意义，反之，我们需要进一步阐述空间—时间连续区的观念。

相关问题 》引力的新认识

等效原理保证在任何一个时刻、任何一个空间位置上必定存在一个爱因斯坦的电梯，电梯中的一切现象就像宇宙间没有引力一样。在这种电梯中，动者恒动，即惯性定律是成立的。按照定义，惯性定律成立的参考系是一个惯性参考系。这样，爱因斯坦电梯应是一个惯性参考系。

引力对一切物体产生的加速度相同，这是对处在同一个点上的物体来说的，在不同点上的引力加速度一般是不相同的。因此，一个做自由落体运动的电梯，只能将一个点附近小范围内的引力作用（例如引力加速度）全部消除，而不可能在一个大范围中把引力的作用全部消除掉。因此，如果认为上述爱因斯坦电梯才是严格意义上的惯性参考系，那么这种参考系只能适用于局部。

广义相对论的发展表明，真正严格的惯性系只能是一些局部惯性系（爱因斯坦电梯）。

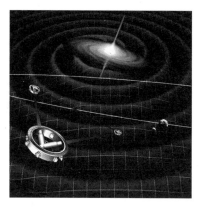

引力波（一）

引力波来自宇宙中带有强引力场的波源。波源包括密星体组成的双星系统、黑洞的合并、脉冲星的自转、超新星的引力坍缩、大爆炸留下的背景辐射等等。对引力波观测的意义不仅在于对广义相对论的直接验证，更在于它能够提供一个观测宇宙的新途径，就像观测天文学从可见光天文学扩展到全波段天文学那样极大扩展人类的视野。传统的观测天文学完全依靠对电磁辐射的探测，而引力波天文学的出现则标志着观测手段已经开始超越电磁作用的范畴，这种新的观测方式必将揭示宇宙中更多的奥秘。

现在各个点上的局部惯性系之间是可以有相对加速度的。那么何谓引力呢？引力的作用就是各个局部惯性系之间的联系。在任何一个局部惯性系中，我们是看不到引力作用的。我们只能在这些局部惯性系的相互关系中，看到引力的作用。

在物理学的其他部门中，我们的工作程序总是这样：取一定的参考系用以度量有关的物理量，然后经过实验总结出其中的规律，发现基

引力波（二）

为了说明引力波的起源，我们把时空比作一张拉紧的橡皮膜，而物质则为镶嵌在橡皮膜中的密实团块，当团块振动时，它通过橡皮膜发出波动，这些波动将引起其他物质团块振动起来。这与振动的带电粒子以波的形式发出电磁辐射，引起其他带电粒子振动起来很相似；但是引力波极难探测，因为它的强度只有电磁辐射的万分之一。

本方程。在这个过程中时空的几何性质（即所取的参考系）不受有关的物理过程影响。所以，这些问题中的基本方程只是物理量之间的一些关系，即：

一些物理量＝另一些物理量

但是，在引力问题中，引力一方面要影响各种物体的运动，另一方面引力又要影响各局部惯性系之间的关系。所以，现在我们不可能先行规定时空的几何性质，时空的几何性质本身就是有待确定的东西。因此，在引力基本方程式中不可能没有时空的几何量。它应当反映出，引力本身及引力与其他物质之间的作用，即应有下列形式的方程：

时空几何量＝物质的物理量

广义相对性原理

物理定律必须在任意坐标系中都具有相同的形式，即它们必须在任意坐标变换下是协变的。该原理又叫广义协变性原理。

爱因斯坦狭义相对论所考察的是将做匀速运动的参照系之间的相对性加以推广。不过，在真实的引力场和惯性力场之间并不存在严格的相消。比如，真实的引力场会引起潮汐现象，而惯性力场却并不导致这种效应。但是，在自由下落的升降机里，除开引力以外，一切自然定律都保持着在狭义相对论中的形式。事实上，这正是真实引力场的重要本质。如果把自由下落的升降机称为局部惯性系，那么，等效原理就可以严格地叙述为：在真实引力场中的每一时空点，都存在着一类局部惯性系，除引力以外的自然定律和狭义相对论中的完全相同。

广义协变性对物理定律的内容并没有什么限制，只是对定律的数学表述提出了要求。爱因斯坦后来这样认为：广义协变性只有通过等效原理才能获得物理内容。

马赫原理

时间和空间的几何不能先验地给定，而应当由物质及其运动所决定。

这个思想直接导致用黎曼几何来描述存在引力场的时间和空间，并成为写下引力场方程的依据。爱因斯坦的这一思想是从物理学家马赫对牛顿的绝对空间观念以及牛顿的整个体系的批判中吸取而来的。为了纪念这位奥地利学者，爱因斯坦把他的这一思想称为马赫原理。

电动力学

电动力学是研究电磁现象的经典动力学理论，它主要研究电磁场的基本属性、运动规律以及电磁场和带电物质的相互作用。

在电磁学发展的早期，人们认识到带电体之间以及磁极之间存在作用力，而作为描述这种作用力的一种手段而引入的"场"的概念，并未普遍地被人们接受为一种客观的存在。其实，电磁场是物质存在的一

电子云

电子在原子核外空间的某区域内出现，好像带负电荷的云笼罩在原子核的周围，人们形象地称它为"电子云"。电子是一种微观粒子，在原子如此小的空间（直径约10^{-10}米）内做高速运动，核外电子的运动与宏观物体运动不同，没有确定的方向和轨迹，只能用电子云描述它在原子核外空间某处出现机会的大小。

种形态，它可以和一切带电物质相互作用，产生出各种电磁现象。电磁场本身的运动服从波动的规律。这种以波动形式运动变化的电磁场称为电磁波。

电动力学的任务，就是阐述电磁场及与物质相互作用的各个特殊范围内的实验定律，并在此基础上阐明电磁现象的本质和它的一般规律，以及运用这些规律定量地处理各种电磁问题、研究各种电磁过程。

电动力学中解释电磁现象的基本规律的理论，是19世纪伟大的物理学家麦克斯韦建立的方程组。麦克斯韦方程组是在库仑定律（适用于静电）、毕奥—萨伐尔定律和法拉第电磁感应定律等实验定律的基础上建立起来的。通过提取上述实验定律中带普遍性的因素，并根据电荷守恒定律引入位移电流，就可以导出麦克斯韦方程组。在物理上，麦克斯韦方程组其实就是电磁场的运动方程，它在电动力学中占有重要地位。

另一个基本的规律就是电荷守恒定律，它的内容是：一个封闭系统的总电荷不随时间改变。近代的实验表明，不仅在一般的物理过程、化学反应过程和原子核反应过程中电荷是守恒的，就是在基本粒子转化的过程中，电荷也是守恒的。

麦克斯韦方程组给出了电磁场运动变化的规律，包括电荷电流对电磁场的作用。对于电磁场对电荷电流的作用，则是由洛伦兹公式给出的。将麦克斯韦方程组、洛伦兹的公式和带电体的力学运动方程联立起来，就可以完全确定电磁场和带电体的运动变化。因此，麦克斯韦方程组和洛伦兹公式构成了描述电磁场运动和电磁作用普遍规律的完整体系。

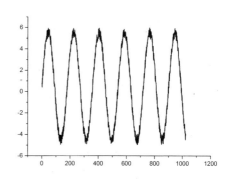

电磁波形图

几是高于绝对零度的物质，都会辐出电磁波。且物体温度越高，放出的电磁波波长就越短。电磁波是由同相振荡且互相垂直的电场与磁场在空间中以波的形式移动，其传播方向垂直于电场与磁场构成的平面，有效地传递能量和动量。

在电磁场的作用下，静止的媒质一般可能发生三种过程：极化、磁化和传导。这些过程都会使媒质中出现宏观电流。极化和磁化公式的另一个重要限制是不能应用于铁电和铁磁情况。铁磁质是常用的磁性媒质之一。另外，在强场情况，即使普通的媒质，也会出现非线性现象。当电场超过一定限值时，电介质甚至会被击穿。电磁波在各向异性介质中传播时，常会发生一些复杂的现象，如双折射等。

在电动力学中，处理有媒质的电磁问题时，需要将麦克斯韦方程组和媒质的本构方程联立起来求解。对上面提到的那些特殊情况，根据其本构方程做特殊研究，其中有的方面甚至发展成为电动力学的专门分支。

富兰克林的雷电实验

富兰克林发现当雷电发生的时候，正电荷区和负电荷区之间的电场大到一定程度，两种电荷就会中和并放出火花，这种现象叫"火花放电"。火花放电时不但发生强烈的闪光，还发出巨大的响声。富兰克林认为，这种强烈的光就是闪电，响声就是雷鸣。

静电学

电磁学可以追溯至古希腊。在古希腊文献中记载了一些电磁现象。柏拉图（公元前427—公元前347年）曾提到"关于琥珀和磁石的吸引是观察到的奇事"。

吉尔伯特最先系统研究电磁现象 吉尔伯特（1544—1603年），英国女王伊丽莎白一世的御医。他是第一批通过实验对电现象和磁现象进行系统研究的人。他首先确定琥珀的吸引和磁石的吸引是两种不同的现象。磁石本身就具有吸引力，而琥珀则要经过摩擦；磁石只能吸引有磁性的物体，而摩擦过的琥珀则能吸引任何小物体。吉尔伯特把经过摩擦后能吸引小物体的物体叫做electric，意思是"琥珀体"，这就是英文中"电"的词根来源。

奥托·格里克发明摩擦起电机 奥托·格里克（1602—1686年），一个多才多艺的工程师，当过35年德国马德堡市市长。1654年，他利用自己发明的抽气机做过著名的马德堡半球实验。1660年，他发明了第一台可产生大量电荷的摩擦起电机，为进一步研究电创造了条件。后来牛顿对摩擦起电机做了改进，用玻璃球代替硫黄球，制成摩擦起电机。以后又有人不断改进。

电的传导 斯蒂芬·格雷（1666—1736年），生于英国一个手工业者家庭。他发现了电的传导现象，确定了有的物体是导电体，有的物体是非导电体。他把电容易通过的物体（如金属）叫做导电体，而把电难以通过的物体（如丝线）叫非导电体。格雷还做过一个有趣的实验：把一个小孩用几根粗丝绳水平吊起来，用摩擦过的带电玻璃管接触小孩的胳臂，孩子的手和身体便能吸引羽毛和铜屑。这表明，人体也是导电体。

电有两种　杜菲（1698—1739年），法国科学家。他先研究摩擦起电和电的传导，然后是电的排斥现象。他确定电有两种，其一为玻璃电（就是现在所说的"正电"），另一为树脂电（即现在所说的"负电"）。这两种电的特点是，它们自己互相排斥，而彼此互相吸引。

"莱顿瓶"　穆欣布罗克（1692—1761年），荷兰物理学家。他在从事电学实验时发现，如果把带电体放在玻璃瓶中，可以把电保存起来。后来人们把这个蓄电的瓶子叫做"莱顿瓶"。莱顿瓶几经改进后，瓶内外表面都贴上金属箔，瓶盖上插一金属杆，杆上端装一金属小球，下端用金属链子与瓶内表面接触，瓶内盛水，增大了瓶的蓄电能力，可以产生更强的电击。莱顿瓶的出现为进一步研究电现象提供了有力的手段。

富兰克林的雷电实验　富兰克林（1706—1790年），美国物理学家。他根据自己所观察到的现象，认为闪电和电火花是同一种东西，猜想闪电是带电的云大量放电产生的。他用丝手帕做了个风筝，风筝上安装一根尖铁丝，用来引云中的电。铁丝与放风筝的麻线连接在一起，麻线的下端系一段丝带和一把金属钥匙，钥匙作为导体，以备引出电来。放风筝时手握丝带，以防电对身体的伤害。1752年7月的一天，电闪雷鸣。46岁的富兰克林带着21岁的儿子来到牧场，把风筝放到天上有闪电的云层。他们观察到麻线上的小纤维都竖立起来，跟摩擦产生的电效果一样。他用手指靠近钥匙，立即有电火花从手指上闪过。他使莱顿瓶充电，再放电，产生的效果都跟摩擦电完全相同。这就是著名的富兰克林费城风筝实验。它清楚地证明了雷电就是一种放电现象，使人类对电的认识前进了一大步。后来富兰克林在此基础上发明了避雷针。

平方反比定律 库仑（1736—1806年），法国工程师和科学家，1785年开始研究电学，用他发明的扭秤研究带电体间的相互作用，建立了库仑定律。库仑制作的扭秤十分精细灵敏，使得他有可能直接测量不同距离下电荷之间微弱的静电力，并且确立了平方反比定律。库仑定律的发现，使电学进入了定量科学阶段，为静电学奠定了基础。1881年第一届国际电学大会决定用"库仑"作为电荷量单位。

2.6 在旋转的参考物体上钟和量杆的行为

迄今为止，由于我故意避而不谈空间和时间数据的物理解释，其结果是我在广义相对论的论述中犯了一些懒散的毛病，而这种毛病在狭义相对论中并不是无关紧要和可轻言宽宥的。现在予以疗救正当其时，但我要首先声明一点的是，这个问题可考验读者的耐力和抽象思维能力了。

让我们还是回到以前经常引用的十分特殊的情况中来吧。在考虑一个相对于参考物K（其运动状态已适当选定）不存在引力场的空间—时间区域时，对这个区域而言，K就是一个伽利略参考物，而且狭义相对论的结果对于K是成立的。我们假定以另一参考物体K_1来考察这个区域，并设K_1相对于K做匀速转动。为了使观念确定，我们设想K_1是一个平面圆盘，它在其本身固有的平面内围绕圆心做匀速转动。离开盘心的一个观察者感受到沿径向外作用的力，相对于参考物体K保持静止的观察者就会认为这个力是一种惯性效应离心力[1]。但是，

---

〔1〕以匀速转动系统为参考系时附加于系统内物体的惯性力，又称惯性离心力。设此旋转系统的角速度为ω，静止在这系统内的物体，如其质量为m，离转轴的距离为r，则从惯性系来看，客观存在一个其值为$mr\omega^2$的向心力迫使该物体转动。而从随之转动的非惯性系来看，该物体保持静止，要附加一个和向心力大小相等、方向相反的力，以维持表观的平衡。此力即惯性效应离心力。如果物体在此非惯性系内以v运动，则还受到和v、ω有关的另一种惯性力支配，即科里奥利力。

引力场效应

　　引力场对其周围的影响可以当作溅落的水珠。物质越重，凹入处越深，波及范围也越广。

根据广义相对性原理，圆盘上的观察者可以把圆盘当作一个"静止"的参考物体。他把对它起作用的，而且实际上对所有相对圆盘保持静止的物体都起作用的力看作是引力场的效应。然而，按照牛顿万有引力理论，这个引力场的空间分布似乎是不可能的。但是由于观察者相信广义相对论，所以这一点并不妨碍他的思考。他有相当正确的理由相信一个普遍的引力定律能够建立起来——该引力定律不仅可以正确地解释众星的运动，而且可以正确地解释观察者所体验到的力场。

　　这个观察者为了得出确切的定义来表达相对圆盘K_1的时间数据和空间数据的含义，于是便在圆盘上用时钟和量杆做实验。这些定义的基础源于他的观察，他又是怎样做的呢？

　　首先他将两个同一构造且相对圆盘保持静止的时钟放在圆心及圆盘的边缘，我们现在来自问自答，从非旋转性的伽利略参考物体K的立场来看，这两个时钟的快慢是否是相一致的呢？我们从参考物体去判断，圆盘中心的时钟并没有速度，而由于圆盘的转动，相对K的圆盘边缘的时钟是运动的。从上一章第十二节的结果可以得知，圆盘边缘的时钟永远比圆盘中心的时钟走得慢，也就是从参考物K去观察，情况就会如此。显然，在圆盘中心的观察者也会得到同样的效应。因此，在圆盘上，或者说在每一个引力场中，时钟走得快慢与否，要看时钟（静止）所放的位置。正是由于这样，合理的时间定义不可能通过借助相对参考物静止放置的时钟来得出，想要在这样的例子中引用最初的同时性定义有同样的困难，但对这一问题我不想再进行更深层次的讨论。

此外，空间坐标的定义在这个阶段也出现难以克服的困难，如果观察者采用他的标准量杆（一根与圆盘半径相比较短的杆）放在圆盘边缘与圆盘相切，根据伽利略坐标系来判断，这根杆的长度将小于1，因为在上一章第十二节中，运动的物体发生收缩是在运动的方向上。另一方面，如果把标准量杆沿圆盘半径置放，从参考物体K判断，量杆不会缩短。如果观察者用量杆先测量圆盘的圆周，然后测量圆盘的直径，两者相除后，所得到的商并非是大家熟知的 π =3.14…，而是一个更大的数。但对于相对K保持静止的圆盘，π 值则会准确地得出。这说明在转动的圆盘，或者说在一个引力场中，欧几里得几何的命题并非都是能严格成立的。如果把量杆在一切位置和每一取向的长度都算作1的话，那么直线的概念也就无任何意义。所以我们在讨论狭义相对论时所使用的方法，不能被相对于圆盘严格地作坐标x、y、z的定义所借鉴。在这一事件中，只要时间和坐标的定义没有详细给出，我们就不能指出在任何自然定律中出现的事件的严格意义。

因而，所有我们以前立足于广义相对论得出的结论似乎也就有了问题，在实际中我们必须制造一个巧妙的便捷之道才能严格应用广义相对论公设。我在下列章节将帮助读者对此做好准备。

相关问题 》乱弹：相对论中没有绝对时间

霍金实现零重力飞行的夙愿

2007年4月26日，霍金乘坐由波音727客机改装成的"重力一号"升空。飞机行至大西洋上空，失重历时两小时，共完成8次抛物线俯冲。霍金曾说，去世前还要实现很多目标，其中之一就是太空旅行。

相对论认为，时间是相对的，空间是相对的。霍金的《时间简史》第六章也强调，在相对论中没有绝对时间，这说明霍金是赞同相对论的。

然而，究竟什么是时间，不仅相对论不曾明确，霍金的所有理论也未能说明。事实上，整个物理学从古到今都不曾对时间进行准确定义。然而，时间概念却是整个物理学基础的基础，这是常识。

尽管物理学不曾准确定义时间，这并不妨碍物理学应用时间。物理学关于时间的最典型的例子，就是爱因斯坦用两个相同的钟来测量不同地点的同时性。这个事例告诉人们，尽管物理学没有定义时间，但时间是绝对的可以通过钟表来测量的。可是，钟表测量的时间究竟是一个怎样的"时间"概念呢？智慧人类的物理学至今都没有迈过这个不是坎的"坎"。

事实上，钟表自诞生以来就是一种人造工具，是一种用于测量或记录地球每天的具体时间的工具，是一个独立于地球且能够运行的机械系统，并与地球每日的自转周期同步。其同步性越高，则精度也越高。既然钟表可以测量地球时间，那么，时间则是具有一个可以彻底认识与揭示的客观规律。

最狭义的时间概念，就是地球这个主体在太阳系中自转一圈的快慢程度，"时、分、秒"就是对其每日自转的快慢程度的细化描述。

站在宇宙空间天文学的广义角度来分析，时间的本质意义，是天体（物体）在宇宙空间的准确位置和运动的过程。因此，时间必然是绝对的。时间必然有其"主体、空间位置、运动"三大特性。地球上的万事万物，必然是由地球时间所承载的。

以光年测距

光年是距离单位，一般被用于衡量天体间的距离，指光在真空中沿直线传播一年的距离。1光年=9.46×10^{12}千米。上图为NGC1316星系，这个星系的尘埃勾勒出"上帝脸"的轮廓，让人感到不可思议。这个星系距地球7 500万光年，是一个遥远的世界。

站在宇宙太空的角度，所有星系（天体）的运动是确切、整体化的，因此，天体间的时间具有可以比较和互相换算的特性。宇宙的时间是可视的、一体化的。

时间是从宏观到微观、从纵向到横向的一体化并列之物。我们可以找到一个共同的焦点来进行相互换算。其中，天文学以光年为计时测距单位，是地球时间之计时单位的换算方法。因为，光速中的时间单位是地球时间的"秒"，尽管以光速运行一年（地球年）作为基本度量单位，其形式也只是地球时间放大后的形式。

时间是天体的运动特性。运动的系统与系统之间的时间具有可比较的特性。时间的并列关系，即是这种可比较性的本质。天体系统彼此之间的时间及并列特性，是指系统与系统的同时存在、同时运动规律，

奥巴马为霍金颁奖

　　霍金的《时间简史》自出版以来，已成为全球科学著作的里程碑。它被翻译成40种文字，销售超过1千万册，成为国际出版史上的奇观。该书内容是关于宇宙本性的前沿知识，从那以后无论在微观还是宏观宇宙世界的观测技术方面都有了非凡的进展。直至目前，这些观测证实了该书的许多预言。上图为2009年8月13日，美国总统奥巴马为表彰霍金在科学领域所做的杰出贡献授予他总统自由勋章。

　　这种同时性是绝对的。站在宇宙的角度去看，并列，意味着同时存在，同时发生各自的运动。

　　爱因斯坦的狭义相对论建立在两条基础假设之上：一是相对性原理，即惯性系上的一切物理定理都具有同样的表达方式；二是光速不变原理，即光速具有最高并恒定的速度，与发光体是否运动无关。然而，一方面，假如地球上的一切物理定理正好不是在一个惯性系上总结的，那么，建立相对论的第一条基本假设前提则不能成立。事实上，地球不仅有公转，更有自转，它不是一个保持匀速直线运动的惯性系。另一方面，相对论的结论里，时间是相对的，空间是相对的，可是这显然与建立狭义相对论的第二个前提条件"光速不变原理"相矛盾。因为，如果没有光速不变，则不能推导相对论及结论。既然相对论的结论是"时间是相对的"，则显然与建立它的前提条件之一的光速不变原理中的绝对的时间和空间相矛盾。即如果时间和空间不是绝对的，那么光速不变原理则无法说起。可见，狭义相对论无疑存在着明显的谬误。

　　现在的问题是，关于时间课题，霍金教授在《时间简史》中，一是以石头击水所扬起的波纹之特性，提出时间锥理论（时间概念），二是提出了虚时间的概念。

然而，这个问题值得商榷：一方面时间是可以用钟表来测量的，可是时间锥无法用钟表来测量，因此时间锥与时间的真实的本质大相径庭；另一方面，霍金教授自己也不能详细与准确地描述"虚时间"，而是在关于《〈时间简史〉之简史》一文中这样公开地回避他自己提出来的"虚时间"概念："虚时间，它对于赋予历史的求和以数学意义不可或缺。现在回想起来，当初我应多花些工夫去解释这个非常困难的概念。虚时间似乎是人们在阅读时遭到的最大障碍。其实，实在没有必要准确理解何为虚时间——只要认为它和我们称之为实时间的不同即可。"这就是霍金的虚时间，一个连霍金自己也糊里糊涂的物理概念。

关于什么是时间，霍金、爱因斯坦以及整个物理学界，都不能给予一个准确的定义，仅仅只是盲目地应用时间，以钟表来测量时间，研究时间，描述时间，但最终却总是自觉或不自觉地远离了时间的本质。

时间是天体及其物体的自然属性，不以人的意志为转移，是一种实实在在的运动形式，必然不可能为虚。由于天体的运动是不可逆的，因此，时间也不可能为负，仅仅有过去、现在、将来而已。提出负时间或虚时间之观念与理论者，无论他是科学理论界多么权威的人士，也不能改变时间的自然属性。显然，"虚时间"是霍金在物理学上引入的一个谬误性概念。

2.7 欧几里得和非欧几里得连续区

一张表面是大理石的巨大桌面在我面前展开，我可以在这个桌面从一点到达任何其他一点，即连续从一点指向"邻近的"另一点，并可重复这个过程若干（任意）次。换句话说，点对点的运动无须从一点"跳跃"到另一点。我想读者一定能清楚明白所说的"邻近的"和"跳跃"的意思（如果他不过于纠缠字面意思的话）。我们明确地把这一明显的性质用来描述桌面的一个连续区。

我们既然已经设想了许多长度相等的小棍，它们的长度同表面为大理石板的桌面相比是相当短的。这里的长度相等，指的是把其中的一个小棍与另一个小棍竖直起来，它们的上下两端都能重合。其次，我们取四根小棍在桌面上构成一个对角线长度相等的四边形（正方形），为了保证对角线相等，另外一根小棍将成为我们的测量棍。然后我们把相似的另外一些正方形加到这个正方形上，每一个正方形都有一边与第一个正方形共有。对于这些正方形我们都采取相同的做法，直到最后整个桌面都铺满了为止。在这一排列中，每一正方形的每一边都隶属于两个正方形，每一隅角都隶属于四个正方形。

如果尽力避免在困惑中迷失方向而把这项工作做好的话，我们会发现当三个正方形相会于一隅角时，第四个正方形的两边就已经给出。因此，这个正方形另两边的排列位置也就完全确定，但是这时我已经不能安排合适的角度使这个四边形的两根对角线相等。如果这两根对角线自己趋向相等，那么我就只能怀着感激的心情将这一切归咎于大理石板和小棍的特别恩赐而惊奇不已。我们必须经历许多这样的惊奇，如果上述解释是正确的。

如果要每件事都进行得真实而平稳，那么大理石板上的诸点对于小棍而言构成一个欧几里得连续区，这里的小棍被习惯性地当作"距离"（线间隔）使用。选取正方形的一个隅角作为"原点"，我能将任一正方形的任意隅角相对于原点的位置用两个数来表示。我仅仅需要声明的是，我从原点出发，继续向"右"走和向"上"走，经过了多少根杆子才能到达所考虑的正方形的隅角呢？这两个数就是"笛卡尔坐标系"的"笛卡尔坐标"，由隅角相对于排列的小杆而确定。

如果改变一下这个抽象的实验，我们会认识到一定会出现实验不能成功的案例。我们假定这些杆子是"膨胀"的，膨胀的量值与温度升高的量值成正比。我们使大理石板的中心部分变热，但外围的热量不变，在此情况下，我们仍然能使两根小棍在桌面上的每一位置相重合。但在加热期间我们的正方形必然会受到扰乱，因为桌面中心的小棍膨胀了，而外围部分的小棍则不膨胀。

我们将小棍定义为单位长度。这块大理石板就不再是一个欧几里得连续区，而且我们的小棍也不可能被借用来定义笛卡尔坐标，因为上面的作图法不能够完成。但是由于有一些其他的东西并不像受桌子温度影响的小棍般（或许丝毫不受影响），因而我们有可能对下述观点持自然的支持态度，即大理石板仍是一个"欧几里得连续区"，所以我们要满意地实现欧几里得连续区，就必须对长度的量度或比较做一个更为巧妙的约定。

但是如果把各种杆子（例如各种材料所制的）放在冷热不均的大理石板上时，它们对温度的反应都是相同的。如果除了杆子之外，我们没有其他的方法来探测温度，于是我们最好的办法就是：只要能够使我们的一根杆子的两端与石板上的两点的距离相重合，我们就将该两点之间的距离定义为1。因为如果不这样，我们将在对距离下定义时犯任意独断的错误。所以，我们只有舍弃笛卡尔坐标，而以不采取欧几里得几何对刚体的有效性这一方法来代之。读者们将会看到，这里所描述的情形符合广义相对论公设（本章第六节）。

相关问题 » 欧几里得几何

欧几里得几何简称欧氏几何。它是相对非欧几里得几何而言，以欧几里得平行公理为基础的几何学。由古希腊数学家欧几里得创始。在此之前，古希腊学者泰勒斯已开始了命题的证明；毕达哥拉斯学派已发现了勾股定理、不可通约量，并知道了五种正多面体的存在；雅典的智人学派提出三等分任意角、倍立方和化圆为方几何作图三大问题；安提丰和欧多克索斯提出并改进了穷竭法；埃利亚学派的芝诺提出有关无穷的四个悖论；原子论学派的德谟克利特用原子法得出锥体的体积公式等。加之柏拉图学派提倡智力训练和逻辑思维的培养，欧多克索斯用公理法创立比例论，亚里士多德形式逻辑的奠基，使几何公理化水到渠成。约公元前300年，亚历山大学派的创始人欧几里得按照逻辑系统把几何命题整理起来，用公理法建立起演绎体系，完成巨著《几何原本》，使几何成为一门独立的、演绎的科学。

《几何原本》是欧几里得几何的奠基作，几乎包含了现在中学所学的平面几何、立体几何的全部内容。它是由定义、公设、公理、命题组成的演绎推理系统。每一个命题（相当于现在的定理）都是以公设、公理或它前面的命题作为证明的依据，按逻辑相关性排列而成。欧几里得的这种逻辑地建立几何的尝试，成为现代公理法的源流，在历史上受到很高评价。

欧几里得

欧几里得的重大功绩是编写了《几何原本》。从来没有一本书，像《几何原本》这样长期占据着几何学教科书的头把交椅。从1482年以来，《几何原本》竟然印刷了1000版以上。在那之前，它的手抄本统御几何学达1800年之久。欧几里得的影响是如此深远，以至于欧几里得和几何学成为了同义词。

»» 非欧几里得几何

非欧几里得几何是不同于欧几里得几何的几何体系，简称"非欧几何"，一般是指罗巴切夫斯基几何（双曲几何）和黎曼的椭圆几何。它们与欧氏几何最主要的区别在于公理体系中采用了不同的平行公理。

非欧几何的历史渊源可追溯到人们对欧几里得平行公理的怀疑。从古希腊时代到公元1800年间，许多数学家都尝试根据欧几里得的其他公理去证明欧几里得平行公理，结果都以失败而归。19世纪，德国数学家C. F. 高斯、俄国数学家H. 罗巴切夫斯基和匈牙利数学家J. 波尔约等人各自独立地认识到这种证明是不可能的。也就是说，平行公理是独立于其他公理的，并且可以用不同的"平行公理"替代欧几里得平行公理而建立非欧几何。高斯关于非欧几何的信件和笔记在他生前一直没有公开发表，只是在1855年他去世后出版时才引起人们的注意。罗巴切夫

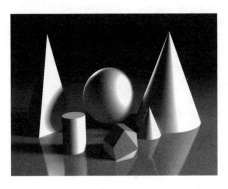

几何学

几何学一般可以分为欧氏几何和非欧几何。欧氏几何有时单指平面几何，但《几何原本》也涉及了一部分立体几何，比如研究正多面体等问题。而非欧几何泛指一切不同于欧氏几何的几何学，不过通常意义的非欧几何只包括罗氏几何和黎曼几何。

斯基和波尔约分别在1830年前后发表了他们的关于非欧几何的理论。在这种新的非欧几何中，替代欧几里得平行公理的是罗巴切夫斯基平行公理：在一平面上，过已知直线外一点至少有两条直线与该直线共面而不相交。由此可以演绎出一系列全新的无矛盾的结论。在这种几何里，三角形内角和小于两直角。当时罗巴切夫斯基称这种几何学为"虚几何学"，后人又称为"罗巴切夫斯基几何学"，简称"罗氏几何"，也称"双曲几何"。

德国数学家D.希尔伯特于1899年发表了著名的《几何基础》一书，严密地建立了欧几里得几何的公理体系。它由五组公理组成，即结合公理、顺序公理、合同公理、平行公理及连续公理（见欧几里得几何）。由结合公理、顺序公理、合同公理、连续公理四组公理所建立的体系称为"绝对几何公理体系"。绝对几何公理体系加上罗氏平行公理，就构成了罗巴切夫斯基几何的公理系统。

绝对几何是欧氏几何与罗氏几何的公共部分，也就是说，绝对几何的全部公理和定理在两种几何里都成立。例如命题"任意一个三角形内角和不能大于两个直角"是绝对几何里的定理。

罗氏平行公理。它是欧氏平行公理（通过直线外一点只有一直线与已知直线共面不交）的否定命题，即"避过直线外的每一点至少有两条直线与已知直线共面不交"。

2.8 高斯坐标

　　高斯坐标分析问题的方法与几何方法结合起来可由下述途径达成。设想我们在桌面上画一任意曲线系U，并且每一根曲线用一个数来标明。图中的曲线有$U=1$、$U=2$和$U=3$，假如在$U=1$和$U=2$之间有无限多的曲线而且这些曲线对应于1和2之间的实数，于是我们得到一个"无限稠密"的、布满整个桌面的U曲线系。

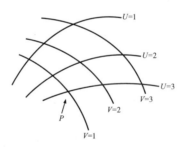

　　这些U曲线系是彼此不相交的，桌面上的每一点都必须有一根而且仅有一根曲线通过，这样，桌面上的每一点都有一个确定了的U值。以同样的方式画一个所满足的条件与U曲线相同的V曲线系于桌面，V曲线标有的数字以及其任意形状与U曲线一致。于是，桌面上除了U值外，还有一个V值，这便是我们称之为桌面的坐标（高斯坐标）。例如，图中的P点就有（$U=3$，$V=1$）这一高斯坐标，桌面上相

邻的P和P′就有其各自对应的坐标:

P: U, V

P′: U + Du, V + Dv

这里的Du和Dv是标记很小的数。依次类推,我们可以好似把一根小棍当作量杆般,用Ds这一很小的数表示P和P′的线间隔距离,根据高斯的记述,我们有:

$$Ds^2 = G_{11}DU^2 + 2G_{12}UDV = G_{22}DV^2$$

这里的G_{11}、G_{12}、G_{22},取决于U和V的量,是一种完全确定的方式。这三个量,G_{11}、G_{12}、G_{22}是决定量杆相对于U和V的曲线的行为,亦是决定量杆相对于桌面的行为。我们所考虑的桌面上的诸点相对于量杆构成了一个欧几里得连续区。只有在产生这一连续区的情况下,我们画出或用数学公式简单地将U曲线和V曲线表示出才有成功的可能。现在,我们用数字表述如下:

$$Ds^2 = DU^2 + DV^2$$

这个公式说明:在所表述出来的条件下,U曲线和V曲线是欧几里得几何里相互垂直的直线,而且高斯坐标亦成了笛卡尔坐标。很明显,高斯坐标在这里表现出的是彼此相差极微的数值与"空间中"相邻的点的一种连续统一的关系。

这些对二维连续区的论述迄今为止是成立的,但高斯的方法也可运用于更多的连续区,如三维、四维或多维等。对一个四维连续区,我们可以这样来表示:我们取任意四个数值x_1、x_2、x_3、x_4,它们如果与四维连续区中的每一点都是连续统一的,就被称为"坐标",相邻的点与相邻的坐标值相对应。而且从物理的观点来看这两个相邻点的距离是可以测量和被明确规定了的,那么下式成立:

$$Ds^2 = G_{11}Dx_1^2 + 2G_{12}Dx_1Dx_2 + \cdots + G_{44}Dx_4^2$$

其中，作为一个等量的值，G_{11} 随连续区中位置的变化而变化，要使坐标 x_1，…，x_4 与这个连续区的点有连续统一的关系，必须得使该坐标是一个欧几里得连续区，如果关系式成立，我们便有：

$$Ds^2 = Dx_1^2 + Dx_2^2 + Dx_3^2 + Dx_4^2$$

这一情况表明，一些与三维测量相似的关系同样适用于四维连续区。但在用高斯方法表述 Ds^2 时，其主要问题是必须使我们所考虑的连续区中各个极其微小的区域都被看作是欧几里得连续区，这一并不经常适用的方法才有可能成立。在考虑大理石桌面和局部温度受热不均匀而产生变化这一点上，这种方法是成立的。温度被桌面的一小部分面积视为恒量，因而小杆的几何行为基本能够符合欧几里得几何的法则。只有当用正方形作图法作图，其作图的面积占桌面极大部分时，它的缺陷才会明显地显露出来。对此，我们的总结是：高斯对一般连续区的表述，发明出了一种数学的方法，在其中他定下了"大小关系"（相邻点的距离）的定义。对于一个 n 维的连续区中的每一点，高斯皆以 n 个数字标出（高斯坐标），每个点所标的数字是独一无二且相邻点之间亦以一个彼此之间无穷小的数（高斯坐标）来标出。高斯坐标既是笛卡尔坐标系的推广，也适用于非欧几里得连续区。当然，这一适用是有限制的，也只有在相对于既定的"大小"或"距离"的定义中，以及所考虑的连续区中各个区域部分越小，表现得越像一个真正的欧几里得系统时才有用。

相关问题 » 高斯：学讲话前就学会了计算

高斯的父亲是泥瓦厂的工头，每星期六他总是要发薪水给工人。高斯3岁那年夏日的一天，高斯的父亲正在给工人发薪水，小高斯站起来说："爸爸，你弄错了。"然后他说了另外一个数目。重算的结果证明小高斯是对的，大人被惊得目瞪口呆。

高斯说，他在学讲话之前就已经学会了计算。

高斯10岁时做的那道题——求$1+2+3+\cdots+99+100$之和，充分展现了高斯的数学天分。

高斯，德国数学家、物理学家和天文学家，长期任哥廷根大学教授，哥廷根天文台台长。早期研究数论，成果收入他所著的《算术研究》，对超几何级数、复变函数

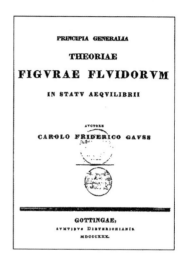

高斯的一篇论文

高斯是德国数学家、天文学家和物理学家，他和阿基米得、牛顿共享盛名。他的成就遍及数学的各个领域，在数论、非欧几何、微分几何、超几何级数、复变函数论以及椭圆函数论等方面均有开创性贡献。他十分注重数学的应用，并且在对天文学、大地测量学和磁学的研究中也偏重于用数学方法进行研究。

论、统计数学、椭圆函数论有重大贡献。他的曲面论是近代微积分几何的开端。他建立了最小二乘法，并沿着拉普拉斯的思想方法，继续发展了势论。对物理、天文学、测地学等也有很大贡献。他奠定了在平衡状态下液体的理论基础；研究地磁强度，与德国物理学家韦伯共同建立了电磁学中的高斯单位制；用自己的行星轨道计算法和最小二乘法算出意

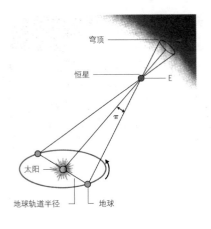

穹顶

恒星　　　　E

π

太阳

地球轨道半径　地球

高斯与天文学

高斯担任哥廷根大学天文台台长后，开始迷上了天文学，此后他用了10年的时间把几何与天文学结合起来，并在晚年写成了《天体运动论》，创立了测量行星运行轨道的理论。上图显示测量恒星距离的方法：测量恒星E的距离，是靠他的年视差π来推算的。年视差则靠从地球上观测该恒星相隔半年在天空穹顶移动的距离来测量。

大利天文学家皮亚齐（1746—1826年）发现的谷神星的轨道；晚年写成了《天体运动论》。曾独立发现"非欧几何学"，但未发表。此外，还有向量分析的高斯定理、代数基本定理的证明、正十七边形的作图、关于正态分布的密度曲线、质数定理的验算等研究成果。有《高斯全集》十一卷。

》》 极坐标系

极坐标系是由一个极点和一个极轴构成，极轴的方向为水平向右。平面上任何一点 P 都可以由该点到极点的连线长度 ρ（>0）和连线与极轴的交角 θ（极角，逆时针方向为正）所定义，即用一对坐标值 (ρ, θ) 来定义一个点。

》》 平面极坐标系

在平面问题中只需用二维坐标系就够了。常用的二维坐标系中，有二维直角坐标系和平面极坐标系。利用平面极坐标系研究曲线运动，特别是圆周运动非常方便。

在所研究的平面内，取参考系上一固定点 O 作为极点，过极点作一条固定射线 Oa（或 Ox）作为极轴，就构成了平面极坐标系。对于平面内任意一点 P，连线 OP 称为点 P 的极径，用 ρ 表示；自 Oa 到 OP 所转过的角称为点 P 的极角，用 θ 表示。极径和极角，即（ρ，θ）是唯一确定点 P 位置的两个量，就称为点 P 的极坐标。

哥廷根数学研究所

哥廷根学派是在世界数学科学的发展中长期占有主导地位，坚持数学的统一性。高斯开启了哥廷根数学学派的时代，并在此发现了非欧几何，但是，高斯由于害怕这种新几何会激起学术界的不满，由此影响他的声誉，在他生前一直没敢把自己的这一重大发现公之于世。

显然，平面极坐标与二维直角坐标之间的变换关系可以表示为

$$x = \rho \cos \theta \quad y = \rho \sin \theta$$

$$\rho = \sqrt{x^2 + y^2} \quad \theta = \arctan \frac{y}{x}$$

我们可以利用这种关系，在这两种坐标系之间互相转换。在平面极坐标系中，也定义了两个单位矢量，即径向单位矢量和横向单位矢量。径向单位矢量沿极径增大的方向，横向单位矢量与径向单位矢量垂直，沿极角增大的方向。

应该指出的是，径向单位矢量的方向和横向单位矢量的方向都是随所讨论的点的位置的不同而不同。若质点的位置在随时间变化，则这两个单位矢量的方向也都在随时间变化。正因如此，我们说它们都是时

间的函数，并分别表示为和。表面看起来，这使得运动学公式变得繁杂了，而实际上正是由于这一特点，使问题变得更加简明了。

» 高斯平面直角坐标系

利用高斯投影法建立的平面直角坐标系，称为高斯平面直角坐标系。在广大区域内确定点的平面位置，一般采用高斯平面直角坐标。

高斯投影法是将地球划分成若干带，然后将每带投影到平面上。投影带是从首子午线起，每隔经度6°划分一带，称为6°带，将整个地球划分成60个带。带号从首子午线起自西向东编，0°～6°为第1号带，6°～12°为第2号带……位于各带中央的子午线，称为中央子午线。

我们把地球看作圆球，并设想把投影面卷成圆柱面套在地球上，使圆柱的轴心通过圆球的中心，并与某6°带的中央子午线相切。将该6°带上的图形投影到圆柱面上。然后，将圆柱面沿过南、北极的母线剪开，并展开成平面，这个平面称为高斯投影平面。中央子午线和赤道的投影是两条互相垂直的直线。

规定：中央子午线的投影为高斯平面直角坐标系的纵轴 x，向北为正；赤道的投影为高斯平面直角坐标系的横轴 y，向东为正；两坐标轴的交点为坐标原点 O。由此建立了高斯平面直角坐标系。

地面点的平面位置，可用高斯平面直角坐标（x，y）来表示。

2.9 狭义相对论的空间—时间连续区
可当作欧几里得连续区

　　闵可夫斯基只在第一章第十七节谈及的一个概念，我们现在已有更严谨的表述。按狭义相对论，对于四维空间　时间连续区，我们要优先用被称为"伽利略坐标系"的某些坐标系来描述。这些坐标系在确定一个事件，或者说在用 x、y、z、t 四个坐标确定四维连续区中的一个点时，在物理意义上有简单的定义，对此第一部分已有论述。洛伦兹变换方程的完全有效性，在于从一个伽利略坐标过渡到相对于这个坐标系做匀速运动的另一个伽利略坐标。作为表述光的传播定律对于一切伽利略参考系的有效性，洛伦兹变换方程是构成从狭义相对论导出推论的基础。

　　闵可夫斯基发现洛伦兹变换满足下列简单条件。让我们考虑两个在四维连续区中的相对位置是参照伽利略参考物体 K，用空间坐标差 dx、dy、dz 和时间差 dt 来表示的相邻事件。若它们参照另一伽利略坐标系的差为 dx_1、dy_1、dz_1、$c\,dt_1$。那么这些总是满足条件：

$$dx^2 + dy^2 + dz^2 - c^2 dt^2 = dx_1^2 + dy_1^2 + dz_1^2 - c^2 dt_1^2$$

这个条件确定了洛伦兹变换的有效性，对此我们说：属于四维空间—时间连续区两个相邻点的量

$$ds^2 = dx^2 + dy^2 + dz^2 - c^2 dt^2$$

对于一切选定的（伽利略）参考物体的值都相同。若用 x_1、x_2、

x_3、x_4代换x、y、z、$\sqrt{-1} \cdot ct$，也会得出相同结果：

$$ds^2 = dx_1^2 + dx_2^2 + dx_3^2 + dx_4^2$$

即与参考物体的选取无关。量ds为两个事件或两个四维点之间的"距离"。

因而若将选取的虚量作为时间变量，$\sqrt{-1} \cdot ct$就可以狭义相对论把空间—时间连续区当作一个"欧几里得"四维连续区，该结果可由前节论述推出。

相关问题 》》 球面坐标

我们把目光从平面转向曲面，就会发现：用单一的直角坐标系不能覆盖整个曲面。在曲面上，使用曲面坐标系显然更为直接和方便。在我们最为熟悉的曲面——球面上，人们经常使用球面坐标。它其实就相应于用以标识地球表面上某点位置的"纬度"和"经度"。

球面坐标，是空间的一种曲线坐标。

空间中之任一点P，其参数为：①P之半径$r = OP$，即P至一固定点O之距离，O称为极；②P之余纬度θ，即向量和一固定轴ON之夹角，ON称为极轴；③P之经度φ，即平面NOP和一含极轴之固定平面NOA之夹角，此固定平面称为原子午面。

通常限制此三个参数之范围为$0 < r < \infty$，$0 \leqslant \theta \leqslant \pi$，$0 < \varphi < 2\pi$。在极轴上之点，$\varphi$可为0和$2\pi$间之任意实数。

球面坐标之坐标曲面为：①$r =$ 常数$\neq 0$，为同心的球面，心在极点；②$\theta =$ 常数$\neq 0$、$\pi/2$或π，为直圆锥面，顶点在极点，轴为极轴。

若 $\theta = 0$、$\pi/2$ 或 π，为平面；③$\varphi =$ 常数，为含极轴之平面。

若我们建立一直角坐标系，使原点和极点重合，极轴为公轴，原始子午面为XOZ平面，则可以得到球面坐标和直角坐标间之关系为：

$$x = r\sin\theta\,\frac{1}{4}\cos\varphi$$

$$y - r\sin\theta\,\frac{1}{4}\sin\varphi$$

$$z = r\cos\theta$$

有时候我们用 P 代表半径，φ 代表余纬度，θ 代表经度。球面坐标亦称为地理坐标，或空间的极坐标。

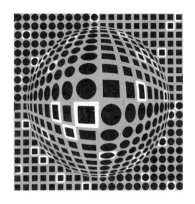

欧氏空间曲面

一条动线，在给定条件下，在空间中作连续运动，其轨迹就形成了曲面。常见的曲面如球面、环面都是可定向的；但也有不可定向的曲面如麦比乌斯带等等。

》 任意坐标系

坐标系的设置存在很大的任意性。在平面上，除了上文提到的直角坐标系和极坐标系之外，还可以设置诸如斜角坐标系、椭圆坐标系、曲线坐标系等。

在同一个曲面上，引入的坐标系不同，度规各分量一般也会有不同的值。它们由坐标变换关系互相联系，并且可以互相变换。

》 时空连续区和物质的关系

时空同物质紧密联系，已成公理，而时间和空间是否可以脱离物

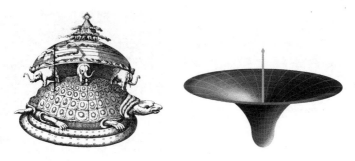

从乌龟塔到时空弯曲

古代的时空观之一声称时空是位于龟背之上，而现代科学则认为时空呈现出弯曲的状态。

质而独立存在，则令人费解。

时间和空间是客观的。物质就其含义而言，应该包括时间和空间。

我们以具体实物来说明。时间和空间不能离开物质。把一实物从时空连续区搬走，而时空连续区仍然存在。这时，物质似乎已脱离了空间和时间。但时空连续区存在于空间和时间，是以空间为基础和条件的。这个时间，是静止的时间，也就是空间。时空连续区的时间和空间，其实质是空间，我们认定的这个时空连续区的时间和空间，其实是空间存在，而时间业已转化为空间。在空间上，根据空间创造运动而创造实物的原理，物质尚未形成时间，时间在这里其实充当了我们所不能证实和发现的实物。由无到有的空间的缩小、时间增大、实物质量增加的事实，充分给我们证明了物质在一定条件下所表现的不同形式，就是说，在时空连续区假定的实物搬走以后，留下的空间和空间中的时间就是我们所要寻找的物质。如果我们在留下的一无所有的空间中等待漫长的几千年，我们就可以证实一个新的微小的实物在空间的运动中又诞生了。这也就是宇宙中生命诞生及物质形成的最新型的理论。

空间和时间不能离开具体的物质而存在，其意思是要求证明在空间上，物质与空间和时间的不可分割性。而在时间上，即在具体的实物形式上，物质与时空不可分割的性质已被狭义相对论证实无疑。

这样，我们就可以认定，时空中的时间就是目前尚未认识到的物质。而时间的存在不可怀疑。所以，当时空连续区的实物和"场"搬走以后，留下时间和空间恰好说明是离不开物质的。而以时间的形式存在的物质其本身就是时间，可见，空间和时间是不能离开物质而独立存在的。

2.10 广义相对论的空间—时间连续区
　　 不是欧几里得连续区

在本书第一章中，我们对狭义相对论简单而直接的物理性解释基于空间—时间坐标，这种空间—时间坐标在本章第九节是四维笛卡尔坐标，而这样做的基础建立于光速恒定定律。但是按照本章第四节，这个定律不适于广义相对论。根据广义相对论，我们得出，光速依赖于坐标的依据是必须存在有一个引力场。在本章第六节对一个具体例子进行讨论时，我们发现，正是由于引力场的存在，我们用来解释狭义相对论的坐标和时间的定义便失效了。

由于考虑到这些结果，我们于是深信，依照广义相对论，不能把空间—时间连续区认为是一个欧几里得连续区。我们认为是一个二维连续区的，只有在大理石板上局部温度存在变化的这一例子。在那里，等长的杆不能构成一个笛卡尔坐标系，因此这里的系统（参考物）也不可能用刚体和钟建立，使得量杆和钟在严格地做好安排的情况下直接指示位置和时间。这种困难的实质我们在本章第六节中曾经遇到过。

但是上述本章第八节和第九节的论述给我们指出了战胜困难之路。当我们提及四维空间—时间连续区时，高斯坐标将是该连续区的一个可任意利用的参照坐标。我们指派连续区的每一个点（事件）为四个数 x_1, x_2, x_3, x_4（坐标），这些数没有丝毫的直接物理意义，它们仅有的目的是以编号的方式将连续区的各点明确而任意地标出，它们的排列方法不需要把 x_1、x_2、x_3 当作"空间"坐标，一定要把 x_4 作为"时间"坐标。

读者或许会认为，用这样一种方式来对世界进行描述显然是极不严谨的。如果作为特定坐标的

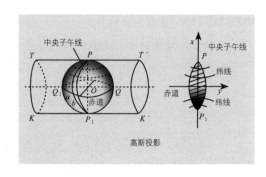

高斯投影

高斯平面直角坐标

当人们测绘大面积地形图时，一般采用高斯平面直角坐标系。它用分带（经差6度或3度划分为一带）投影的方法，每一投影带展开成平面，以中央子午线的投影为纵轴 x，赤道的投影为横轴 y，建立统一的平面直角坐标系统，解决了地面点向椭球面投影而后展绘于平面上的投影变换问题，满足了测绘大面积地形图的需要。

x_1、x_2、x_3、x_4 本身无丝毫意义的话，那么将一个事件用这些坐标表示又有何意义？然而，更加小心的考虑说明，这种担忧是没有理由的。以我们正在考虑的一个正在做任意运动的质点为例，如果这个点只是刹那间存在，而没有一个持续期间，那么该点在空间—时间的描述，即由单独的 x_1、x_2、x_3、x_4 表示。因此对于永久的点，对其描述的数值必须有无穷多个，并且其坐标值必须紧密相连，以便能显示出连续性，与此质点相对应的便是四维连续区中的一条（单一空间的）线。同样地，任何这样的线，必然也与连续区中许多运动的点相对应。唯一需要注意的是，对这些点具有物理存在意义的陈述，只局限于对质点间相遇时的描述。用数学的方法来阐述这些质点的相遇，就是两条代表了点的运动线各有特殊的坐标值 x_1、x_2、x_3、x_4 是公有的。经过充分考虑后，读者无疑会承认，这实际性的时间—空间性质是构成我们

物理陈述中唯一的真实证据。

当我们描述相对参考物的质点的运动时，其主要着眼点在于该点与参考物体上的各个特定点的相遇。我们同样也可以通过观测时钟的指针和指针盘上特定的点来确定相应的时间值。对这一道理稍加考虑，就会明白，这与用量杆进行空间测量时的情况完全一样。

下面的陈述一般都是有效的：每一个物理描述可分成本身的多个陈述，每一个陈述都与A、B两事件在空间—时间上相重合。高斯坐标对这一陈述的表达是：两事件的四个坐标x_1、x_2、x_3、x_4是相符合的。因此高斯坐标对时空连续区的描述就不会有必须借助一个参考物体的描述方式的缺点，这种描述方式不必因所描述的连续区是否具有欧几里得的特性而有所限制。

相关问题 》》 绝对时空与相对时空

宇宙究竟是无限的，还是有限的？这是一个古老而又新鲜的宇宙尺度之谜。

德国哲学家、星云起源说的假设者康德曾经提出著名的时空悖论，指出在关于宇宙到底是无限的还是有限的这个问题的理解上，人们必然存在着难以摆脱的矛盾。

牛顿曾设想：宇宙像一个既无限又空虚的大箱子，里面均匀地分布着无数恒星，它们靠着万有引力的作用而互相联系。他的观点引出了有名的"光度怪论"（即"奥伯斯佯谬"）。

为什么夜晚比白昼暗得多？如果宇宙果真无限广阔，而其中又果

膨胀尺度

膨胀的宇宙

　　根据完全宇宙学原理，哈勃常数不仅对空间各点是常数，而且不随时间变化而变化，所以宇宙的膨胀在时间和空间上都是均匀的。空间在膨胀，而物质的分布又与时间无关，这样就必须有物质不断产生出来以"填补真空"，也就是填补宇宙膨胀所产生出来的空间。通过完全宇宙学原理和爱因斯坦场方程可以求出宇宙的时空结构，从而得到宇宙的三维曲率为零，即三维空间是平直的。

真均匀地分布着无限多个星体，那么在无数个"太阳"等距离照耀下的夜空，理应明亮得如同白昼。这样的推理合乎逻辑，但结论却与事实相悖。这是德国天文学奥伯斯于1826年向科学界提出的疑难问题。

　　1917年，爱因斯坦提出了有限宇宙的模型，他认为，"把宇宙看作一个在空间尺度方面是有限闭合的连续区"，并从宇宙物质均匀分布的前提出发，在数学上建筑了一个前所未有的"无界而有限""有限而闭合"的"四维连续体"，即一个封闭的宇宙。根据爱因斯坦这个"球体宇宙"模型推想，在宇宙任何一个点上发出的一道光线，将会沿着时空曲面在100亿年后返回它的出发点。同时，爱因斯坦还认为，宇宙赖以存在的时空都是弯曲的，从而突破基于平直空间的欧几里得几何的束缚，推导出宇宙无边界的结论。弯曲时空是一种全新的概念，它抹去了宇宙学研究中原有的机械形式部分。爱因斯坦狭义相对论把三维空间和

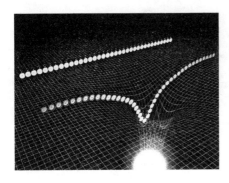

时空弯曲

广义相对论认为，弯曲的空间可以产生引力（时间由于在它们中间的质量和能量的分布而弯曲，这一弯曲的结果就是引力），任何以直线前进的物体在经过弯曲的时空时，其路径会被弯曲的时空改变，爱因斯坦用弯曲的时空特性成功地解释了天体运动规律。

一维时间联系起来，成为"四维时空统一体"。这种四维时空只是人们习以为常的三维欧几里得空间的简单推广，它依然是平直的；直就是直，曲就是曲，三角形三内角之和必为180°，绝无差错。

然而，要是我们站在球面上，而不是站在平面上考察问题，情况会怎样呢？

实际上，我们正是生活在地球表面这个大圆球面上。如果超于地球之上，从空间的角度来看，地平线自然都是呈现曲线的，因为地球本身是一个球体。但如果置身于地面来看地平线，那么，在某段距离之内，我们看到的却是直线。这样，矛盾产生了，即以人类的位置角度来说，地平线到底是一条直线还是曲线？

实际情况是：多条线段连接成了一条圆形的曲线。

问题在于，平面弯曲了，变成球面，平面上的直线也随之弯曲了，变成了球面上的大圆线。平面三角形三内角之和等于180°，球面上三角形三内角之和大于180°。从平面变到球面，这就是二维空间弯曲的例子。

爱因斯坦的广义相对论，把物质世界与弯曲的四维时空联系起来：凡有物质之处，时空便弯曲。他借助于非欧几何，推导出宇宙有限而无界的结论。试想上述二维球面有限大小，但并无边界，在球面上行走，尽头永无止境，四维时空空间正是这样一种弯曲空间。

爱因斯坦的宇宙模型是一种静态模型，三维超球面不会膨胀，也不会收缩。他认为，宇宙整体是恒静不动的。

爱因斯坦为探索物质运动规律作出了卓越的贡献，却在这一观点上铸成了他"一生中最大的错误"。不过他毕竟是一位尊重事实的科学家，在新的天文观测资料面前，他很快就放弃了这种"恒静不动"的假设。

"奥伯斯佯谬"从出笼伊始，就建立在一个错误的基点上。

牛顿认为，宇宙像一个无边界的大箱子。可是在人类的思维系统中，箱子肯定都是有边有界的。我们怎么去想象那个无边界的大箱子呢?

牛顿用大箱子，只是想说明，众多的恒星在里面能够因为吸引力的相互作用，永恒而固有地运行着。这样，在太阳系的行星运行系统里，牛顿以上帝的"第一次推动"而完成了地球进入轨道运行的所有难题。而在大宇宙空间中，牛顿又用箱子形式来解决万有引力与星球进入运行轨道所必需的推动力问题。

2.11 广义相对性原理的精确表述

现在，对我们本章第一节中的广义相对性原理的暂时性表达，已经可以用更严格的表述来加以代替。本章第一节中的"所有的参考物K、K_1，无论其运动状态如何，对于描述自然现象（作简洁陈述的自然现象）都是等效的"是不成立的。因为使用刚性参考物体作空间—时间描述，除非用高斯坐标系来代替参考物，否则在狭义相对论所推出的方法中是不可能的。下面的陈述符合广义相对性原理的基本观念："所有的高斯坐标系本质上的简洁陈述与普遍的自然界定律是相等的"。

除此以外，我们还有另一种比狭义相对性原理的自然推广更使人明白易懂的形式来陈述广义相对性原理。按照狭义相对论，当我们应用洛伦兹变换，以一个新的参考物体K′的空时变量x′，y′，z′，t′代换一个参考物体K（伽利略）的空时变量x，y，z，t时，表述普遍的自然界定律的方程经变换后仍取同样的形式。另一方面，按照广义相对论，任意替代的高斯变量x_1，x_2，x_3，x_4，经变换后形式仍然相同，因为每一种变换（不仅是洛伦兹变换）都是从一个高斯坐标系转换到另一个高斯坐标系。

如果我们愿意坚持我们"旧时间"的三维观点，就可以归结广义相对论基本观念发展的特点如下：狭义相对论和伽利略区域及没有引力场存在的区域相关。就此而论，一个伽利略参考物体充当着一个其运动状态是"孤立"的刚性参考物体，它相对于质点做匀速直线运动的伽利略定律是成立的。

从某些考虑来看，同样的伽利略区域似乎也应该引入非伽利略参考物体，而相对于这些物体，便存在有一种特殊的引力场（见本章第三节和第六节）。

这个引力场并没有类

时间会受引力影响

根据广义相对论，由于引力场的作用会使时间延缓。引力场强度不变，时钟的快慢不变，引力场强度变大，时钟延缓，反之时钟加速。

似于欧几里得性质的刚性参考物，因此在广义相对论中，假设的刚性参考物是无用的。钟的运动受引力场的影响，因此，关于时间的物理定义借助于钟的运动的话，就不可能达到狭义相对论中类似运动的真实感。

基于上述缘故，非刚性参考物，就其整个说来它的运动是任意且可以发生任何改变的。钟的运动是对时间定义的测定，因而其运动并不一定要遵从或规则或不规则的运动定律。我们想象每一个这样的钟固定在非刚性参考物体上的某一点，毗邻的钟（在空间中）同时观测到的"读数"的差是一个无穷小量，这个大体上相当于一个任意选定的高斯四维坐标的，非刚性参考物体可以被适当地称做"软体动物参考物"。这个"软体动物"与高斯坐标系相比较，最易于理解之处在于形式上（非合理性的）保留了空间坐标和时间坐标的相互独立状态。我们假设这个软体动物的每一点都是一个空间点，相对于每一个空间点保持静止的每一质点就是静止的。如果把这个软体动物假设为参考物体，根据广义相对性原理，所有的软体动物都是表述普遍自然界定律的参考物体，并且拥有同等的权利及相同的结果，而这些定律本身必须相对于软体动物的选择而独立。

由这些情况可以看出，广义相对性原理所具有的巨大威力就在于它对自然界定律作了一些广泛而具明确性的限制。

相关问题 》》 广义相对论

1916年，爱因斯坦建立了广义相对论。也就是将仅适用于惯性系的狭义相对论推广到适用于任意参考系，且包括引力，阐明时间、空间性质与物质分布及运动之间相互依赖关系的相对性理论。

它有两个基本假设：第一，广义相对性原理，即自然定律在任何参考系中都具有相同的数学形式。第二，等效原理，即在一个小体积范围内的万有引力和某一加速系统中的惯性力相互等效。

按照上述原理，万有引力的产生是由于物质的存在和一定的分布状况使时间空间性质变得不均匀（所谓时空弯曲）所致，并由此建立了引力场理论。而狭义相对论则是广义相对论在引力场很弱时的特殊情况。从广义相对论可以导出一些重要结论，如水星近日点的旋进规律，光线在引力场中发生弯曲，较强的引力场中时钟较慢（或引力场中光谱线向红端移动）等。这些结论和后来的观测结果基本上相符。特别是，通过测量雷达波在太阳引力场中往返传播在时间上的延迟，以更高的精度证实了广义相对论的结论。但其中还有很多问题有待研究。

》广义相对论漫谈

狭义相对论将力学和电磁学统一起来，将时间和空间统一起来，带来了时空观念的根本变革。在狭义相对论中，速度只具有相对的意义，所有的惯性系都是平权的，没有哪一个惯性系更优越，从而排除了惯性系的绝对运动；另一方面，物理作用传播的极限速度是真空

太阳两极的引力

其实太阳的引力主要表现在两极，这是引力的物质性所决定的。太阳两极的坚固性与其赤道地区的气态性相比，其物质壳厚得多，物质性也要强得多，因此太阳的引力自然就集中在两极。

中的光速，从而在整个物理学中排除了超距作用观念。正是这两方面，狭义相对论尚存在理论上的疑难，有待于进一步发展。其一，引力现象是物理学研究的广泛课题，而牛顿万有引力定律的表述是超距作用的，它与狭义相对论相抵触，狭义相对论不能处理涉及引力的问题，需要将它纳入从而发展相对论的引力论；其二，狭义相对论在否定绝对运动上还不够彻底，它否定了一个绝对静止的惯性系，但却肯定了所有惯性系比起其他参考系更优越的地位，而且在究竟什么是惯性系的问题上还存在逻辑循环。结果造成了已知物理定律却不知此定律赖以成立的参考系的尴尬局面，整个物理学犹如建筑在沙滩上。

爱因斯坦思考了这些问题，把狭义相对论发展为广义相对论。其突破口是16世纪伽利略已经知道但长期不能解释且未加重视的事实：物体的重力加速度为恒量，它是物体的引力质量和惯性质量相等的结果，以后又被厄缶实验等精确证实。爱因斯坦从这一事实中引出引力场与惯

中子星的吸积盘

　　中子星由于其强大引力能够从临近恒星不断夺取大量炙热气体，从而诱发热核爆炸。上图这颗中子星正处于吸积过程中，其周围的吸积盘会出现闪烁现象和缓慢的类周期振荡，并释放出X射线。

性力场等效的等效原理。根据等效原理，物体在无引力的非惯性系中的运动与它在存在引力的惯性系中的运动等效，惯性系与非惯性系没有原则的区别，它们都同样地可用来描述物体的运动，没有哪一个更优越。爱因斯坦将狭义相对性原理推广为广义相对性原理：一切参考系都是平权的，物理定律应该在广义的时空坐标变换中形式不变。它是广义相对论的另一条基本原理。另一方面，引力作用可以用加速系来抵消，在这一加速系中引力作用不复存在，例如在重力场中自由下落的参考系中，物体因"失重"而消除了重力。广义相对论把这一自由下落的参考系称为局部惯性系。于是前述惯性系概念上的逻辑循环不复存在，而且在此局部落体系中的物理定律就是狭义相对论的物理定律。知道了局部惯性系内的物理定律，可通过广义的时空坐标变换获得任意参考系内的物理定律。

　　按照广义相对论，在局部惯性系内，不存在引力，一维时间和三维空间组成四维的欧几里得空间；在任意参考系内，存在引力，引力引起时空弯曲，因而时空是四维弯曲的非欧黎曼空间。爱因斯坦找到了物质分布影响时空几何的引力场方程。时间空间的弯曲结构取决于物质能量密度、动量密度在时间空间中的分布，而时间空间的弯曲结构又反过来决定物体的运动轨道。在引力不强、时间空间弯曲很小的情况下，广义相对论的预言同牛顿万有引力定律和牛顿运动定律的预言趋于一致；而引力较强、时间空间弯曲较大的情况下，两者有区别。广义相对论提出以来，预言的水星近日点的反常进动、光频引力红移、光线引力偏折以及雷达回波延迟，都被天文观测或实验所证实。近年来，关于脉冲双星的观测也提供了有关广义相对论预言存在引力波的有力证据。

由于广义相对论被令人惊叹地证实以及其理论上的完美，很快得到人们的承认和赞赏。然而由于牛顿引力理论对于绝大部分引力现象已经足够精确，广义相对论只提供了一个极小的修正，人们在实用上并不需要它。因此，广义相对论建立以后的半个世纪，并没有受到充分重视，也没有得到迅速发展。

到20世纪60年代，情况发生变化，发现强引力天体（中子星）和宇宙背景辐射，使广义相对论的研究蓬勃发展。广义相对论对于研究天体、宇宙的结构和演化具有重要意义。中子星的形成和结构、黑洞物理和黑洞探测、引力辐射理论和引力波探测、大爆炸宇宙学、量子引力以及大尺度时空的拓扑结构等问题的研究正在深入，广义相对论成为物理研究的重要理论基础。

2.12 以广义相对性原理为基础解决地心引力问题

如果读者对于早先的问题已经全部理解，那么对于理解更深层次的万有引力就不会再有困难。

我们的考察从一个相对于伽利略参考物K中没有引力场存在的一个区域开始。根据狭义相对论得出的量杆和钟相对于K以及"孤立"质点的行为都是已知的论述，其中，"孤立"质点沿直线做匀速运动。

现在，让我们考察这个区域时将参照物任意选取为K_1中的一个高斯坐标系或者一个"软体动物"。与K_1相对的存在有一个引力场G（特殊的种类），对于量杆、钟和自由运动的质点相对于K_1的行为，通过数学变换可以得知，这即是量杆、钟和自由运动质点在引力场G影响下的行为，因此我们引进一个假设：引力场对量杆、钟和自由运动质点的影响将按照同样的定律继续发生，即使在当前的引力场中，

飞出地球

在地面向远处发射炮弹，炮弹速度越高飞行距离越远，当炮弹速度超过第一宇宙速度7.9km/s时，炮弹将摆脱地球的引力场，不再落回地面。

坐标变换不能从伽利略特殊情况中简单地推导出来。

下一步是对引力场G的空间—时间行为的研究，引力场G源自简单的坐标变换，由伽利略特殊情况导出。将这种行为阐明为一个定律，它总是始终有效的，而不必去管在这些描述中的参考物体（软体动物）的种类如何选定。

然而这个定律并不是普遍的引力场定律，因为考虑中的引力场是一种特殊的引力场。为了找出普遍场的引力，我们依然需要将上面建立的定律加以推广，这能说明我们并非在胡思乱想，这一推广根据下列各项要求得出：

1）所求的推广必须同样满足广义相对性假定。

2）如果在所考虑的区域中有任何物质存在，仅有它的惯性质量是重要的，依照第一章第十五节，也仅有它的能量在一个激发的场中是重要的。

3）引力场加上物质必须满足能量（和冲量[1]）守恒定律。

最后，广义相对性原理允许我们确定影响不存在的引力场的所有过程，可以根据存在的引力场的已知定律得出，这一过程是已经纳入狭义相对论范围的。关于这一点，我们继续下去的原则是按照已对量杆、钟和自由运动的质点解释过的方法进行。

引力论源自广义相对性公设的推导，它的优越之处不仅在于它的完美，还在于消除本章第四节所显示的经典力学中令人不满意的方面

---

〔1〕冲量表述了对质点作用一段时间的积累效应的物理量，是改变质点机械运动状态的原因。和动量是状态量不同，冲量是一个过程量。一个恒力的冲量指的是这个力与其作用时间的乘积。

曲速推进空间图

曲速飞行是一种通过在压缩时空中航行的设想，其原理就是在运动物体周围利用反物质驱动的曲速引擎制造一个人工的曲速力场，从而使物体能在这个扭曲的时空泡中以几十倍于光速的速度移动。曲速就是衡量这个时空泡里运动的物体的速度。

和解释了惯性质量和引力质量相等的经验定律，并且它也解释了一个天文学的观测结果，这是经典力学无能为力的。

如果我们认为引力论中的引力场相当薄弱，而且"场"内相对于坐标系运动的所有质量的速度与光速比较都相当小，那么，我们就第一次获得近似于牛顿的引力理论，因而后面理论的获得就不需要任何特别的假定。尽管牛顿当时引进了相互吸引的质点间的吸引力必须与质点间的距离的平方成反比这一假设，但如果我们提高计算的精确度，那么偏差就在牛顿理论下表现出来，这实际上都是观测所察觉不出来的必然的微小偏差。

在这里，我们必须提醒读者注意这些偏差。按照牛顿理论，行星沿椭圆形轨道围绕太阳运行，如果对恒星本身的运动以及对其他行星的作用忽略不计，那么这个椭圆形轨道相对于恒星的位置将永远保持不变。因此，如果我们能够正确地观测校正行星的运动，并且假如牛顿的理论是完全正确的话，那么一个相对恒星系的固定不移的椭圆形轨道就是我们所得到的行星轨道。这个推论除离太阳最近的水星外，已经通过所有其他的行星得到了证实，而且其精确度是目前可能的灵敏观测所能达到的最高精度。自勒威耶时起，人们就知道，椭圆符合水星的轨道运动，经过对上述提及影响的校正后，水星相对恒星系并不是固定不移的，而是非常缓慢地顺沿轨道的运动方向在轨道的平面内旋转。轨道椭圆的这种转动值是每世纪43″，其数值差保证下会超过几秒。对这一效应的解释，经典力学只能借助引入一些不大可能成立的假定，这些假定的引入目的仅仅是为了解释这个效应。

以广义相对论为基础，我们发现，每一个围绕太阳运行的行星的椭圆轨道都必然以上面指出的方式转动。除水星外，所有行星的这种转动都太小，以我们现在拥有的观测灵敏度是无法探测的，但就水星而言，该数值必须达到每世纪43″，这个严格的结果与观测相一致。

除此以外，从广义相对论中我们演绎出两个可被观测检验所证实的推论，即光线因太阳引力场而发生弯曲，以及来自星体的光谱线与在陆地上以类似方式产生的（也就是同一种原子）光谱线相比较，有位移现象发生。这两个推论都已经得到证实。

相关问题 » 广义相对论的诞生与证实

时空弯曲的程度，取决于宇宙中物质的分布情况：一个区域内的物质密度越大，时空的曲率也就越大。这样，太阳附近的时空就要比地球附近弯曲得厉害，因为太阳的质量要大得多。用广义相对论来看宇宙，引力就不再同于经典力学中的概念，它已经被转化到时空的几何（曲率）中去了。爱因斯坦认为，引力产生于从狭义相对论的平直空间到广义相对论的弯曲空间的转换之中。

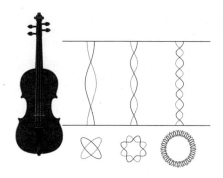

弦理论

弦理论认为，不存在粒子，只有一缕缕细到无法想象的弦在空间运动，各种粒子不过是弦的不同振动模式而已，并且弦不是在平常的三维空间运动，而是在高维空间里运动。自然界中发生的一切相互作用，都可以用弦的分裂和结合来解释。

这样，我们对一些日常事件的看法，比如，砸中牛顿脑袋的那个苹果砰然落地这样的事件，就从根本上被改变了。引力不是一种经过空间作用在一段距离上的神秘的力，而是因为像地球这样的大质量物体，使空间和时间发生了畸变。我们把时空想象成一张平展的橡胶软垫，大质量的物体放上去，会使橡胶垫发生局部变形，变形的程度决定于物体的质量。太阳在我们太阳系中，质量远大于其他任何行星，所以它使时空畸变得最厉害。行星可以用大小不等的球来代表，这些球在橡胶垫上围绕太阳滚动，球滚动的路径也就是行星的轨道，它们都位于太阳附近的深"阱"之中。从树上掉下来的苹果，不是被一个力拉向地球，而只不过是滚进地球所造成的局部时空的"阱"里面罢了。

物体在弯曲时空中的运动规律，一般不同于平直时空。一个不受引力的物体，在三维空间中是做匀速直线运动的。而在有引力的情况下，新的规律则是物体沿"测地线"运动。测地线基本上就是在弯曲的或平直的时空中连接任意两点的最短的路线，只要这两点充分接近。在速度非常小、物质密度也非常低的情况下，测地线运动就退化成牛顿描述的运动。显然，广义相对论的这种"退化"一定会发生，因为牛顿物理学所作的预言，在它所适用的范围内是十分成功的，这我们在上一章中已经讲到过。然而，对于牛顿无法回答的一些问题，爱因斯坦却可以用测地线运动来解释。

（1）水星近日点的旋进规律。也就是有关水星——它是离太阳最近的行星——轨道的一个很小的细节。虽然爱因斯坦在推导相对论的时候，几乎没有考虑到这个问题，但它却成了对

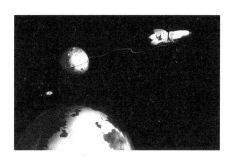

拖引黑洞

　　如果地球表面存在一个只有原子核大小的黑洞，由于其自身强大的引力场我们无法阻止它透过地面落到地球的中心，它会穿过地球并且来回振动，直到最后停在地球的中心。所以仅有的放置黑洞的地方是绕地轨道，而仅有的将其放到轨道的办法是利用一个大质量物体的吸引力在前面拖引。

他的新理论的一次辉煌验证。按照牛顿力学，一个单独绕太阳运转的行星，它的轨道应当是一个精确的闭合椭圆，并且轨道的近日点也是固定的（近日点是行星轨道上离太阳最近的一点）。

　　但是，水星轨道的问题是，它的近日点不是固定的。其他行星的引力，加在一起使水星轨道受到一个很小的附加影响，它使得轨道产生进动，亦即近日点随着时间逐渐"前移"，在300万年内移动一周。但是，除了所有已知的引力影响外，还有一个完全解释不了的附加进动——称为"异常进动"，根据天文学家们的观测，它仅仅是每世纪43″。在爱因斯坦以前，这个异常进动被认为是由一颗未被发现的行星引起的。但是爱因斯坦用广义相对论产生的时空曲率，算出了这个附加的进动值，正好是每世纪43″。近来，其他一些行星的这种近日点"异常"进动也被测量出了。在观测误差范围之内，它们的值也同样与广义

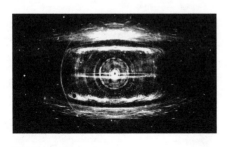

脉冲星

　　脉冲星是恒星在超新星阶段爆发后的产物。超新星爆发之后，就只剩下了一个"核"，直径只有几十公里，它的旋转速度很快，有的甚至可以达到每秒714圈。在旋转过程中，它的磁场会使它形成强烈的电波向外界辐射，脉冲星就像是宇宙中的灯塔，源源不断地向外界发射电磁波，这种电磁波是间歇性的，而且有着很强的规律性。正是由于其强烈的规律性，脉冲星被认为是宇宙中最精确的时钟。

相对论算出的值相吻合。

　　（2）光线在引力场中发生弯曲。这是爱因斯坦在完成广义相对论之前就曾预期的一个效应。从狭义相对论以及它的基本原理之一——光速对所有观测者都相同，不论他们的速度如何——可以得出一个推论，这就是能量和质量等效。这样一来，一束光的能量就对应着一定的质量，也就可以受到其他物质的引力作用。因此，在一个大质量天体的附近，例如在一颗恒星的附近，光线就会发生弯曲。以前，爱因斯坦也计算过遥远的星光在太阳附近发生的偏折角度，但当时他根据的是某种狭义相对论和广义相对论的混合方法，其中时空仍然假设是平直的。后来，他把这重新计算了一遍，但是应用了时空的曲率。新的结果正好是原来结果的两倍。也就是说，是爱因斯坦让光线必须沿着弯曲时空中的测地线传播。

　　英国的爱丁顿帮助验证了爱因斯坦理论的第二个预言。当爱丁顿从中立国荷兰的德西特那里，第一次听到爱因斯坦在柏林的工作后，他不顾当时英国和德国已处于交战状态而前往德国，冒着生命危险去验证这一理论。他是教友派的信徒，这个教派从道义上反对战争，因而他被准许免服兵役，条件是继续从事他的科学研究，特别是准备监测一次即将到来的日食。1919年的这次日食，能够观测到星光从太阳近旁经过，因而可以测定光线是否发生了弯曲。在几内亚湾的普林西比岛，爱丁顿做了关于这次日食的最好记录——他验证了爱因斯坦的第二个预言。

从普林西比回来，爱丁顿在皇家天文学会的一次聚餐会上，模仿奥玛·哈央姆的诗体，即席朗诵道：

噢，把我们的测量留给智者去评判，

但至少有一件事已经搞清——光是有重量的；

尽管其余的事还在争论，有一件事已毫无疑问——

光线靠近太阳时，并不是直线前进！

晚年，爱丁顿把这次对于广义相对论的验证，看作是他一生中最伟大的时刻。他的这个观测，也使爱因斯坦一下子在国际上赢得了声望。

近些年对广义相对论的验证，主要是对"双脉冲星"的研究。双脉冲星被认为是靠得非常近的一对老年星的核，它们都已坍缩得很小。称它们为脉冲星，是因为它们发射出很规则的射电波脉冲。这一对星互相围绕对方做极高速的转动，这样就必须用广义相对论来描述，而不是牛顿力学。它们的"近星点"的进动，要比水星和其他行星大得多。时空曲率的扰动，也已经用爱因斯坦的方程计算出来，由此可以预言，会有引力辐射从这对星发出，因而它们的轨道就会越来越小。此外，遥远的"类星体"——宇宙中最亮的天体——发射出的电磁辐射，有时候会受到一种引力透镜的作用，这种作用是位于类星体和我们之间的某些星系引起的：每一个星系的引力场就像一种特殊的透镜，结果在我们地球上的望远镜看来，就产生了多重像，也就是原来的一个类星体变成好几个。

总而言之，广义相对论要求从根本上更新时间和空间的概念，这个要求不是出于人为的意图，而是出于实际需要。这种更新了的时间和空间的概念，在数学上被具体化为单一的时空结构。这一时空结构决定于物质的分布，引力本身也不再明显地存在。无论如何，这是一种处理引力问题的方法。为了使读者不至于对此感到过于枯燥，我们想在此引用相对论专家威廉斯教授1924年写的一首诗，它是模仿路易斯·卡洛斯《海象和木匠》的诗体而作的，诗的题目叫做《爱因斯坦和爱丁顿》：

　　"是时候了，"爱丁顿说道，"我们有很多事情要谈及，
　　像立方体、钟表和米尺，以及为什么摆锤会摆动，
　　空间在多大程度上偏离直线，还有，时间是不是具有双翅。"

　　"你说时间变扭了，甚至光线也被弯曲；
　　我想给我的印象是，如果它是你的原意：
　　邮递员今天送来的信件，明天它就要被寄到邮局。"

　　"这最短的线，"爱因斯坦答道，"不再是那条直直的线，
　　它绕着自己弯来拐去，好像一个'8'字。
　　而且，如果你走得太快，你将会到达得太迟。"

　　"复活节是在圣诞节期间，非常遥远就是近了，
　　二加二也大于四，还有，过了那里就是这里。"
　　"你也许是对的，"爱丁顿说，"但是它看来的确有些稀奇。"

第三章　对整个宇宙的思考

1917年，爱因斯坦发表了《对广义相对论的宇宙学考察》一文。在文中，他根据广义相对论的场方程，提出了有限无边静态的宇宙模型，认为宇宙空间的体积是有限的，是一个弯曲的封闭体，类似一个球面，这一封闭体不随时间的推移而变化，宇宙是一个有限而闭合的连续区。爱因斯坦的这一宇宙模型的建立，标志着人类对宇宙的认识向前跨进了一大步。以广义相对论为理论依据建立的这一宇宙模型，使人们正确地认识到时空是弯曲的，宇宙是四维的，还认识到另外三个密切联系、不可分割的特点，即有限、无边和静态。

3.1 在宇宙论中牛顿理论的困难

　　排除上一章第四节所讨论的困难外，经典天体力学还存在另一个基本困难，就我所知，第一个对这个基本困难进行详细论述的是天文学家西利格。如果我们深思一下，对于作为整体的宇宙而言，我们应该持何

宇宙的密度

　　理论上，宇宙存在某种临界密度。如果宇宙中物质的平均密度小于临界密度，宇宙就会一直膨胀下去，称为开宇宙；要是物质的平均密度大于临界密度，膨胀过程迟早会停下来，并随之出现收缩，称为闭宇宙。

　　理论计算得出的临界密度为$5 \times 10^{-30} \mathrm{g/cm^3}$。但要测定宇宙中物质平均密度就不那么容易了。星系间存在广袤的星系间空间，如果把目前所观测到的全部星系质量平摊到整个宇宙，那么平均密度就只有$2 \times 10^{-30} \mathrm{g/cm^3}$，远远低于上述临界密度。

　　然而，种种证据表明，宇宙中还存在着尚未观测到的暗物质，其数量可能远超可见物质，这给平均密度的测定带来了很大的不确定因素。不过，就目前来看，开宇宙的可能性大一些。

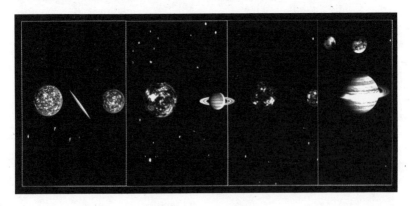

种眼光来看待这一问题。那么我们的最初回答便一定会浮现于脑海中：就空间（和时间）而言，宇宙是无限的，星体无所不在，因此，就物质的密度来说，虽然细节的变量很小，但平均说来各处都是一样的。另外，我们无论在空间中穿梭旅行多远，稀薄的恒星群在各处浮游移动，它们都具有同一的种类和密度。

这个看法与牛顿的理论大相径庭。在牛顿的理论中，宇宙被要求具有某种中心，星群的密度以非常拥挤的形式聚在一起，从这个中心向外扩展，星群的群密度逐渐减小，直到在非常遥远的地方，成为一个空虚的无限区域。恒星宇宙应该是一个有限的岛屿处于无限的空间海洋中。

这个概念的本身极难尽如人意。因为它导致了下述结果：恒星发出的光和恒星系中各个单独的恒星不断向无限的空间奔涌，而且永不回返，永不继续与其他自然客体发生相互作用。这样一个有限的物质界宇宙，注定将逐渐而系统地被削弱。

为了避免出现这种进退两难的局面，西利格修正了牛顿定律。他假定，在很大的距离中，两质量之间的吸引力与平方反比定律得出的减小的结果相比，要快得多。于是，物质的平均密度就有可能处处相一致，不论是在极近处还是在极远处，甚至到无限远处也如此，因此，无限大的引力场也就不会产生，使我们摆脱了物质宇宙应该具有某种中心等诸如此类讨厌概念的纠缠。当然，我们从这种基本困难中摆脱出来也付出了代价，那就是在既无经验根据亦无理论根据的情况下修改并复杂化了牛顿定律。这样的定律我们能够设想出无数个，而且都可以实现其同样的目的。但我们没有任何根据说明为什么其中一个定律比任一其他定律更为可取，这些定律中的任意一个，并没像牛顿定律一样，即使很小的部分都建立在更为普遍的理论原则上。

相关问题 》 为什么是爱因斯坦

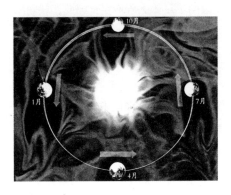

以太中的运动

以太曾经被认为是电磁波的传播媒质，假设我们处于以太之中，我们应能观测到以太理论中光速的季节性变化从而检测到那个运动。然而没有任何观测证据表明以太存在，因此以太理论已被科学界所抛弃。

已去世的几何大师陈省身曾经说过，一位数学家应当作好的数学，就是简洁易为人理解的、有开创性的、有发展的数学。这个概念也可以被推广到物理学领域中去。在谈及爱因斯坦1905年的成就时，芝加哥大学的宇宙学家迈克尔·特纳说，"爱因斯坦以一种公众能够理解的方式改变了物理学家对宇宙的看法，这，就是好的物理学"。

要摆脱那些符号化的表象探讨爱因斯坦的成就，无法回避的一个问题是：爱因斯坦和他的相对论，是如何影响了科学思维的？缺乏对这个问题的认识，所有流于细节琐事的分析，都将成为无本之木。

故事要从"以太"说起。19世纪末，物理学家们普遍认为，物理学的主要框架已经一劳永逸地构成了。此后的工作，只是把物理常数的测量弄得更准确一些，并把光以太结构的研究再推进一步。当时，人们仍然相信，宇宙空间中充满了亚里士多德命名为"以太"的连续介质，就像空气中的声波一样，光线和电磁信号是"以太"中的波。然而，1887年迈克尔逊—莫雷的实验却显示，光线看起来总是以同样的速度传播，这就与根据以太理论推导出的光速差别结论产生了矛盾。

荷兰物理学家洛伦兹这时候给出了他的解答，建立于以太真实存在基础上的洛伦兹变换方程。然而，26岁的爱因斯坦却大胆地摒弃了以太这个经典权威的概念。他对洛伦兹变换方程进行了修正，并指出，因为无法探测相对以太的运动，因此，以太的概念是多余的。这就向人们以往奉之为金科玉律的"同时性"概念提出了挑战。在爱因斯坦看来，每个人都有他自己的时间值，如果两个人是相对静止的，那么，他们的时间就是一致的。如果存在相互的运动，他们观测到的时间就是不同的。乘飞机一直向东飞行，叠加上地球旋转的速度，人们就有可能获得生命的延长，虽然可能只不过是零点几秒而已。

　　相对论的一个重要结果，便是质量与能量的关系。爱因斯坦假定光速对所有的观测者都不变，如果持续给物体供应能量，被加速物体的质量就会增大。这种质量与能量的关系，便是著名的 $E=mc^2$。当铀原子核裂变成两个小的原子核时，因为很微小的一点质量亏损，便会释放出巨大的能量。原子弹与核能的理论基础，便源出于此。

　　尽管狭义相对论与麦克斯韦的电磁理论结合得非常完美，但它却与牛顿的重力理论不相容。几年后，爱因斯坦想到，如果质量和能量会造成四维空间（三维空间加上时间）的弯曲，那么，问题就迎刃而解了。这个关于弯曲时空的新理论，便是广义相对论。霍金曾评价道："从公元前300年欧几里得完成他的《几何原本》后，这是一个人类感知他们存在于其中的宇宙的最大的革命性的更新……它彻底改变了人们对宇宙的起源及归宿的讨论方向。静止的宇宙可能永远存在……但根据广义相对论，宇宙大爆炸标志着宇宙的起源，时间的开始。从这个意义上说，爱因斯坦不仅仅是过去100年中最伟大的人物，他应该获得人们更长久的尊重。"

　　正是具备了这种科学属性的爱因斯坦，才可能在整个20世纪中成为妇孺皆知的科学新世界代言人，并一步步被神化。

量子位置

人们不能无限精确地测定一个物体的位置和速度，也不能准确地预言未来事件的过程。

》 谁是下一个

会不会有下一个爱因斯坦？他是谁？他在哪儿？毫无疑问，在这个国际物理年中（此处指2005年，编者注），这些问题会成为最常被提及的话题。

讨论两个名人之间的相似之处和不同点，是一件不太有建设性却极为有趣的事。所以，才会有人对这样的比较乐此不疲：牛顿与伽利略、爱因斯坦与牛顿……甚至，一本最新出版的爱因斯坦传记的主题，也是比较爱因斯坦与毕加索在创造性上的异同。在讨论21世纪谁将接过爱因斯坦的火炬，解决现今物理学界面临的危机时，史蒂芬·霍金成了一个经常被提及的参照系。

霍金说："在过去的100年中，世界经历了前所未有的变化。其原因并不在于政治，也不在于经济，而在于科学技术，直接源于先进的基础科学研究的科学技术。没有别的科学家能比爱因斯坦更代表这种科学的先进性。"有人认为，霍金在《时间简史》中分别为爱因斯坦、伽利略和牛顿立传，显示了他与三位科学巨人比肩的雄心。与其这样妄加揣测，倒不如视其为一个当代理论物理学家对自身谦逊而恰如其分的认识。媒体尽可为霍金冠上"活着的爱因斯坦"之类的帽子，但无论从哪个坐标系上，霍金与综合了科学天才、历史背景、个人魅力的爱因斯坦都是无法比较的。霍金有一次开玩笑说："他们需要的只是一个英雄，而从不关心我做过什么。"

《纽约时报》曾经雄心勃勃地给出了一个未来爱因斯坦的任务清单。它们都是困扰现今物理学界的难题。如果联想到1900年希尔伯特提出的23个数学问题，此后是如何影响了20世纪的数学发展方向，过分地追究这些问题从重要性和开拓性上是否足以同相对论媲美，并不是一种好的态度。

这些未来爱因斯坦任务清单中的问题包括：

上帝是否拥有选择？

宇宙的所有特性对于某种未知的法则而言，是否都是可预测的和不可避免的？

那些似乎可以加速宇宙膨胀并使星系越来越快地彼此分离的暗能量到底是什么？

为什么我们恰好生活在这个暗能量正要主宰宇宙演变的过程的时间点上？

这种推动力是否会永远继续下去，将所有的能量与生命吸出宇宙之外？

保持星系和星团聚拢的神秘引力胶——暗物质又是什么？

四维空间足够了吗？

宇宙中是否还存在着另外的隐秘或微小维度？

大爆炸之前发生了什么？

时间和空间是自无形的永恒中出现的吗？

量子力学是否是事物的最终描述？

困扰爱因斯坦的EPR佯谬是否要被修改？

相对性是永恒的吗？

到底是否存在超光速？

3.2 "有限"而"极大"的宇宙的可能

　　但是，宇宙构造的探索也同时沿着另一个完全不同的方向前进。非欧几里得几何学的发展使我们对整个宇宙空间的无限性表示怀疑，而非思维的规律与经验相冲突（黎曼、亥姆霍兹）。这一问题已由亥姆霍兹和庞加莱[1]以无法超越的明晰性详细地论述过，我在这里仅只是略微谈及。

　　首先，我们设想在二维空间中：扁平的生物持有扁平的工具，特别是扁平的刚性量杆，自由地生活在除它们外没有任何东西存在的平面上。这个平面所包含的全部是它们观察到的自己的和一切扁平的"东西"。详细地说，例如欧几里得平面几何学中的一切建构都可以借助杆子来实现，也就是利用在上一章第七节的网络结构构图法。扁平生物的宇宙与我们的宇宙相比较，是二维的。如同我们，它们的宇宙也向无限远处延伸，在那儿有足够的空间可以容纳无限多的互相等同的用杆子构成的正方形，它们宇宙的容积（表面）是无限的。如果这些生物说它们的宇宙是"平面"的，那么这一陈述由它们的认识得来，它们的意思是能用它们自己的杆子在这个平面上按欧几里得平面几何学作图。这里的

---

　　〔1〕庞加莱（1854—1912年），法国最伟大的数学家之一，理论科学家和科学哲学家。他的研究涉及数论、代数学、几何学、拓扑学、天体力学、数学物理、多复变函数论、科学哲学等许多领域。被公认是19世纪后四分之一和20世纪初的领袖数学家。

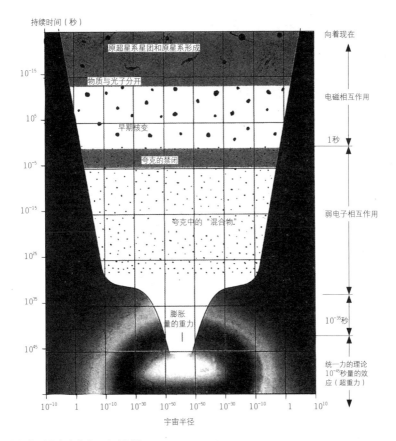

持续时间（秒）

向着现在

原超星系星团和原星系形成

物质与光子分开

电磁相互作用

早期核变

1秒

夸克的禁闭

夸克中的"混合物"

弱电子相互作用

膨胀
量的重力

10^{-35}秒

统一力的理论
10^{-45}秒量的效
应（超重力）

宇宙半径

大爆炸后的宇宙熔化　合成图片

　　"大爆炸"理论认为，宇宙源起于一次高温高压爆炸。爆炸之后的宇宙不断膨胀，导致温度
和密度很快下降。随着温度降低、冷却，逐步形成原子、原子核、分子，并复合成为通常的气
体。气体逐渐凝聚成星云，星云进一步形成各种各样的恒星和星系，最终构成了我们现在所看到
的宇宙。

杆子与其本身所处的位置无关，而是永远代表了同一距离。

　　让我们考虑一下第二种二维存在，但是这次是用一个球面代替一
个平面。这些扁平生物连同它们的量杆以及其他的物体，与这个球面紧

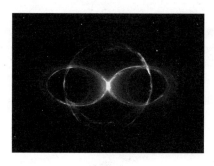

宇宙弦

宇宙弦的形态可能为封闭的环，并可作弦式振荡。全部弦的集合构成了布满多维空间中的网。虽然弦的质量很大，但是弯弯曲曲的弦却是极度紧绷的，张力极大，使它们以接近光速的速度振动，并互相碰撞。

密地结合并且不被许可离开，它们全部的宇宙及所能观察的范围仅仅能延伸到整个球面。这些生物能否注意到它们的宇宙是立体几何学还是平面几何学？它们的杆子又是怎样来实现测量"距离"的呢？它们不可能这样做，因为如果它们企图尝试实现一根直线时，将会得到一根曲线。我们"三维生物"将指明这根曲线是一个大圆弧，其本身包含有明确有限的长度，本身就是符合标准，可以用量杆测定完整独立的线。同样地，这个宇宙拥有的有限的面积，能与用杆子建构的正方形相比较。这种思虑的极妙处在于，这些生物的宇宙是有限而又无界的论断得到了首肯。

但是，这些球体表面的生物不需要进行任何环球旅游便可以认识到，它们不是居住于一个欧几里得的宇宙。它们能在它们自己"世界"的任一部分都能弄清这一点，倘若它们使用的部分不是太小的话。从一点出发，它们绘制各个方向相等的"直线"（圆弧由三维空间判断）。它们将连接线的始端与自由端的线称做"圆"。根据欧几里得平面几何，圆的圆周与直径之比等于常数 π，它与圆的直径大小无关。在球面上，我们的扁平生物会发现圆周与直径之比为以下的值：

$$\pi \, \frac{\sin \dfrac{r}{R}}{\dfrac{r}{R}}$$

这是一个比 π 小的值。圆半径r与"世界球"半径R之比差异越大，

上述比值与 π 之差就越大。依靠这一关系，球面生物就能测定它们的宇宙（世界）的半径，即使当它们用来进行测量的区域仅仅是这个世界球的较小部分。但是如果这个部分确实非常之小，它们就证明不了它们居住在一个球面"世界"和非欧几里得平面，因为同样微小的球面部分与相同平面的差别是非常微小的。

气球宇宙

假如宇宙是一个气球，时间维以球心为中心向四面八方辐射，三维空间的其中两维构成了"气球"的球面。宇宙膨胀，所以时间在流逝；当宇宙收缩，时间就倒退。

因此，如果这些球面生物居住在一个其本身空间相对于宇宙空间来说小到可以忽略不计的行星上，那么它们就无法测定这一宇宙是有限的还是无限的，因为这一它们所能接近的"宇宙块"实际上是平面的，或者说是欧几里得平面。由此可以直接推知，对于球面生物而言，圆半径的增大导致圆周的增大，直到达到"宇宙圆周"为止，其后圆周随半径值进一步增大再逐渐减小，渐趋为零。在这一过程中，圆的面积越来越大，直到最后与整个"世界球"的总面积相等。

或许读者会对为什么我们把"生物"放在一个球面而非另一种闭合曲面感到惊奇，但事实证明，这种选择具有它的合理性。在所有闭合曲面中，唯有球面具有曲面上所有的点都是等效的这一性质。我承认，一个圆的圆周 C 与它的半径值的比取决于 R，但对于给定的 R 值，这个比与"世界球"上所有的点都是一样的。换句话说，这个"世界球"是一个"等曲率曲面"。

这是一个二维球面宇宙，在这里面我们有一个三维比拟，这就是黎曼发现的具有一个有限体积的，且空间各点同样相等的三维球面空间。我们问：由它的"半径"（$2\pi^2R^3$）能否确定一个球面空间呢？我们设想中的这个空间只不过意味着是我们想象中的"空间"经验的模型，在移动"刚性"体时我们能够体会到这种"空间"经验，在此基础上我们就能够设想出一个球面空间。

假设我们从一点向四面八方绘制直线或拉绳索，并且用量杆标记r来记取这些自由端点都位于一个球面上的具有长度的直线或绳索间的距离r，该曲面的面积（F）能够凭借一个用量杆构成的正方形的特别方法测量出来。如果这个宇宙是欧几里得宇宙，那么$F=4\pi r^2$；如果是球面的，那么F总是小于$4\pi r^2$。随着r值的递增越来越大，F值从零增大到一个由"世界半径"确定的最大值，但随着r值的进一步增大，这个面积就会逐渐缩小到零。我们看到，相距越来越远的直线是从最初的始点辐射出去的，但后来它们又相互趋近，最终它们穿越了整个球面空间，在与始点相对立的"相反点"再次相会。由此不难看出，这个类似于二维球面的三维球面空间是有限的（体积有限）且又无界的。

我们还可以提到另一种弯曲空间，即"椭圆空间"。这一"椭圆空间"可以看作是该空间两个"对立点"是同一的（彼此不可辨别的）的弯曲空间。所以，类似的椭圆宇宙我们可以在某种程度上把它当作一个具有中心对称的弯曲宇宙。

根据上述可得知，闭合的无界空间是可想象的。在这其中，球面空间（以及椭圆空间）的简单性胜过了其他空间，因为在其上的所有点都是同一的。这一想象对天文学家和物理学家提出了一个非常有趣的问题：我们所居住的宇宙，是无限的，还是像球面宇宙般是有限的呢？对这个问题，人类的经验远远不足以回答，但我们可以根据广义相对论所列举的确切事实使这个问题能够在一定程度上得到解答。于是，上节所提到的困难就得到了解决。

3.3 以广义相对论为依据的空间结构

根据广义相对论，空间的几何性质并不是独立自主的，它们由物质决定。因此，我们可以得出结论，宇宙几何结构的基础只有在根据已知物质状态的情况下才能作出判断。凭经验我们知道，对于一个合适的坐标系，行星的传播速度与光的传播速度相比较是很小的。因此，我们可以在近似的程度上对宇宙的性质下一个粗略的结论，如果我们把物体视为静止的话。

从我们前面的讨论已经知道，量杆和钟的行为受引力场的影响，即受物质分布的影响。这一点本身就足以排除欧几里得几何学在我们的宇宙中严格有效的这种可能性，但是可以想象，我们的宇宙与一个欧几里得宇宙仅有微小的差别。而且计算表明，甚至像我们太阳那样大的质量对于周围空间度规的影响也是极其微小的，因而上述看法就显得越发可

宇宙法则

　　宇宙法则之间的相互作用是通过连续不断的量子场、电磁场和引力场等为媒介，在多维时空中不断的运动和转化。从纳米、毫米、光年到基本粒子、电子、天体；从量子论、引力论到相对论无不打有宇宙法则的烙印。

物质能量 **引力能量**

物质能量与引力能量的平衡

在宇宙这个大环境下，暴胀是非常有用的，其巨大的膨胀将早期宇宙中也许存在的坑坑注注全部抹平。随着宇宙膨胀，它从引力场借得能量去创造更多的物质。正的物质能量刚好和负的引力能量相互平衡，这样使总能量为零。

靠。我们可以设想，就几何学而论，我们宇宙的性质与这样的一个曲面相似，这个曲面在它个别部分上是向下规则地弯曲的，但整个曲面没有什么地方与一个平面有显著的差别，就像是一个有细微波纹的湖面，这样的宇宙可以恰当地称为"非欧几里得宇宙"。就其空间衍育，这个宇宙是无限的。但是计算表明，在一个准欧几里得宇宙中物质的平均密度必然要等于零。因此这样的宇宙不可能处处有物质存在。呈现在我们面前的将是我们在本章第一节中所描绘的那种不能令人满意的景象。

如果在这个宇宙中我们有一个不等于零的物质平均密度，那么，不论这个密度与零相差多么小，这个宇宙就不可能是准欧几里得的。相反，计算的结果表明，如果物质是均匀分布的，宇宙就必然是球形的（或椭圆的）。由于实际上物质的细微分布不是均匀的，因而实在的宇宙在其个别部分上会与球形有出入，即宇宙将是准球形的。但是这个宇宙必然是有限的。实际上这个理论向我们提供了宇宙的空间密度与宇宙的物质平均密度之间的简单关系。

3.4 对"以广义相对论为依据的空间结构"的补充

自从第一次出版这本小册子以来，我们对于未知的巨大空间结构的认识（"宇宙论的问题"）已有了重要的发展，这一重要的发展在每一本提及这一问题的通俗读物中都随处可见。

关于这个问题我最初的思考来源基于两个假设：

（1）所有的物质都有一个平均存在于空间中的密度，该平均密度每一部分皆相同，而且不等于零。

（2）空间的大小（半径）与时间无关。

这两个假设在广义相对论中已被证明是一致的，但这两个假设条件只有在场方程中加上一个假设项之后才能够被证明。这样的条件不是必需的，而且从理论的角度来看也不是自然的（"场方程的宇宙论"）理论。

假设（2）的出现是在我当时看来所不可避免的。因为当时我以为，如果我们离开这一假设，就要陷入无休止的空想。

然而，早在19世纪20年代，苏联数学家弗里德曼[1]就已经证明，即使是在纯粹的理论观点中，依然存在另一种不同的假设。他认识到，保留假设（1）的前提是无须在引力场方程中引入较小的宇宙条件，但

---

[1]弗里德曼（1888—1925年），苏联数学家、气象学家、宇宙学家。

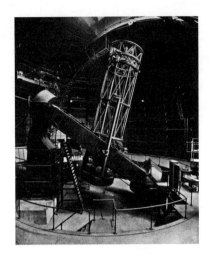

反射望远镜

美国天文学家埃德温·哈勃利用这台2.4米的反射望远镜发现银河系只是宇宙许多星系中的一个，每一个星系都包含着众多星球，同时，这些星系都朝着互相背离的方向运动。这一发现证明了宇宙膨胀理论的正确性，从而改变了人们对宇宙结构的看法。

必须得舍弃假设（2）。也就是最初的场方程容许有"世界半径"依赖时间（扩大的空间）的这样一个解。在此意义上我们能说，根据弗里德曼的观点，这个理论要求一个扩大的空间。

几年以后哈勃[1]发现，对河外星云[2]（"银河"）的特别研究证明，星云发出的光谱线有红移现象，星云间的距离越大，此红移则有规则地增大。就我们现有的知识来看哈勃的发现，我们可以根据多普勒原理把这一现象归结于太空中整个恒星系的膨胀运动。按照弗里德曼的假设，这是引力场方程所要求的。哈勃的发现，在某种程度上可以认为是这个理论的一个证实。

但是这里确实出现了一个前所未知的困难。如果哈勃将银河光谱线

---

〔1〕哈勃（1889—1953年），美国天文学家，是研究现代宇宙理论最著名的人物之一，是河外天文学的奠基人。他发现了银河系外星系存在及宇宙不断膨胀，是银河外天文学的奠基人和提供宇宙膨胀实例证据的第一人。

〔2〕河外星云即"河外星系"。因历史上没有弄清河外星云（即河外星系）和河内星云（即银河系内的星际物质）的本质区别，将天空中模糊的云状天体一概称为"星云"而得名，沿用至今。

的位移解释为一种膨胀（从理论上看这是没有问题的），那么，此种膨胀"仅仅"起源于约109亿年前。按照天文物理学的观点，独立的恒星及恒星系的发生和发展比这一时间漫长得多。如何克服这种矛盾，我们仍一无所知。

还需要提及的是，宇宙空间的膨胀理论，以及天文学的经验数据皆不能使我们对（三维）空间是有限或无限这一论断下过早的结论，而最初的"静态"假设空间则使宇宙空间倾向于闭合性（有限性）。

附 录

　　爱因斯坦的相对论，深入探知了物质世界的奥秘。它不仅揭示了空间和时间的可变性，而且说明了单独的空间或时间的改变是不可能的，时空的变化必然是联系在一起的。不仅如此，时空的变化和结构又与物质的运动和状态密不可分。这种新的时空观、运动观、物质观，是对传统物理学中牛顿的绝对时空观的重大突破，是自然科学理论的伟大建树。

广义相对论的实验证实

从系统理论观点来看，我们可以想象，经验科学的进展过程其实是一个连续的归纳过程。理论发展以特殊的简短形式陈述了大量完全根据个体观测到的结果的经验定律，再通过对这些定律的探知、比较，以此确定普遍定律。科学的发展与编辑分类目录相比具有雷同之处，它犹如一种纯粹的、完全根据经验的工作。

但是这种观点绝不意味着包含了全部的实际过程，因为它忽视了严格、精确的科学过程中直观和演绎思考的发展作用。自然科学自诞生之日开始，理论的发展已不再仅仅是依靠进程安排来实现，引导者受经验数据的启发，而建立起一个比较系统的思想体系。一般而言，这个思想体系从逻辑上看是用少量基本假设，即公理建立起来的。这一思

达尔文

19世纪中叶，达尔文创立了生物进化学说，以物竞天择为核心的进化论，第一次对整个生物界的系统发展，作出了唯物的、科学性的解释，推翻了唯心主义在生物学中的统治地位，使生物领域发生了革命性的变革。

想体系被我们称之为理论。大量的独立观察联系起来构成了理论存在的理由，这也是理论"真实性"的存在。

与同一个复杂的经验数据相符合的，也许会有好几个理论，而这些理论或许会在相当大的程度上有所不同。但就对理论的测试及能够加以检验的推论而言，都很难找到这几个理论中不一致的推论。例如，在生物学领域中有一个令人普遍感兴趣的事例，即达尔文学说中物竞天择的理论，和假设物种是基于后天通过自己努力所得到的特性可遗传的发展理论。

我们还有牛顿力学和广义相对论的例子可以说明这两种理论的推论是基本一致的。在广义相对论未创立之前，物理学中导出的能够加以检验的推论到现在为止我们所能找到的仍寥寥无几，尽管牛顿力学和广义相对论间有深刻的差异存在于基本假定中。下面，我们再次考虑这些重要的推论，还要讨论迄今完全根据经验迹象得出的推论。

（1）水星近日点[1]的运动

按照牛顿力学和牛顿的引力定律，行星围绕太阳旋转，绕环形轨道描绘一个椭圆，或者更恰当地说，太阳和行星围绕同一个重心呈椭圆运动。在这样的体系中，太阳，或者共同重心，位于椭圆轨道的一个焦点上，在两个行星年期间，太阳与行星间的距离由极小值发展为极大值，随后又再一次向极小值减少。如果代替牛顿定律，而将稍有

---

〔1〕各个星体绕太阳公转的轨道大致是一个椭圆，它的长直径和短直径相差不大，可近似为正圆。太阳就在这个椭圆的一个焦点上，而焦点是不在椭圆中心的，因此星体离太阳的距离，就有时会近一点，有时会远一点。离太阳最近的时候，这一点位置叫做近日点。

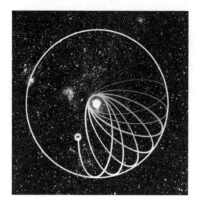

水星的行进

　　在太阳系所有的行星中，水星有最大的轨道离心率和最小的转轴倾角，每87.969个地球日绕行太阳一周。水星每自转3圈时也绕着太阳公转2周。水星绕日公转轨道近日点的行进每世纪多出43弧秒的现象，在20世纪才从爱因斯坦的广义相对论得到解释。

不同的引力定律应用于计算之中，我们就会发现，根据新的定律，太阳和行星之间的距离在行星运动的过程中，仍表现出周期性的变化。但是这样，太阳和行星的连线所在的一个周期中（从近日点——最接近太阳的点——到近日点）所经过的角将不是360°。因而轨道曲线将不是闭合曲线。最后，经过一定的时间，轨道曲线将填满轨道平面的环形部分，即在太阳和行星之间，以最大距离和最小距离为半径的两个圆之间的环形部分。

　　按照与牛顿理论有所不同的广义相对论，一个很小的差异存在于牛顿—开普勒定律与行星在其轨道上的运动间，当从一个近日点走到下一个近日点时，太阳—行星向径[1]所扫过的角度比对应于完全周转一周的角度要大，这个差值由

---

〔1〕又称径矢，是空间中点在坐标系中的矢量表示，即原点到某一点的矢量。在质点运动学，它是描述质点运动的基本参量。选定以参考系，质点的位置由原点到质点的径矢 r 表示，径矢随时间的变化 $r(t)$ 则完全描述了质点的运动。径矢的改变称为位移：$\Delta r = r_2 - r_1$；径矢的导数称为速度：$\Delta \dot{r} = \dfrac{\mathrm{d}r}{\mathrm{d}t}$；径矢的二阶导数称为加速度：$\ddot{r} = \dfrac{\mathrm{d}^2 r}{\mathrm{d}t^2}$。

$$\frac{24\pi^3 a^3}{T^2 c^2 (1-e)}$$

决定。

　　在这个表达式中，a表示椭圆的半长轴[1]，e是椭圆的偏心率[2]，c是光速，T是行星公转[3]的周期。我们的结果可以按照广义相对论作如下表达：椭圆的长轴绕太阳旋转，其旋转方向与行星轨道运动方向相一致。理论要求水星的这一转动应达到每一世纪43″，然而这一转动的量值对我们太阳系的其他行星而言，应该是很小和必然观测不到的。

　　实际上，天文学家已经发现，牛顿理论对观测水星运动所达到的精确度，远非目前达到的观测灵敏度所能满足。在考虑到另外的行星对水星的全部影响以后，发现（勒韦耶，1859；纽康姆，1895）让水星轨道近日点的移动仍然无法解释，这种移动的量值与我们提及的每世纪43″并无很明显的差别，此项完全根据经验的结果的不确定性范围总计只达到几秒。

　　（2）光线在引力场中的偏转

　　在第二章第五节中，按照广义相对论，一道沿直线传播的光线

---

　　〔1〕半长轴是指椭圆（行星公转轨道）长轴的一半长，长轴是过焦点与椭圆相交的线段长。半长轴即是行星离主星的平均距离。

　　〔2〕又叫离心率，是指椭圆两焦点间距离和长轴长度的比值。

　　〔3〕一个天体围绕着另一个天体转动叫做公转。太阳系里的行星绕着太阳转动，或者各行星的卫星绕着行星而转动，都叫做公转。公转是一个物体以另一个物体为中心所做的循环运动，一般用来形容行星环绕恒星或者卫星环绕行星的活动。所沿着的轨道可以为圆、椭圆、双曲线或抛物线。公转方向为自西向东。

光线在太阳附近的弯曲

当太阳处于地球与另一个遥远恒星之间时，太阳会使光线产生弯曲，弯曲的程度与太阳质量和光线与质心的距离相关。太阳引力在空间与时间上都是一个非常稳定的常数，那么当光线弯曲，其偏折率在扣除测量误差后也应该是恒定的。

在穿过引力场时其路程发生弯曲，光的这种弯曲情况与以抛物线抛出——通过引力场的物体其路程发生弯曲相似。作为一个理论结果，我们应该期望有一道光线从一个天体旁经过时将发生面向该天体的偏离。对于距离太阳半径中心处的一道光线而言，偏转角（α）应有如下关系：

$$\alpha = \frac{1.7''}{\Delta}$$

可以对这个理论再补充一句，该偏转的一半是由于太阳的引力场造成，另一半由太阳导致的空间几何形变（"变曲"）造成。

这一实验的结果也可以通过在日全食期间对恒星进行照相实验来进行检验。我们之所以选择必须在日全食期间的原因在于：只有在日全食时，才不会因阳光的强烈照射而看不见位于太阳圆盘附近的恒星。这一预言的结果可以从上图中清楚地看到。如果太阳（S）没有出现，一颗实际上被视为无限远的恒星，在地球上观测，它位于方向D_1。但是由于这颗恒星的光在经过太阳时因引力场的作用而发生偏转，在地球上观测，它的位置将在D_2被看到，也就是这颗恒星的视位置比它的真位置离太阳的中心更为遥远。

在实践中，对这个问题的检验按以下方法进行：在日全食时对太阳附近的恒星拍照。此外，当太阳位于天空的其他位置时，也就是在日全食发生前或发生后的早几个月或晚几个月，对天空中的恒星拍摄另一张照片，将这张照片与标准照片比较，在日全食中的照片上，恒星的位置是沿径向外移（远离太阳中心）的，外移的量值对应于角 α。

观测星系的红移现象

　　天文学家观测星系时发现，星系与恒星的谱线位移很不一样。首先，恒星的谱线位移有红移也有紫移，这反映恒星有的在远离我们，有的在接近我们，而星系的谱线位移绝大多数是红移，紫移的极少。其次，恒星的谱线位移不论是红移还是紫移，一般在每秒数十公里左右，最大的不超过每秒300公里，而星系的谱线红移每秒1 000公里以下的只占少数，多数是每秒2 000～3 000公里，有的甚至达到每秒1万公里。

　　我很感激英国皇家学会和皇家天文学会对这个重要推论进行的研究。这两个学会没有被第一次世界大战和由战争所引起的物质和精神上的重重困难所吓倒，他们的两个远征观测队整装待发，一个到巴西的索布拉尔，一个到西非的普林西比岛，并派出了几位英国最著名的天文学家（爱丁顿、柯庭汉、克罗姆林、戴维森），拍摄了1919年5月29日的日全食照片。在日全食期间，他们拍摄的恒星照片与其他用作比较的标准照片之间的相对差异只有极其微小的一毫米的百分之几。因此，必须非常精确地进行对照片的调准工作，而且对随后不同照片间的比较也需要有很高的准确度。

　　测量的结果以十分彻底且很满意的方式证实了这个理论。观测和计算所得的恒星位置对于太阳的偏差（以秒计算）的直角分量如下表：

恒星号	第一坐标		第二坐标	
	观测区	计算区	观测区	计算区
11	− 0.19	− 0.22	+0.16	+0.02
5	+0.29	+0.31	− 0.46	− 0.43
4	+0.11	+0.10	+0.83	+0.74
3	+0.20	+0.12	+1.00	+0.87
6	+0.10	+0.04	+0.57	+0.40
10	− 0.08	+0.09	+0.35	+0.32
2	+0.95	+0.85	− 0.27	− 0.09

（3）光谱线的红移

在第二章第六节中已经表明，假设系统K_1相对于伽利略系K转动，其中构造完全一样而且相对于转动的参考物体保持静止的钟，它的走动频率与它所在的位置有关。现在我们将要对这一相倚关系进行定量研究。钟A被放置于距圆盘中心r处，它有一个相对于K的速度，这个速度由$v=\omega r$决定，其中ω表示圆盘K_1相对于K的转动角速度。将v_0设为钟相对于K保持静止时的单位时间内的嘀嗒次数（钟的"时率"），那么当这个钟相对于圆盘保持静止，但又以速度v相对于K运动时，这个钟的"时率"，按照第一章第十二节，将由

$$v = v_2 \sqrt{1 - \frac{v^2}{c^2}}$$

决定，或者以充分的精密度由

$$v = v_0 \left(1 - \frac{1}{2} \cdot \frac{v^2}{c^2} \right)$$

决定。这一表达式也可以写成

$$v = v_0 \left(1 - \frac{1}{c^2} \frac{\omega^2 r^2}{2} \right)$$

如果我们以 φ 表示一个存在于钟的位置和圆盘中心之间的离心力之差，考虑为单位质量从圆盘上钟的位置移动到圆盘中心为克服离心力所需要的值，那么我们有

$$\varphi = \frac{\omega^2 r^2}{2}$$

由此得出下式：

$$v = v_0 \left(1 + \frac{\varphi}{c^2} \right)$$

首先，我们从这个表达

日食

义作口蚀，当月球运行至太阳与地球之间时，月球挡住了太阳发出的光线，看起来好像是太阳消失了，这就是日食。日食只发生在朔，即月球与太阳呈现重合的状态时。

式看到两个构成完全相同的钟，如果它们走动的频率不同，即说明它们所处的位置与圆盘中心的距离就有差异。在随圆盘转动的观测者看来，这个结果是成立的。

现在，从圆盘上去判断，圆盘处在一个势[1]为 φ 的引力场中。

〔1〕势或叫"位"，在保守场里，把一个单位质点（如重力场中的单位质量，静电场中的单位正电荷）从场中的某一点A移到参考点，场力所做的功是一个定值。也就是说，在保守场中，单位质点在A点与参考点的势能之差是一定的，人们把这个势能差定义为保守场中A点的"势"。势是保守场的位置的单值函数，与质点的存在与否无关。只有在保守场中才能引入势的概念。参考点的选定是可以任意的。例如，对于静电场参考点常选在无限远处，也可以把地球或其他大的导体选作参考点。对于重力场则把地面作为参考点。摩擦力所作的功不仅与运动质点的初、终位置有关，而且与它所通过的路径有关，所以摩擦力是非保守力。运动电荷在磁场中所受到的磁力也是非保守力。在非保守场中不存在势能，也不能引入势的概念。

光谱红移

　　一个天体的光谱向长波（红）端的位移叫做红移。通常认为它是多普勒效应所致，即当一个波源（光波或射电波）和一个观测者快速运动时所造成的波长变化。

因此，这一结果对普遍的引力场也是成立的。此外，我们可以将原子当作发出光谱线的一个钟，如此下述陈述得以成立：

　　一个原子吸收或发光的频率依赖于该原子所处的引力场的势。

　　位于一个天体表面的原子的频率比处于自由空间中的（或位于一个表面狭小的天体上）同一元素的频率稍小。

　　这里，$\varphi = -K\dfrac{M}{r}$，其中K是牛顿引力常数，M是天体的质量。因此，在恒星表面的光谱线的传播与在地球表面所产生的光谱线的传播相比较，应发生红向移动，移值是

$$\frac{v_0 - v}{v} = \frac{K}{c^2} \cdot \frac{M}{r}$$

　　相对于太阳来讲，在理论上预计的红向移动值约等于波长的百万分之二。相对于恒星而言，可信赖的结果不可能得出，因为质量M和半径r还不为人所知。

　　此种未解决的问题是否还是继续存在，目前（1920年），天文学家为求得这项工作的解决投入了极大的热情。相对于太阳而言，因此种效应很小而难以对它作出是否存在的判断。格特勃、巴赫姆、艾沃舍德、史瓦西通过对氢光谱带的测量，认为此种效应的存在是确凿无疑的。而其他研究人员，特别是圣·约翰，却从他们的测量结果中，

得出了相反意见。

　　光谱线必定会朝向折射较小的一端进行平均位移，这曾经在对恒星进行的统计调查中指出过。但是，是否是引力效应实际上导致了这些位移呢？直到目前为止，根据对现有数据的研究，仍不能对这一问题有任何确定的结论。在艾·弗伦德里希的《广义相对论验证》（《自然科学》，1919年第35期第520页，柏林Julius Springer出版）的论文中，所有的观测结果都被收集在一起，并从我们现在所注意的角度对那些结果进行了详尽讨论。

　　然而无论如何，最终的明确结论将在未来几年中得出。如果并不存在由引力势引起光谱线红向移动，则广义相对论就不能成立。另一方面，如果确实是引力势导致了光谱线的位移，那么我们关于天体质量的重要情报将由对位移的研究得来。

相对论与空间问题

　　牛顿物理学的特点是，承认空间和时间是与物质一样有其独立而实际的存在，这是因为牛顿运动定律中出现了加速度的概念。但是，按照这一理论，加速度只可能指"相对于空间的加速度"。所以，为了使牛顿运动定律中出现的加速度有意义，就必须把牛顿的空间看作是"静止的"，或者至少是"非加速的"。其实，牛顿把空间和空间的运动状态说成为具有物理实在性并不妥当，但是，为了使力学具有明确的意义，当时并无其他办法。

　　要人们把一般的空间视为具有物理实在性，的确是一种苛求，古往今来的哲学家们均一再拒绝这样的假设。笛卡尔曾经如此论证：空间与广延性是同一的，但广延性是与物体相联系的。因此，没有物体的空间是不存在的，亦即一无所有的空间是不存在的。这个论点的不足是显而易见的，如下所述。广延性概念起源于我们能把固体铺展开来或拼靠在一起的经验。但不能由此得出结论说，如果某些事例本身不是构成广延性概念的缘由，这个概念就不可能适用于这些事例。这样推广概念是否合理，可以间接地由其对理解经验结果时所具有的价值来证明。因此，关于广延性的要领仅能适用于物体的断言，就其本身而论肯定是没有根据的。但是以后我们将会看到，广义相对论绕了一个大弯仍旧证实了笛卡尔的概念。使笛卡尔得出他十分吸引人的见解的，肯定是这样的感觉，即只要不是万不得已的情况，我们不应该把像空间这一类无法"直接体验"的东西视为具有实在性。

以我们通常的思想习惯为基础来考虑，空间观念或这一观念的必要性的心理起源，远非表面看来那样明显。古代的几何学家所研究的是概念上的东西（点、

宇宙的虚时间

宇宙在虚时间中显现为一个球面，正如地球表面那样，只是多了两个维。并且以暴胀的形式向外扩张。

线、面），并没有像后来解析几何学那样真正研究到空间本身。但是，从某些原始经验中，空间观念仍可以得到一些启示。假定一只造好了的箱子，我们按照某种方法用物体把箱子装满。盛装物体的可能性是"箱子"这个客体的属性，是伴随箱子而产生的，也就是随着被箱子里"被包围着的空间"而产生的。这个"被包围着的空间"因不同的箱子而异，人们很自然地认为这个"被包围着的空间"在任何时刻都不依赖于箱子里面是否有物体存在。当箱子里面没有物体时，那空间看起来似乎是"一无所有"的。

到目前为止，我们的空间概念仅局限于这个箱子。但是，箱子空间的容物可能性，与箱壁的厚薄无关。能否把箱壁的厚度缩减为零，而又使这个"空间"不消失呢？这是一种很自然的求极限的方法。这样，我们的意识中就只剩下了没有箱子的空间，一个本身就自然存在的原空间。虽然，如果我们忘记了这个起源，这个空间似乎还是很不实的。当然，把空间看作是与物质客体无关且可以脱离物质而存在之物，与笛卡尔的论点正好相反（当然这并不妨碍他在解析几何学中把空间处理为一个基本概念）。当人们发现水银气压计中存在的真空时，

虫洞

　　1935年，爱因斯坦在理论上发现了"虫洞"——由两个相连的"黑洞"所构成的时空结构中的"豁口"。仅仅找到这样一个"豁口"还不够，还必须使它的开口时间足够长，这样才能有足够的时间钻入它。而根据量子理论，这个虫洞在强力的作用之下，将于开启时瞬间关闭。

那些支持笛卡尔的见解肯定是不驳而倒。但是，即使在这初始阶段，空间概念或者空间被看作是独立而实在之物，已有某些不能令人满意之处了。

　　三维欧几里得几何学的课题，是用什么方法把物体装空间（例如箱子）。它的公理体系很容易使人迷惑，使人忘记它所讨论的问题仍然可以成为现实。

　　如果上述方式可以形成空间概念，按照"填满"箱子的经验推演下去，那么这个空间根本就是有界的。但是，这种担心看起来并无必要，因为我们总可以用一个较大的箱子把那个较小的箱子装进去。因此，空间又好像是无界的。

　　在这里，我想讨论一下空间概念在物理学思想发展过程中所起的作用。

　　当小箱子s在大箱子S的全空空间中处于相对静止的状态时，s的全空空间就是S的全空空间的一部分，而且把s和S的全空空间一起包括进去的那个"空间"，既属于箱子s，也属于箱子S。但是，当s相对于S运动时，这个概念就有点复杂了。人们会认为s总是包围着同一空间，但其所包围的S的一部分空间则是可变的。于是，我们可以认定每一个箱子各有其特别的、无界的空间，并且有必要假定这两个空间彼此做相对运动。

在此之前，空间看来好像是一种无界的媒质或容器，物体在其中游来游去。但是现在我们知道，空间有无限多个，它们彼此做相对运动。"空间是客观存在的，是不依赖于物质的"，这种思想产生于现代科学兴起以前。但是，关于存在着无限多个做相对运动的空间的观念，则是现代科学兴起以后的思想。后一观念在逻辑上不可避免，它甚至在现代科学思想中也远未起过重要作用。

关于时间概念，它是与"回想"相联系的，同时也与感觉经验和对这些经验的回忆的两者之间的辨别相联系。感觉经验与回忆之间的辨别，是否在心理上由我们直接感觉到呢？这是有疑问的。每一个人都曾经有过这样的经历：怀疑某件事是通过自己的感官真正经验过的呢，还是只不过是一个梦。在这两种可能性之间进行辨别，大概最初是脑子要整理出次序来的一种活动。

如果一个经验是源于一个"回忆"，那么我们可以认为，这个经验与"此刻的经验"相比是"较早的"。这种用于回忆经验的排列次序的原则，其贯彻的可能性就产生了主观的时间概念，即关于个人经验的排列的时间概念。

什么是"使时间概念具有客观意义"？比如，甲（"我"）有这样的经验，"天空在闪电"。与此同时，甲还经验到乙的这样的一种行为，甲可以把这种行为与他本身关于"天空在闪电"的经验联系起来。这样，甲认为其他人也参与了"天空在闪电"的经验。"天空在闪电"不再被解释为一种个人独有的经验，而是解释为他人的经验（或者最终解释为一种"潜在的经验"）。于是就产生了这样的解释："天空在闪电"本来是进入意识中的一个"经验"，而现在可以解释为一个（客观的）"事件"。当我们谈论"实在的外部世界"时，所

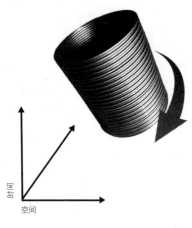

时间

空间

爱因斯坦的宇宙

在爱因斯坦的宇宙中，时间从无限的过去向无限的将来流逝。然而，这一宇宙除多了一维外，其余同地球一样，空间方向有限，并且自身闭合。我们可以将时空画成一个圆柱，长轴是时间方向，截面是空间方向。如果你位于轴上，就会留在空间的同一点。若不在轴上，则可以以围绕轴旋转的方式在空间中运动。

指就是所有事件的总和。

我们必须为经验规定一种时间排列。如果 β 迟于 α，γ 又迟于 β，则 γ 也迟于 α（"经验的序列"）。对于已经与经验联系起来的"事件"，乍看起来，似乎可以假定事件的时间排列是存在的，这种排列与经验的时间排列是一致的。人们不自觉地作出了这个假定，直到产生疑问为止。为了获得客观世界的概念，还需要有另一个辅助概念：事件不仅确定于时间，也确定于空间。

在此之前，我们曾试图描述空间、时间和事件诸概念，并让它们在心理上与经验联系起来。从逻辑上说，这些概念是人类智力的创造物，是思考的工具，它们能把各个经验联系起来，以便更好地考察。要认识这些概念的经验起源，就应该明白我们在多大范围内受这些概念的约束。这样，我们所具有的自由就可以认清了，不过要在必要的时间内合理地利用这种自由却相当困难。

这里，我们还要对空间、时间、事件诸概念作一些必要的补充。我们曾经利用箱子以及箱子里排列物质客体的事例来联系空间概念与经验。所以，此种概念的形成就已经以物质客体（例如"箱子"）的概念为前提。同样，人在客观的时间概念的形成方面，也起着物质客体的作用。所以，物质客体概念的形成比时空概念更早。

这些概念，与心理学方面的痛苦、目的等一类的概念一样，都成形于现代科学兴起以前。目前，物理思想与整个自然科学思想等同，它们的特点是在原则上力求完全用"类空"概念来说明问题，并借此表述一切具有定律形式的关系。物理学家把颜色和音调归为振动，生理学家设法把思想和痛苦归为神经作用。这样，心理因素就从事件存在的因果关系中消除，从而不管在何种情况下都不构成因果关系中的一个独立环节。如今，"唯物主义"[1]一词就是指的这种观点，它认为完全可以用"类空"概念来理解一切关系。

为什么必须把自然科学思想中的基本观念从柏拉图的奥林匹斯天界拖下来，并揭发它们的世俗血统呢？答曰：为了使这些观念摆脱与世隔绝的禁令，并能够在构成观念或概念方面获得更多自由。这种想法由休谟和马赫首先提出，他们在这方面功不可没。

科学发展前的空间、时间和物质客体等概念，被科学加以修正，使之更加确切。欧几里得几何学的发展就是这方面的第一个重要成就。我们在看到欧几里得几何学的公理体系的时候，应该看到它的经验起源（把固体展开或拼凑在一起的可能性）。比如说，三维空间和欧几里得特性都源于经验。

刚性的物体是不存在的，这使得空间概念更加微妙。一切物体都能够做弹性形变，它们的体积随着温度的变化而改变。所以，几何结

---

〔1〕哲学里关于本体论的一种基本观点，它与唯心主义相反，认为在意识与物质之间，物质决定意识，意识是客观世界在人脑中的反映。也就是说，物质第一性、精神第二性，世界的本原是物质，精神是物质的产物和反映。

原子论

原子论是解释物质本质的理论，说明所有的物质皆由原子构成。近代原子论由英国化学家约翰·道尔顿于1803年在其提出的倍比定律的基础上发展而来。但是由于实验证据的缺乏和道尔顿表述的不力，他的观点直到20世纪初才被广泛接受。

构的表示必须依赖物理概念。但是由于物理学中一些概念的建立还须借助几何学，因而几何学的经验性内容只能就整个物理学的体制来陈述和检验。

原子论及其对物质的有限的可分割性的概念，是空间概念不能忘却的，因为比原子还小的空间无法量度。原子论还迫使我们在原则上放弃这种观念，即认为可以清楚和静止地划定固体界面。严格说来，即使在宏观领域中，对于相互接触的固体的可能位形而言，精确的定律也不可能存在。

但是，没有人想放弃空间概念。因为在自然科学最圆满的整个体系中，空间概念看来是不可或缺的。19世纪，马赫曾经认真地考虑过舍弃空间概念，而代之以所有质点之间的瞬时距离的总和的概念（他是为了试图求得对惯性的满意理解）。

（1）场

在牛顿经典力学中，空间和时间起着双重作用。第一，空间和时间成了物理事件的载体或框架，事件是由其空间坐标和时间过程来描述的。原则上，物质被当成是由"质点"所组成，质点的运动构成物理事件。如果我们把物质看作是连续的，在人们不愿意或不能够描述物质的分立结构的情况下，我们只能暂时作这样的假定：物质的微小部分同样可以当作质点来处理，至少我们可以在只考虑运动，而不考虑此刻不可能或者没有必要归之于运动的那些事件（例如温度变化、化学过程）范围内照这样来处理。第二，空间和时间可以被当作一种"惯性系"。在可以设想的所有参考系中，惯性系的好处是，惯性定律对于惯性系是有效的。

　　人们设想，在原则上，不依赖于主观认识的"物理实在"是由时空以及与时空做相对运动的永远存在的质点构成。这个关于时空独立存在的观点，可以这样表达，如果物质消失了，时空本身（作为表演物理事件的一种舞台）将依然存在。

　　这种观点被理论的发展打破了。最初似乎与时空问题毫不相干的这个发展，再现了场的概念，以及最后要用它来取代粒子（质点）观念的趋势。在经典的体制中，由于物质被看作连续体，场只是作为一种辅助性的概念来命名的。固体在热传导时，它的状态是由每一点在每一个确定时刻

基本粒子 示意图

　　基本粒子原意为"物质存在的基本单位"。后来，人们不再用"基本粒子"，而改称为"粒子"。图为人们对物质结构认识的示意图（从上至下）：物质→分子→原子→原子核→夸克→夸克的结构。

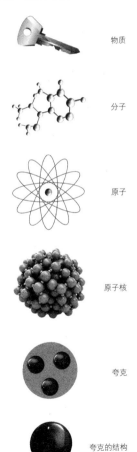

物质

分子

原子

原子核

夸克

夸克的结构

的温度来描述的。在数学方法上，将温度T表示为温度场，也就是空间坐标的时间t的一个数学表示式（或函数）。热传导定律被表述为一种局部关系（微分方程），热传导的所有特殊情况都包括其中。这里，温度就是场的概念的一个例子。这是一个量（或量的复合），它是坐标和时间的函数。另外，就是对液体运动的描述。在每一个点上，每一时刻都有一个速度，其值即由该速度对于一个坐标系的轴的三个"分量"来加以描述（矢量）。这里，每一个点的速度的各个分量（场分量）也是坐标（x，y，z）和时间（t）的函数。

关于场的特性，它们只存在于质体之中，它们仅仅用来描述这种物质的状态。从场概念的历史发展来看，没有物质的地方就没有场。但是，在19世纪初，人们证明，如果把光看作一种波动场——与弹性固件的机械振动场完全相似，那么光的干涉和运动现象就可以解释了。因此，人们就感到有必要引进一种这样的场：在没有有质物质的情况下也能存在于"一无所有的空间"。

这就导致了一个自相矛盾的状况。因为，按照起源，场概念似乎仅限于描述质体内部的状态。由于人们确信，每一种场都应看作是一种状态，它们能够给予力学解释，并且是以物质的存在为前提的，因为"场概念只应限于描述质体内部的状态"的观点就更加确切了。因此人们必须假定，在一向被认为是一无所有的空间中也存在着某种形式的物质，这种物质即以太。

从必须有一个机械载体与场相联系的假定中，把场概念解放出来，是物理思想发展史上在心理方面最令人感兴趣的事件之一。19世纪下半叶，法拉第和麦克斯韦的研究成果越来越清楚地告诉我们，用场描述电磁过程大大胜过了以质点的力学概念为基础的处理方法。由于在电动力学中引进场的概念，麦克斯韦成功地预言了电磁波的存在；由于电磁波与光波在传播时速度相等，我们则不可怀疑它们在本质上的同一性了。因此在原则上，光学成为电动力学的一部分，这个巨大成就产生了一个心理效应——与经典物理学的机械唯物论体制相对立的场概念取得了更大的独立性。

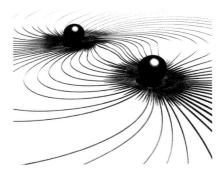

电磁场

　电磁场中各处都有一定的能量密度，即能量定域于场中。法拉第的电磁感应实验将机械功与电磁能联系起来，证明二者可以互相转化。电磁波可以不借助导体作媒介，在空间传播信息和能量。

但是最初，人们理所当然地把电磁场解释为以太的状态，并且设法渲染这种状态解释的机械性。这种努力总是失败，于是，科学界逐渐放弃了此种机械解释。然而，在19世纪和20世纪之交，人们仍然确信电磁场必然是以太的状态。

以太学说带来了一个问题：相对于质体，怎样用力学观点来看待以太的行为？以太是参与物体的运动呢，还是相对地保持静止状态？为了解决这个问题，人们做过许多实验，这里应注意两个重要事实：由于地球周年运动而产生的恒星的"光行差"和"多普勒效应"（即恒星相对运动对其发射到地球上的光的频率上的影响）。对于所有这些事实和实验结果，除了迈克尔逊—莫雷实验以外，洛伦兹也作出了解释。他的假定是：以太不参与质体的运动，它各个部分相互之间完全没有相对运动。这样，以太看来似乎就体现一个绝对静止的空间。但是洛伦兹的研究还取得了更多成就，他解释了在质体内部发生的所有电磁和光学过程。因为他假定，有质物质与电场之间的相互影响，完全是因为物质的组成粒子带有电荷，这些电荷也参与了粒子的运动。洛伦兹论证、迈克尔逊—莫雷实验所得出的结果，与以太处于静止状态的学说并不矛盾。

但是，以太学说仍然不能完全令人满意，理由是：经典力学告诉人们，一切惯性系或惯性"空间"等效于自然律的表达方式；从一惯性系过渡到另一惯性系，自然律不变。电磁学和光学实验也可以告诉我们同样的事实。但是，电磁理论基础却要求我们，必须选取一个特别的惯性系，这个惯性系就是静止的光以太。这一观点实在不能令人满意，难道不会有像经典力学支持惯性系的等效性（狭义相对性原理）那样的修正理论么？

狭义相对论解答了这个问题。狭义相对论采用了麦克斯韦—洛伦兹理论中关于在真空中光速恒定的假定。要使这个假定与惯性系的等效性（狭义相对性原理）相一致，必须放弃"同时性"带有绝对性的观念。此外，对于从一个惯性系过渡到另一个惯性系，必须引用时间和空间坐标的洛伦兹变换。下述公设包括了狭义相对论的全部内容：自然界定律对于洛伦兹变换是不变的。此公设的重要实质在于，它用一种确定的方式限定了所有的自然律。

狭义相对论如何看待空间问题？首先我们注意，实在世界的四维性并非狭义相对论第一次提出。早在经典物理学中，事件就是由四个数来确定，即三个空间坐标和一个时间坐标。因此，全部物理"事件"都可以认为是寓存于一个四维连续流形之中。但是，经典力学告诉我们，这个四维连续区被客观地分割为一维的时间和三维的空间两部分，而只有三维空间才存在着同时的事件。一切惯性系都可以如此分割。两个真实的事件相对于一个惯性系的同时性，同时含有这两个事件相对于一切惯性系的同时性。我们说经典力学的时间的绝对性即为此意。对此，狭义相对论的看法不同。所有与一个选定的事件同时的诸事件，就一个特定的惯性系而言确实是存在的，但是这不再能说成为与惯性系的选择无关的了。于是，四维连续区再也不能客观地分割为两个部分，整个连续区包含了所有同时事件。所以，"此刻"对于具有空间广延性的世界失去了其客观意义。如果是这样，要表示客观关系的意义而不带有因袭的任意性的话，那么，空间和时间必须看作一个四维连续区，它们在客观上不可分割。

狭义相对论揭示了一切惯性系的物理等效性，证明了关于静止的以太的假设是不成立的，因此必须放弃一种观点——将电磁场看作物质载体的一种状态。这样，在物理描述中，场就成为不能再加分解的基本概念，正如在牛顿的理论中物质概念不能再加以分解一样。

现在我们来看，狭义相对论从经典力学吸取了哪些基本观念。在狭义相对论中，自然律要想有效，须引用惯性系作为时空描述的基础。惯性原理和光速恒定原理只有在一个惯性系中才有效。只有在惯性系中，场定律也才能说是有意义和有效的。因此，与经典力学一样，在狭义相对论中，空间也是表述物理实在的一个独立部分。即使我们把物质和场移走，惯性空间依然存在。这个四维结构（即闵可夫斯基空间）被当作物质和场的载体。各惯性空间连同时间，只是一种特殊的四维坐标系，它们由线性洛伦兹变换联系起来。这个四维结构中并不存在客观地代表"此刻"的部分内容，因此，事物发生和生成的概念并非用不着了，而是更复杂了。因此，将物理实在看作一个四维存在，而不是像以前那样，只看作一个三维存在，似乎更加自然些。

狭义相对论的这个刚性四维空间，与洛伦兹的刚性三维以太有些类似。关于狭义相对论的下列陈述也是合适的：物理状态的描述假设了空间是原先给定的，并且独立存在。因此，连狭义相对论也没有消除笛卡尔的怀疑："空虚空间"是独立存在的还是先验存在的？这里讨论的真正目的就是要说明，广义相对论在多大程度上解决了这些疑问。

（2）广义相对论的空间概念

广义相对论的起因，是力图了解惯性质量和引力质量的同等性。比如，在惯性系S_1中，它的空间从物理的观点看来是空虚的。在这部分空间中，既没有通常意义上的物质，也没有狭义相对论意义上的场。设有另一参考系S_2相对于S_1做匀加速运动。这时，S_2就不是一个惯性系。对于S_2来说，每一个试验物的运动都有一个加速度，它与试验物的物理、化学性质无关。因此，相对于S_2，就第一级近似而言，存在着一种状态，它与引力场无法区分。所以，S_2也可以相当于一个"惯性系"；不过相对于S_2又另存在一个引力场。因此，如果讨论的体系中包括了引力场，惯性系就失去了它本身的客观意义。如果在它们的基础上建立起一个合理的理论，那么这个理论本身将满足惯性质量与引力质量相等的事实，而这个事实已被经验充分证实。

从四维的观点来看，四个坐标的一种非线性变换与从S_1到S_2的过渡相对应。这里的问题是：哪一种非线性变换是可能的，或者，洛伦兹变换如何推广？下述说法对于回答这个问题具有重要意义。

设先前理论中的惯性系具有如下性质：坐标差由固定不移的"刚性"量杆测量，时间差由静止的钟测量。对第一个假定还须以另一个假定作补充，即对于静止的量杆的相对展开和并接而言，欧几里得几何学中有关"长度"的诸定理是成立的。这样，我们可以从狭义相对论的结果结论如下：对于相对于惯性系S_1做加速运动的参考系S_2而言，对坐标不再可能作此种直接的物理解释了，现在，坐标也就只能表示空间的维级，一点也不能表示空间的度规性质。于是就有了从已有的变换推广到任意连续变换的可能性。在这里，广义相对性原理的含义是：自然律对于任意连续的坐标变换必须是协变的。这个要求相比狭义相对性原理而言，更有力地限制了一切自然律。

这一系列观念的基础之一是，以场作为一个独立的概念。因为，对于S_2有效的情况被解释为一种引力场，而并不关心其是否存在着产生这个引力场的质量。借助这些观念还可以明白，与一般的场定律相比，纯引力场定律与广义相对论的联系更为直接。也就是说，我们可以假定，"没有场"的闵可夫斯基空间表示自然律中可能有一种最简单的特殊情况。

这点也可以借助于洛伦兹变换予以证明。

现在我们就来考察，从空间概念过渡到广义相对论，要作多大的修改。经典力学和狭义相对论告诉我们，空间的存在不依赖于物质或场。如要描述充满空间并依赖于坐标之物，必须首先设想时空或惯性系连同其度规性质已经存在，否则，对于"充满空间之物"的描述就没有意义。而根据广义相对论，与依赖于坐标的"充满空间之物"相对立的空间，不能脱离此种"充满空间之物"而独立存在。这样，一个纯引力场就可以通过解引力方程得到的坐标函数来描述。如果我们将引力场亦即诸函数除去，剩下的就只能是绝对的一无所有，而且也不是"拓扑空间"。因为诸函数在描述场的同时，也描述这个流形的拓扑和度规结构性质。由广义相对论的观点判断，上述空间并不是一个没有场的空间，一无所有的空间。一无所有的空间，即没有场的空间是不存在的。时空不能独立存在，只能作为场的结构性质而存在。

因此，笛卡尔认为，"一无所有的空间并不存在"的见解与真理

引力坍缩

引力坍缩是恒星发生猛烈变化的过程，包括恒星形成、衰亡和Ⅱ型超新星的三种引力塌缩，然而过程不同，包含的物质变化也有区别，在引力坍缩过程中，恒星中心部分形成致密星，并伴有能量释放和物质的抛射。

相去不远。如果仅从有质物体来理解物理实在，那么上述观念看来的确荒谬。"将场看作物理实在的表象"的这种观念，再把广义相对性原理结合起来，才能证明笛卡尔观念的真义："没有场"的空间是不存在的。

（3）广义的引力论

根据以上所述，获得以广义相对论为基础的纯引力场论已不难。因为我们确信，"没有场"的闵可夫斯基空间度规一定会满足场的普遍规律。而从这个特殊情况出发，我们可以导出引力定律，并且在此过程中可以避免任意性。对于理论上进一步的发展，广义相对性原理并没有作出明确的决定。在过去几十年中，人们曾经朝着各个不同方向进行探索。他们的共同点是将物理实在看成一个场，而且是作为由引力场推广出来的一个场，因而其场定律是纯引力场定律的一种推广。对于这一推广，我们现在已经找到了最自然的形式，但是还不能确定这个推广的定律能否经得起事实的考验。

在前面的论述中，场定律的个别形式问题还是次要的。现在的问题是，这里所设想的这种场论究竟能否达到其本身的目标。也就是说，这样的场论能否用场来透彻地描述物理实在，包括四维空间在内。对这个问题，当前的物理学家倾向于做否定的回答。根据量子论，他们还认为，一个体系的状态是不能直接规定的，只能对从该体系中所能获得的测量结果给予统计学陈述而作间接的规定。大家的看法是，只有物理实在的概念削弱之后，才能体现已由实验证实了的自然界的二重性（粒子性和波动性）。我认为，我们现有的知识还不能允许作出如此深远的理论否定，不过在相对论性场论的道路上，我们不应半途而废。

什么是相对论

你们的同事，让我给《泰晤士报》写点关于相对论的东西，我很愉快地接受了这个请求。过去，学者们经常主动交流。而现在，那种交流已经可悲地衰败了。今天，可以借此机会，向英国天文学家和物理学家们表达我的欣喜之意与感激之情，我非常欢迎。第二次世界大战时，我的理论才在你们的敌国——德国完成并发表。贵国的科学工作具有伟大而骄人的传统，因此，你们杰出的科学家仍旧不惜花费大量的时间和辛劳，甚至你们的科学院不惜一切代价，都在检验这一推断。英国科学家，在考察太阳的引力场对光线的影响。虽然这是个纯客观问题，但是我仍然忍不住要向他们表达我的感谢之意。正是由于他们的工作，我才能够活着见到我的理论中最重要的推断得到检验。

当对物理学的各种理论进行

爱因斯坦

爱因斯坦1913年返回德国，任柏林威廉皇帝物理研究所所长和柏林洪堡大学教授，并当选为普鲁士科学院院士。1933年因受纳粹政权迫害迁居美国，任普林斯顿高级研究院教授，从事理论物理研究与讲学，1940年入美国国籍。

分类时，我们便会发现它们大都是建构性的（constructive）。这些理论，试图从一个相对简单的形式系统的材料出发，对更为复杂的现象构建出一幅图景来。所以，气体的运动理论努力从分子运动的假设出发，构建机械运动、热运动和扩散过程，即把它们都归于分子运动。不过，我们对这些过程尚存怀疑。然而，当我们宣布已经成功地理解了一组自然过程时，只是意味着我们发现了一个涵盖这些过程的建构性理论。

和这类最重要的理论并存的，还有一类理论，即我所谓的"原理理论"。它们应用的不是综合的方法，而是分析的方法。我们在经验中发现的一些东西，是构成这类原理理论的基础和出发点的元素。这些元素不是假设性地被构建出来的。它们是自然过程的普遍特征，是能导出用数学公式表达的标准的原理，也就是说，独立的过程或理论表述必须满足这些标准。不存在永动机，是个普遍的经验事实。从这一经验事实出发，热力学采用分析的方法，推导出独立事实必须满足的必然条件。

建构性理论具有完备性、清晰性和适应性的优势，而原理理论则具有逻辑的完美和基础的坚实的优势。

相对论属于原理理论，要掌握它的本质，先须熟知其所依赖的原理。然而，在我讲这些原理之前，我们必须看到，相对论就像是一个由狭义相对论和广义相对论组成的两层建筑。

狭义相对论是广义相对论的基础。狭义相对论，其适用范围是除引力之外的各种物理现象，而广义相对论则提供了引力定律及它和其他自然力的联系。

我们知道，从古希腊时代起，需要一个参照物，才能描述另一个物体的运动。人们认为，一辆车的运动是相对地面而言，一颗行星的运动是相对可见的恒星整体而言。在物理学中，坐标系是事件在空间中上所参照的物体。比如，只有依靠坐标系，才能把伽利略和牛顿的力学定律用公式表达出来。

但是，如果要让力学定律成立，那么坐标系的运动状态便不能是任意的，它必须没有旋转和加速度。"惯性系"，即力学中所用的坐标系。根据力学，自然并非惯性系运动状态的唯一决定因素。正好相反，相对于一个惯性系以匀速直线运动的坐标系也是惯性系，这一定义却是成立的。"狭义相对性原理"，便意味着这个定义的推广，用来包括任何自然事件，即每个对坐标系C有效的普遍自然规律，必定同样适用于相对于C做匀速平移运动的坐标系C′。

"真空中光速不变原理"，是狭义相对论所依赖的第二条原则。这条原理认为，光在真空中总是有确定的传播速度，它和观察者或者光源的运动无关。正是由于麦克斯韦和洛伦兹的电动力学取得的成就，物理学家们才对这条原理深信不疑。

经验事实，给上述两个原理以强力支持。但是，这两个原理似乎未能在逻辑上取得和谐一致。通过对运动学的修改，即对物理学中与空间和时间相关规律的修改，狭义相对论最终成功地使它们达到逻辑上的统一。于是，人们明白，若不是相对于给定的坐标系而言，谈论两个事件的同时性是毫无意义的。同时，测量装置的形状和钟表运动的速度，都与它们相对于坐标系的运动状态有关。

伽利略和牛顿的运动定律，都属于旧物理学。然而，旧物理学都不能适用于上面提到的相对性运动学。如果上述两原理真的适用的话，它们便会产生出一些普遍的数学条件，而自然规律就必须遵循这些条件。同时，物理学也必须适应这些条件。特别是，科学家获得了关于飞速运动着的质点的一个新的运动规律。而带电粒子的情况极好地证实了这一规律。关于物质体系的惯性质量，是狭义相对论取得的最重要的结果。这一结果表明，某体系的惯性必定有赖于其能量含量。从而又直接产生了这样一个观念，即惯性质量就是潜在的能量。所以质量守恒原理便失去了独立性，和能量守恒原理融为一体。

麦克斯韦和洛伦兹的电动力学经过系统的发展，便演变为狭义相对论。但是，它又超越了自身。物理规律，与坐标系的运动状态无关。难道这一点只限于坐标系的相互匀速下移运动吗？大自然与我们的坐标系及其运动有什么关系呢？如果为了达到描述自然的目的，有必要选用任意导入的坐标系的话，那么这个坐标系的运动状态的选择应该不受限制，而定律也应与这种选择完全无关，这便是广义相对性原理。

物体的重量和惯性为同一常数所控制，即惯性质量和引力质量互等，这是个早就清楚的经验事实。通过这一事实，广义相对性原理的建立就变得容易多了。假设，相对于另一个牛顿意义上的惯性系，有一个坐标系在做匀速转动。根据牛顿的原理，我们应该把出现在该系统的离心力当作是惯性的效应。然而，这些离心力却与重力完全一样，同物体质量成正比。这种情况难道不可能吗？当我们把坐标系看作是静止的，而把离心力看作是万有引力，那么这样的结果明显便可看出。但是，经典力学不允许这样做。

这种考虑过于仓促，但是它表明广义相对论必须提供引力定律。我们的愿望是合理的，这点可以由这个观点的坚定的追随者们来证明。

然而，由于广义相对论要求抛弃欧几里得几何，所以它的路途要比人们想象的更加艰难。

我们所谓的"空间曲率"，即安置在空间中的固定物体所遵循

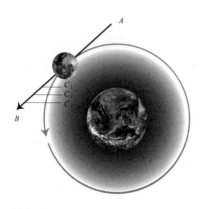

月球运动

按照牛顿的惯性定律，月球应该自然而然地做直线运动，从 A 运动到 B。由于受地球万有引力的影响，月球改变直线运动的方向，转而向 C_1、C_2、C_3 点运动，从而建立绕地轨道。

的定律。它与由欧几里得几何提供给物体的那些定律，是不完全相同的。因此，一些基本概念，比如"直线""平面"等，已经失去了其在物理学中的确切意义。

在广义相对论中，运动学就是关于空间和时间的学说。它不再与物理学的其他方面无关了。物体的几何特性与钟的运动都有赖于引力场。而这些引力场本身又是由物质产生的。

新的引力理论，其原理与牛顿的理论截然不同。但是，从实际结果来看，它和牛顿理论又如此接近，以至我们很难找到经验能及的标准来区分它们。到目前为止，已发现的有：

（1）已为水星的例子证实的是：绕太阳的行星的椭圆轨道转动。

（2）为英国人的日食照片证实的是：引力场引起的光线弯曲。

（3）至今未被证实的是：当光线从相当大光度的恒星传播到我们这里时，光谱线向光谱红端偏移。

该理论逻辑的完备性是其主要的吸引力。如果有一个由它推出的结论被证明是错误的，那么我们就必须摒弃它。因为，只修改它而不破坏整个结构似乎是不可能的。

但是，我们不要认为，这种理论或任何其他理论真的能够取代牛顿的辉煌成就。在自然哲学领域中，牛顿的理论是我们整个现代概念结构的基础。他伟大而明晰的思想将始终拥有特殊的意义。

　　附言：你的文章中关于我个人和生活的说法，都来自作家生动的想象力。这里，还有一个可以娱乐读者的相对性原理的应用，即现在，我被德国人称为"德国的学者"；而又被英国人称为"瑞士的犹太人"。如果我命中注定该扮演一个惹人讨厌的角色的话，那么正好相反，在德国，我就该被称为"瑞士的犹太人"，而在英国，我则又变成了"德国的学者"。

理论物理学的基础

科学将繁杂的感觉经验和逻辑连贯的思想体系对应起来。在这一体系中，单个经验和理论结构之间的对应关系必须是唯一的，且能够使人信服。

物质世界概念的早期雏形

古希腊哲学家亚里士多德认为，世界上的物质都是由土、气、火和水四种元素组成。基于这一原理，兴起了炼金术。在这一学科的支持下，四种元素理论持续了将近两千年。科学发展到18世纪，德谟克利特的原子理论得到支持，并日见清晰。现代化学突破炼金术成为了独立的学科，并逐渐与物理学分庭抗礼。

感觉经验本身是自发的主观感受，而解释这些经验的理论则是人造的。为了得出这些永远说不上完美的理论，人们不辞劳苦地反复尝试，并时常遇到困难和怀疑。

科学对事物的认识方式与我们在日常生活中形成概念的方式不同。不过这并非本质上的区别，只是科学在概念和结论上有着更为精确的定义，需要对实验材料花费更多精力、进行更为系统的选择，还需要更简洁明了的逻辑性。具体来说，它要用尽可能少的逻辑上独立的基本概念和公理来表达一切概念及其中相互关系。

这里我们所谈论的物理学，包括各种以测量为基础建立其概念和命题，并通过数学方式进行阐释的自然科学。于是，物理学所涵盖的领域就被定义为我们知识中那些能用数学机制描述的部分。随着科学的发展，物理学的范围变得相当庞大，它看起来已经只受方法本身的限制。

物理学不同分支的发展，是这门科学的主要研究目的。其分支学科旨在对存在一定局限性的经验作出理论上的理解，且尽量使定律、概念和经验密切相联。近几个世纪以来，物理学不断地向专业化发展，且使人们的生活

人类的无知状态　版画　19世纪

　　威廉·布莱克用一个鸟头人的形象来表现人类的无知。在大地的尽头，在壮丽的智慧之光里，蒙昧未开的人类以愚钝的头脑思考着永远也无法厘清的问题。无知与偏见很难避免，威廉·布莱克也未能免俗，他曾用"牛顿之眼"来比喻牛顿物理学观察事物的角度犹如井底之蛙，原子和光粒子的想法也很可笑。他认为，牛顿对人类的影响就像"魔鬼"一般，然而历史证明，他错了。

发生了翻天覆地的变化，并帮助人类从体力劳动的苦役中得以解脱成为可能。

另一方面，人们从起初就试图为各个独立学科找到一个共通的理论基础。它应当包含最少的概念和基本关系，且人们可以通过逻辑过程从中导出各个分支学科的所有概念和关系。这就是为什么我们要借助研究找出物理学的基础。研究者们坚信这个终极目标是可以实现

的，这种信念便是他们热情付出并不懈努力的主要动力。基于这一意义，我们将在下面讨论物理学的基础。

透过上面的文字可以清晰地看到，我们所说的"基础"一词，与建筑物的基础并不相似。当然，就逻辑而言，物理学的各个定律都建立在这种基础之上。不同的是，即使一个建筑物被暴风雨或洪水严重破坏，其根基也能保持完好无损；而科学的逻辑基础则经常受到新经验和新知识的威胁，它比实验科学面对的挑战更频繁。基础与各分支学科之间存在着密切联系，正是这一点使它具备重大意义，相应地也使它的处境充满危险。认识到这些问题后，我们便很想知道，为何所谓物理科学的革命时代，未见得比实际情形发生更经常、更彻底的基础改变。

牛顿率先尝试建立统一的理论基础。他的体系可以归纳为以下几点：①质量不变的质点；②任意一对质点间的超距作用；③质点的运动规律。严格说来，这还不是涵盖一切的基础。它只明确总结了引力超距作用的相关定律，而就其他超距作用则只涉及了作用力与反作用力相等这一规律，除此之外，没有确立任何先验的东西。但牛顿也完全意识到，时间和空间是物理学有效的本质因素，尽管他仅通过暗示表明了这一点。

直到19世纪末，牛顿的理论基础都被证明是卓著的。人们甚至认为它已经是最终的基础，因为它不仅细致描述了天体运动的结果，还提供了不连续和连续介质力学的理论，并简单解释了能量守恒原理，而且概括出完整而卓越的热理论。但牛顿体系对电动力学事实的解释则比较牵强附会。在所有这一切中，关于光的理论解释从一开始就是最难令人信服的。

毫无疑问，牛顿不愿意接受光的波动理论，因为这完全不适合他的理论基础。想象一下，空气中充满了某种质点，它只是供波传播的介质而不展示其他力学性质，这对牛顿而言是多么荒唐。不过，对光的波动性质最有力的经验证据，诸如固定的传播速度、干涉、衍射、偏振等现象，在当时要么未被发现，要么还没有整理出来，所以他完全有理由坚持光的微粒理论。

这一争论到19世纪得到了解决。波动理论逐渐得到认可，但没人从根本上怀疑物理学的力学基础，因为人们不知道如何建立另一种基础。随着眼前事实的压力不断加大，才有人提出了场物理学，作为新的理论基础。

早在牛顿时代，人们就发现超距理论与客观实际似乎不太相符。他们尝试过用动力学理论解释引力，即建立在假想质点上的碰撞力。但这种尝试相当肤浅，到最后一无所获。空间（或惯性系）在力学基础中扮演的独特角色也逐渐被认识清楚，并受到恩斯特·马赫的明确批判。

真正意义上的改观是由法拉第、麦克斯韦和赫兹带来的。实际上他们是无心插柳，甚至是违背自己意愿的，因为他们三人自始至终都坚持认为自己是力学理论的信徒。赫兹发现了电磁场方程的最简形式，宣称任何导向这些方程的理论均为麦克斯韦理论；但他在短暂的生命即将结束之际写下一篇论文，并在文中提出了一种与力的概念无关的力学理论作为物理学的基础。

我们早已把法拉第的一些观念当作母乳接受了，所以很难体会到他们的开拓精神如何伟大。显然，法拉第准确地认识到，所有将电磁现象归于带电粒子间超距作用的企图，其本质都是非自然的。大量铁屑分散于纸上，其中的单个粒子为何会知道附近导体中有带电粒子在巡回流动？这些带电粒子合在一起，似乎在周围空间中产生了某种效果，使铁屑按一定的顺序排列。法拉第相信，只要清晰掌握这种空间效果的几何结构和相互作用，就一定能为神秘的电磁作用提供线索。这种空间效果就是"场"。他把场设想为空间中介质的力学应变状态，就跟弹性体扩张时的应变状态相似，这在当时是对这些在空间里连续分布状态仅有的可以设想的方式。这一背景使得对"场"这种特殊形式的力学理解得到保留——从法拉第时代的力学传统观点看，这是对科学意识的一种安抚。关于"场"的全新观点使法拉第成功地构建了复杂电磁现象的定性概念。然后，麦克斯韦对场的空间—时间定律作出了精确的阐述。我们可以想象一下，当他提出的微分方程证明电磁场以偏振波的形式光速传播时，他是怎样的感受？这是世上很少有人能体验到的。他在那激动人心的时刻肯定没有想到，有关光的那些似乎已被完美解决却又难以捉摸的性质会继续困惑随后的几代人。他的天才迫使他的同事在概念上作出惊人的跳跃，物理学家们甚至花了几十年的工夫，才理解麦克斯韦理论的全部内涵。而这个新理论受到了长期的抵制，直到赫兹用实验证实麦克斯韦电磁波的存在。

然而，如果电磁场能以波的形式独立于物质源之外，那么静电的相互作用便再也不能用超距作用来解释；而对电学完全适用的理论，在引力领域也就不能否定了。于是，牛顿的超距作用不得不处处让路于用有限速度传播的场。

现在，牛顿体系只剩下服从于运动定律的质点。但J. J. 汤姆逊[1]

---

〔1〕汤姆逊（1856—1940年），英国著名的物理学家，以其对电子和同位素的实验研究著称。他是第三任卡文迪许实验室主任。他发现了电子，并且获得了诺贝尔物理学奖。

指出：根据麦克斯韦的理论，带电体在电场中的运动必然会产生磁场，磁场能量恰是物体动能的增量。如若一部分动能由场能组成，那么是否意味着整体动能也是如此？再者，物质最本质的性质惯性，是否能够在场论中得到解释？这就引发了用场论来说明物质的问题，它的答案将提供物质原子结构的解释。于是，许多科学家开始试图寻找一种包含物质理论在内的完整的场论，但最后都无功而返。很快人们便意识到，麦克斯韦理论不能实现这个纲领。仅仅有一个关于目标的清晰想法还不足以创立一种理论，必须提出一个形式观点以便限制没有约束的各种可能性。但直到目前，这种观点也没被找到，因此场论未能成功地提供整个物理学的基础。

几十年来，物理学家们普遍相信可以为麦克斯韦理论找到力学根基。然而他们的努力一再失败，使他们渐渐将场的概念作为不受归约的基础接受了。也就是说，物理学家放弃了力学基础的想法。

就这样，物理学家坚持了场论纲领。但没人能指出是否存在一个统一的场论，能够既解释引力，同时又解释物质的基本组成成分，因此它还不能被称为基础。在这一情况下，把物质粒子看成服从牛顿运动定律的质点，就显得非常必要了。这便是洛伦兹创立电子理论和运动物体电磁现象理论的过程。

这就是在世纪之交时基本概念所处的状况。当时对各种新现象的理论洞察和解释都取得了重大进展，但要建立统一的物理学基础似乎还遥不可及。随后的发展更是加剧了这种状况。本世纪物理学的进展以两个本质上相互独立的理论体系为代表，即相对论和量子论。这两种体系之间虽然不直接矛盾，但它们看起来不太可能融于一个统一的理论中。为此我们有必要简短地讨论一下两者各自的基本思路。

19世纪末20世纪初，出于从逻辑经济的角度对物理学基础进行改进，催生了相对论。所谓狭义或有限制的相对论，其基础是麦克斯韦方程（以及光在空虚空间中的传播定律）在进行洛伦兹变换后，能转化为同一形式。麦克斯韦方程在形式上的这种性质又为我们一个牢固的经验知识所补充，即物理规律对所有惯性系都是一样的。其结果就是，从一个惯性系到任何其他惯性系的转化，由用于空间和时间坐标的洛伦兹变换决定。因此，狭义相对论的内容可以用一句话概括：一切自然规律必定受到某种限制，使它们对于洛伦兹变换都是协变的。由此可以得出，事件在不同地点的同时性不是一个不变的概念，且刚体的尺寸和时钟的速度取决于它们的运动状态。再进一步，它还揭示了当给定物体的速度与相比光速不能忽略不计时，牛顿的运动定律必须得到修正。然后是质能等价理论，即质量和能量两大守恒定律的统一。一旦明确同时性是相对的，并且依赖于参照系，那么超距作用便没有理由再被保留在物理学基础中，因为这个概念是以同时性的绝对性为前提的，即两个互相作用的质点必须能"同时"表明。

至于广义相对论，它最开始是为了尝试解释一个理论上令人较为困惑的现象。在伽利略和牛顿时代，人们就注意到，物体的惯性和重量在本质上是截然不同的两个概念，却都可以用质量这一参数来衡量。人们通过这种对应关系得出结论：我们不可能通过实验，来确认一个坐标系到底是在做加速运动，还是做匀速直线运动。而其中观察到的现象则是由引力场引起的，这就是广义相对论的等效原则。引力的介入粉碎了惯性系的概念。可以说，惯性系是伽利略—牛顿力学的一大弱点，因为它事先假定物理空间存在一个神秘性质，进而限制了惯性定律和牛顿运动规律的适用范围。

为了避免这些困难，我们作如下设想：首先，自然规律的形式对处于任何运动状态的坐标系都是相同的。广义相对论正是为实现这一目的而提出的；其次，我们从狭义相对论中推断，时间—空间连续区中存在黎曼度规，根据等效原理，它不仅描述引力场，还描述空间的度规性质。假设引力场方程为二阶微分，那么场定律便可以得到确定。

相互碰撞的原子

　　原子之间的相互运动碰撞并融合在一起，就会生成新的原子，上图为3个氦核碰撞形成了碳原子。

除此之外，这个理论还将场物理学从它所不能解决的问题中解放出来。这与牛顿力学面对的问题相似，是把独立的物理性质附加于空间而导致的结果，而这些性质至今仍被惯性系的使用掩盖着。但是我们也不能断言，广义相对论那些如今已被公认为定论的观点，能为物理学提供一个完整而美满的基础。一方面，它里面的总场是由两个毫无逻辑联系的部分组成，即引力场和电磁场；另一方面，与先前的场论一样，这个理论到现在仍未对物质的原子结构提出解释。这个失败可能与它始终没能协助理解量子现象有关。因此在考虑这些现象时，物理学家被迫采用一些全新的方法。现在我们就来探讨这些新方法的基本特征。

1900年，马克斯·普朗克在纯理论研究过程中得到一项重要的发现：仅从麦克斯韦的电动力学不能推导出作为温度函数的物体辐射定律。为了得到相符的实验结果，必须把具有一定频率的辐射处理成由一些能量原子构成的形式，其中单个能量原子所具有的能量为 $h\nu$，h 为普朗克常数。之后的几年里，人们发现光无论在哪里都以此能量份额产生和被吸收。尤其是尼尔斯·玻尔的研究，他假定原子只存在不

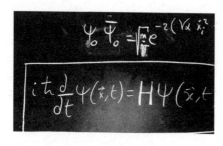

薛定谔方程

　　如果知道某一时刻的波函数，我们就能够利用薛定谔方程去计算在过去或将来任一时刻的波函数。由于微积分的诞生，物理学中涉及运动与变化的计算变得相当容易。

连续的能量值，且在不同能级间不连续的跃迁都与此量子的发射和吸收密切相联系，由此大致上表明了原子的结构。这有助于说明这样一个事实，即在气态时，元素及其化合物只辐射和吸收某些频率完全确定的光。所有这些结论对早先的理论框架而言，都是相当匪夷所思的。但我们至少清楚一点，即在原子现象领域里，每一个事件的特征，都是由分离状态及它们之间明显的不连续跃迁所决定的。这当中，普朗克常数 h 起着决定性作用。

　　德布罗意[1]完成了接下来的工作。他对这个问题非常感兴趣：如何用既有的概念来理解分离的状态？他想到同驻波的类比，就像在声学中风琴管和弦的本征频率那样。诚然这里所需要的这种波作用尚未明了，但可以把它们构造出来，并借助普朗克常数 h 建立其数学定律。德布罗意设想，电子以这种假想的波列一样围绕着原子核旋转，并且通过对应波的驻波性质。这在某种意义上对玻尔"允许"轨道的

---

〔1〕德布罗意（1892—1987年），法国著名理论物理学家，波动力学的创始人，物质波理论的创立者，量子力学的奠基人之一，1929年获诺贝尔物理学奖。

离散性有着一定的解读。

在当前的力学中，质点运动由作用于它身上的力或力场决定。可以预料，德布罗意的波场也会以类似的形式受到这些力场影响。这种影响的具体算法由埃尔温·薛定谔提出，他以天才的方式重新阐述了经典力学中的一些公式。他还成功扩展了波动力学理论，甚至没有附加任何假设。波动力学理论可应用于包含任意数量质点的任何力学体系，即包含任意数量的自由度。因为从数学的角度来说，一个包含 n 个质点的体系，在一定意义上就相当于一个在 $3n$ 维空间中运动的单个质点。

这一理论基础催生了对各类不同事实的惊人描述，它们在其他理论看来完全是天方夜谭。奇怪的是，波动力学理论却证明了薛定谔波不可能同质点的确定运动相联系，而这一点正是整个结构的最初目的。从这个意义上来说，它是失败的。

这似乎是一个无法克服的困难，但玻恩[1]却用一种令人意外的简单方法将它解决。尽管德布罗意—薛定谔波场与一个事件如何在时间空间中实际发生有关，但它不可能解释为这样的数学描述。确切地说，它是关于我们对系统的实际了解的数学描述，只能用来对这个系统可能的所有测量结果进行统计上的陈述和预测。

接下来，让我用一个简单的例子说明量子力学的普遍特征：首先假设一个质点受有限强度的力作用而限定在某一区域G内。根据经

---

[1] 玻恩（1882—1970年），德国理论物理学家，量子力学奠基人之一，因对量子力学的基础性研究尤其是对波函数的统计学诠释，获得1954年的诺贝尔物理学奖。

典力学，若该质点的动能低于某一特定值，那么它永远不会离开区域G；而量子力学则指出，它在经过一段不可直接预测的时间后，可能从一个不可预测的方向离开该区域，从而逃逸到周围空间。按照伽莫夫的观点，这便是放射性蜕变的一个简化模型。

对上述情况，量子力学是这样解释的：薛定谔波系在时间 t_0 时完全位于区域G内，但这些波从 t_0 时刻起沿所有方向从G内部离开。相较原本G内的波系，射出波的振幅要小一些。这些射出波扩散得越远，G内波振幅的减少量越大，从G中射出波的强度则相应地越小。经过无限时间后，G内波被耗光，射出波则不断扩散到更大的空间中去。

但我们最初所关心的G内粒子与这种波动过程又有何关系呢？为了解答这个疑惑，我们得构想一些设备，使我们可以对粒子进行测量。比如，我们不妨假定在周围空间的某处有一个屏幕，粒子一旦与之接触便会黏附上去。然后根据波撞击在屏上某一点的强度，我们可以推出粒子抵达这一点的概率。只要粒子撞到屏上的任意一个特定点，整个波场就立即失去了全部物理意义。此时，它唯一的目的便是对粒子撞屏的位置和时间等参数（如撞屏时的动量）作出概率预测。

其他情况全部类似。这个理论旨在决定系统在特定时间测量结果的概率。另外，它没有试图对空间和时间中实际存在或者进行着的事情作出数学表述。就这一点而言，今天的量子理论与以往的力学和场论等所有物理学理论有着根本上的不同。它是以时间函数给出可能测量的概率分布，而不是为实际的空间—时间事件提供具体的模型描述。

我们不得不承认，新的概念和理论并非异想天开，而是来自事实经验的压力。人们尝试过许多努力，企图直接以空间—时间模型来表述光和物质现象所展示的波动和粒子特性，但到目前为止全都以失败告终。现在海森堡已经充分证明，从经验观点看，由于我们的实验仪器的原子性结构，任何可作为自然的严格决定论性结构的结论都被明确排除掉了。这样一来，未来的任何知识都无法迫使我们放弃现在的统计理论基础，转而投靠直接处理物理实在的决定论性理论。这个问题似乎在逻辑上提供了两种可能性，而我们原则上就在两者之间选择。归根结底，哪种描述产生的表述方式在逻辑上符合最简单的基础，就将是我们选择的依据。至今我们还没有一种可以直接描述事件本身，且符合事实的决定性理论。

目前还必须承认，我们尚不具备任何全面的物理学理论基础，可以将其称为物理学的逻辑基础。迄今为止，场论在分子领域是失败的。从各方面来看，现在是唯一可作为量子理论基础的原理，应当是一种能把场论转换成统计学形式的原理。但还没有人可以断言，这种理论是否最终能以令人满意的方式得出。

我和其他一些物理学家并不相信，我们必须永远彻底抛弃那种在空间和时间中直接表示物理实在的想法；或者说，我们必须接受，自然界中的事件都像掷骰子游戏一样。我们每个人都可以自由地选择奋斗方向，而且每个人都可以从莱辛[1]的名言中得到鼓舞：追求真理本身，比占有真理更为可贵。

---

[1] 莱辛（1729—1781年），德国戏剧家、戏剧理论家。

科学与文明

人们只有在普遍经历经济困难时，才会清楚认识到一个民族道德力量的强大。可以想象，如果欧洲在政治和经济上实现了统一，那无疑将为史学家留下对其进行评判的事实依据。他们或许认为：欧洲大陆的自由与荣誉因西欧各国而获得拯救，它们坚决抵制了仇恨与压迫的诱惑，捍卫了为我们带来进步的自由，如果没有这种自由，人们就会失去自尊，也就失去了继续活下去的理由和必要性。

一直以来，我并不对我的出生国的行为进行评判，这也不是我应该做的事情。在行动证明一切的时代，对他人行为进行评判并非自己的本职工作。今天，我们更需要关注如何拯救人类及其精神财富，如何使欧洲避免新的灾难。

世界危机在一定程度上导致人们遭受痛苦与物质匮乏，不满酿成仇恨，仇恨引起暴力与革命，甚至战争，旧的痛苦与不幸又创造出更多的痛苦与不幸。与20年前一样，政治家们再次担负起重大责任。不过，政治家只有得到人民坚决的意志作为支持才能获得成功。希望欧洲各国能够及时达成协议，创建一个统一而国际义务明确的环境，使各国都认识到战争冒险行为不可能达到其目的。

维护和平的科技手段，以及教育与启蒙的重要使命都是我们关心的问题。如果要抵制那些压制学术与个人自由的强权，我们就必须清楚地认识到我们正处于何种危险之中，以及我们从前人赢得的自由中获得了什么。如果没有这种自由，就不会有莎士比亚、歌德、牛顿、法拉第、巴斯德和李斯特；不会有舒适的住宅、铁路和无线电；不会有让人们从繁重劳动中解脱出来的机器；也不会有普遍的艺术享受，更不会有廉价的书籍和人类所创造的文化。大多数人将过着如同古代专制统治下的奴隶生活。

我们的未来

　　放眼未来，人类必将生活在更广阔的世界中，人类的物质世界和精神文明一定会更加富足而进步，同时过上一种信仰生命与宇宙价值观的生活。

对现代人而言，那些能够取得发明，并可以获得理智成果的人才使生活变得有意义。

　　正因当前困难的经济形势，人们正推进实现由法律才能施行的劳动力供给，以及生产与消费之间的平衡。但在解决这个问题时，我们应保持自己的自由，绝对不能为此而陷入导致任何健康发展都停滞不前的奴隶制危机中。

　　在目前我所生活的国家，我时常感到孤独。我也常常思考，安静生活的单调性是如何激发创造性思维的。在现代社会结构中，无须付出很大体力与脑力劳动的孤独生活恰好适宜某些职业，比如灯塔与灯塔船上的工作就属于此类。难道这类职业不能由愿意思考科学问题，尤其是带有数学或哲学性质问题的年轻人担当吗？其中，只有极少人能在最富创造力的阶段不受干扰地解决科学问题。年轻人即便非常幸运地获得了短期奖学金，他也必须竭力尽快得出确定的结论，但这种对纯科学的追求毫无益处。与之相比，假如这种职业能够使之拥有足够的时间与精力，那些从事实际工作，而足以维持生计的年轻科学家则处于更为有利的境况。由此，那些富有创造性的人将比现在具备更多的发展机会。这种观点在当前经济萧条与政治动乱的时代是值得重视的。

我们没有必要对生活在危险与物质匮乏的时代而倍感忧虑。与别的动物一样，人类有懒惰的天性；在没有外界刺激的情况下不会主动思考问题，只会机械地凭习惯行事。青年时代的我也曾经历过这样的阶段：那时，我们只考虑个人的生活细节，不时模仿别人的言谈举止。人们如果想知道这个传统面具后面所隐藏的，就需要花费很多精力。因为，其真正的人格仿佛被习惯和语言的影响包裹于棉絮中。

今天，这个暴风雨的时代，明亮的闪电让所有人都赤裸裸地暴露无遗。每个国家，每个人都清楚地展现出各自的目标、优缺点和热情。习惯面对环境的迅速改变已变得毫无意义，而传统却像干枯的外壳一样脱落。处在困境中的人们开始考虑经济实践遭受的失败，以及超出国家政治联合的必要性，各国只有经历危险与动乱才能进一步发展。但愿这场动乱能带来一个更美好的世界。

这是对我们所处时代作出的评价，但我们还远不能就此停滞不前。我们有义务关注那些永恒而至高无上的东西，关注那些使生活富有意义的东西，并希望其传到子孙后代时，它能够比我们从先祖那里获得时更加纯洁而丰富。

爱因斯坦生平大事年表

1879年（0岁）	3月14日上午11时30分，爱因斯坦出生在德国乌尔姆市班霍夫街135号。父母都是犹太人。父名赫尔曼·爱因斯坦，母名波林·科克。
1880年（1岁）	爱因斯坦一家迁居慕尼黑。其父同叔叔雅各布合办一电器设备小工厂。
1881年（2岁）	11月18日，爱因斯坦的妹妹玛雅出世。
1884年（5岁）	爱因斯坦对袖珍罗盘着迷。进天主教小学读书。
1885年（6岁）	爱因斯坦开始学小提琴。
1886年（7岁）	爱因斯坦在慕尼黑公立学校读书。为了遵守宗教指示的法定要求，在家里学习犹太教的教规。
1888年（9岁）	爱因斯坦入路易波尔德高级中学学习。在学校继续接受宗教教育，直到准备接受受戒仪式。弗里德曼是其指导老师。
1889年（10岁）	在医科大学生塔尔梅引导下，读通俗科学读物和哲学著作。
1890年（11岁）	爱因斯坦的宗教时间，持续约一年。
1891年（12岁）	自学欧几里得几何，对此狂热。开始自学高等数学。
1892年（13岁）	开始读康德的著作。
1894年（15岁）	全家迁往意大利米兰。
1895年（16岁）	自学完微积分。中学没毕业就到意大利与家人团聚。放弃德国国籍。投考苏黎世瑞士联邦工业大学，未录取。 10月，转学到瑞士阿劳州立中学。 写了第一篇科学论文。
1896年（17岁）	获阿劳中学毕业证书。 10月，进苏黎世联邦工业大学师范系学习物理。
1897年（18岁）	在苏黎世结识贝索，与其终身友谊从此开始。

续表

1899年（20岁）	10月19日，正式申请瑞士公民权。
1900年（21岁）	8月，毕业于苏黎世联邦工业大学。 12月，完成论文《由毛细管现象得到的推论》，次年发表在莱比锡《物理学杂志》上。
1901年（22岁）	3月21日，取得瑞士国籍。 3月，去米兰找工作，无结果。 5月，回瑞士，任温特图尔中学技术学校代课教师。 5—7月，完成电势差的热力学理论的论文。 10月，到夏夫豪森任家庭教师。三个月后又失业。 12月，申请去伯尔尼瑞士联邦专利局工作。
1902年（23岁）	2月，到伯尔尼等待工作。和索洛文、哈比希特创建"奥林匹亚科学院"。 6月，受聘为伯尔尼瑞士联邦专利局的试用三级技术员。 6月，完成第三篇论文《关于热平衡和热力学第二定律的运动论》，提出热力学的统计理论。 10月，父病故。
1903年（24岁）	1月，与米列娃结婚。
1904年（25岁）	5月，长子汉斯出生。 9月，由专利局的试用人员转为正式三级技术员。
1905年（26岁）	3月，写的论文《关于光的产生和转化的一个推测性的观点》，提出光量子假说，并因此而获得1921年的诺贝尔物理学奖。 4月，向苏黎世大学提交论文《分子大小的新测定法》，取得博士学位。 5月，完成论文《论动体的电动力学》，独立而完整地提出狭义相对性原理，开创物理学的新纪元。 9月，写了一篇短文《物体的惯性与能量是否相关》，揭示质能相当关系：$E = mc^2$。 12月，完成论文《热的分子运动论所要求的静止液体中悬浮小粒子的运动》（即"布朗运动"）。
1906年（27岁）	4月，晋升为专利局二级技术员。 11月，完成固体比热的论文，这是关于固体的量子论的第一篇论文。

1907年（28岁）	开始研究引力场理论，在论文《关于相对性原理和由此得出的结论》中提出均匀引力场同均匀加速度的等效原理。 6月，申请兼任伯尔尼大学的编外讲师。
1908年（29岁）	10月，兼任伯尔尼大学编外讲师。
1909年（30岁）	3月和10月，完成两篇论文，每一篇都含有对于黑体辐射论的推测。 7月，接受日内瓦大学名誉博士。 9月，参加萨尔斯堡德国自然科学家协会第81次大会，会见普朗克等，作了《我们关于辐射的本质和结论的观点的发展》的报告。 10月，离开伯尔尼专利局，任苏黎世大学理论物理学副教授。
1910年（31岁）	7月，次子爱德华出生。 10月，完成关于临界乳光的论文。
1911年（32岁）	2月，应洛伦兹邀请访问莱顿。 3月，任布拉格德国大学理论物理学教授。 10月，去布鲁塞尔出席第一次索尔维会议。
1912年（33岁）	2月，埃伦费斯特来访，两人由此结成莫逆之交。10月回瑞士，任母校苏黎世联邦工业大学理论物理学教授。 提出光化当量定律。 开始同格罗斯曼合作探索广义相对论。
1913年（34岁）	7月，普朗克和能斯特来访，聘请他为柏林威廉皇家物理研究所所长兼柏林大学教授。 12月7日，在柏林接受院士职务。 发表同格罗斯曼合著的论文《广义相对论纲要和引力理论》，提出引力的度规场理论。
1914年（35岁）	4月6日，从苏黎世迁居到柏林。 7月2日，在普鲁士科学院作就职演说。 10月，反对德国文化界名流为战争辩护的宣言《告文明世界书》，在同它针锋相对的《告欧洲人书》上签名。 11月，参加组织反战团体"新祖国同盟"。
1915年（36岁）	同德哈斯共同发现转动磁性效应。 3月，写信给罗曼·罗兰，支持他的反战活动。 6—7月，在阿根廷做了六次关于广义相对论的学术报告。 11月提出广义相对论引力方程的完整形式，并且成功地解释了水星近日点运动。

续表

1916年（37岁）	3月，完成总结性论文《广义相对论的基础》。 3月，发表悼念马赫的文章。 5月，提出宇宙空间有限无界的假说。 8月，完成《关于辐射的量子理论》，总结量子论的发展，提出受激辐射理论。 首次进行关于引力波的探讨。 写作《狭义和广义相对论浅说》。
1917年（38岁）	2月，著述第一篇关于宇宙学的论文，引入宇宙项。接连患肝病、胃溃疡、黄疸病和一般虚弱症，受堂姐艾尔莎照顾。
1918年（39岁）	2月，爱因斯坦发表关于引力波的第二篇论文，包括四级公式。
1919年（40岁）	1—3月，在苏黎世讲学。 2月，同米列娃离婚。 6月，与艾尔莎结婚。 9月，获悉英国天文学家观察日食的结果，11月6日消息公布后，全世界为之轰动。由此，爱因斯坦的理论被视为"人类思想史中最伟大的成就之一"。 12月，接受德国唯一的名誉学位：罗斯托克大学的医学博士学位。
1920年（41岁）	3月，母亲患癌症去世。 夏，访问斯堪的纳维亚。 8—9月，德国出现反相对论的逆流，爱因斯坦遭到恶毒攻击，他起而公开应战。 10月，接受兼任莱顿大学特邀教授名义，发表《以太和相对论》的演讲。
1921年（42岁）	1月，访问布拉格和维也纳。 1月27日，在普鲁士科学院作《几何学和经验》的报告。 2月，去阿姆斯特丹参加国际工联会议。 4月2日—5月30日，为了给耶路撒冷的希伯莱大学的创建筹集资金，同魏茨曼一起首次访问美国。在哥伦比亚大学获巴纳德勋章。在白宫受哈丁总统接见。在访问芝加哥、波士顿和普林斯顿期间，就相对论进行了四次讲学。 6月，访问英国，拜谒了牛顿墓地。

1922年（43岁）	1月，完成关于统一场论的第一篇论文。 3—4月，访问法国，努力促使法德关系正常化。发表批判马赫哲学的谈话。 5月，参加国际联盟知识界合作委员会。 7月，受到被谋杀的威胁，暂离柏林。 10月8日，爱因斯坦和艾尔莎在马赛乘轮船赴日本。沿途访问科伦坡、新加坡、中国香港和上海。 11月9日，在去日本途中，爱因斯坦被授予1921年诺贝尔物理学奖。 11月17日—12月29日，访问日本。
1923年（44岁）	2月2日，从日本返回途中，到巴勒斯坦访问，逗留12天。 2月8日，成为特拉维夫市的第一个名誉公民。 从巴勒斯坦返回德国途中，访问了西班牙。 3月，爱因斯坦对国联的能力大失所望，向国联提出辞职。 6—7月，帮助创建"新俄朋友协会"，并成为其执行委员会委员。 7月，到哥德堡接受1921年度诺贝尔物理学奖，并讲演相对论，作为对得到诺贝尔奖的感谢。 发现了康普顿效应，解决了光子概念中长期存在的矛盾。 12月，第一次推测量子效应可能来自过度约束的广义相对论场方程。
1924年（45岁）	6月，重新考虑加入国联。 12月，取得最后一个重大发现，从统计涨落的分析中得出一个波和物质缔合的独立的论证。此时，还发现了波色-爱因斯坦凝聚。
1925年（46岁）	受聘为德苏合作团体"东方文化技术协会"理事。 5—6月，去南美洲访问。 与甘地和其他人一道，在拒绝服兵役的声明上签字。 接受科普列奖章。 为希伯莱大学的董事会工作。 发表《非欧几里得几何和物理学》。
1926年（47岁）	春，同海森堡讨论关于量子力学的哲学问题。 接受"皇家天文学家"的金质奖章。 接受为苏联科学院院士。

续表

1927年（48岁）	2月，在巴比塞起草的反法西斯宣言上签名。 参加国际反帝大同盟，被选为名誉主席。 10月，参加第五届布鲁塞尔索尔维物理讨论会，开始同哥本哈根学派就量子力学的解释问题进行激烈论战。 发表《牛顿力学及其对理论物理学发展的影响》。
1928年（49岁）	1月，被选为"德国人权同盟"（前身为德国"新祖国同盟"）理事。 春，由于身体过度劳累，健康欠佳，到瑞士达伏斯疗养，并为疗养青年讲学。发表《物理学的基本概念及其最近的变化》。 4月，海伦·杜卡斯开始到爱因斯坦家担任终身的私人秘书。
1929年（50岁）	2月，发表《统一场论》。 3月，50岁生日，躲到郊外以避免生日庆祝会。第一次访问比利时皇室，与伊丽莎白女皇结下友谊，直到去世之前一直与比利时女皇通信。 6月28日，获普朗克奖章。 9月以后，同法国数学家阿达马进行关于战争与和平问题的争论，坚持无条件地反对一切战争。
1930年（51岁）	不满国际联盟在改善国际关系上的无所作为，提出辞职。5月，在"国际妇女和平与自由同盟"的世界裁军声明上签字。 7月，同泰戈尔争论真理的客观性问题。 12月11日至次年3月4日，爱因斯坦第二次到美国访问，主要在加利福尼亚州理工学院讲学。 12月13日，沃克市长向爱因斯坦赠送纽约市的金钥匙。 12月19、20日，访问古巴。 发表《我的世界观》《宗教和科学》等文章。
1931年（52岁）	3月，从美国回柏林。 5月，访问英国，在牛津讲学。 11月，号召各国对日本经济封锁，以制止其对中国的军事侵略。 12月，再度去加利福尼亚讲学。 为参加1932年国际裁军会议，特地发表了一系列文章和演讲。 发表《麦克斯韦对物理实在观念发展的影响》。

1932年（53岁）	2月，对于德国和平主义者奥西茨基被定为叛国罪，在帕莎第纳提出抗议。 3月，从美国回柏林。 5月，去剑桥和牛津讲学，后赶到日内瓦列席裁军会议，感到极端失望。 6月，同墨菲作关于因果性问题的谈话。 7月，同弗洛伊德通信，讨论战争的心理问题。 号召德国人民起来保卫魏玛共和国，全力反对法西斯。 12月10日，和妻子离开德国去美国。原来打算访问美国，然而，他们从此再也没有踏上德国的领土。
1933年（54岁）	1月30日，纳粹上台。 3月10日，在帕莎第纳发表不回德国的声明，次日启程回欧洲。 3月20日，纳粹搜查他的房屋，他发表抗议。后他在德国的财产被没收，著作被焚。 3月28日，从美国到达比利时，避居海边农村。 4月21日，宣布辞去普鲁士科学院的职务。 5月26日，给劳厄的信中指出科学家对重大政治问题不应当默不作声。 6月，到牛津讲学后即回比利时。 7月，改变绝对和平主义态度，号召各国青年武装起来准备同纳粹德国作殊死斗争。 9月初，纳粹以两万马克悬赏杀死他。 9月9日，渡海前往英国，永远离开欧洲大陆。 10月3日，在伦敦发表演讲《文明和科学》。 10月10日，离开英国，10月17日到达美国，定居于普林斯顿，应聘为高等学术研究院教授。
1934年（55岁）	文集《我的世界观》由其继女婿鲁道夫·凯泽尔编辑出版。
1935年（56岁）	5月，到百慕大作短期旅行。在百慕大正式申请永远在美国居住。这也是他最后一次离开美国。 获富兰克林奖章。 同波多耳斯基和罗森合作，发表向哥本哈根学派挑战的论文，宣称量子力学对实在的描述是不完备的。 为将诺贝尔奖金（和平奖）赠与关在纳粹集中营中的奥西茨基而奔走。

续表

1936年（57岁）	开始同英费尔德和霍夫曼合作研究广义相对论的运动问题。 12月20日，妻艾尔莎病故。 发表《物理学和实在》《论教育》。
1937年（58岁）	3—9月，参加由英费尔德执笔的通俗册子《物理学的进化》的编写工作。 3月，声援中国"七君子"。 6月，同英费尔德和霍夫曼合作完成论文《引力方程和运动问题》，从广义相对论的场方程推导出运动方程。
1938年（59岁）	同柏格曼合写论文《卡鲁查电学理论的推广》。 9月，给5000年后的子孙写信，对资本主义社会现状表示不满。
1939年（60岁）	8月2日，在西拉德推动下，上书罗斯福总统，建议美国抓紧原子能研究，防止德国抢先掌握原子弹。 妹妹玛雅从欧洲来美，在爱因斯坦家长期住下来。
1940年（61岁）	5月15日，发表《关于理论物理学基础的考查》。 5月22日，致电罗斯福，反对美国的中立政策。 10月1日取得美国国籍。
1941年（62岁）	发表《科学和宗教》等文章。
1942年（63岁）	10月，在犹太人援苏集会上热烈赞扬苏联各方面的成就。
1943年（64岁）	5月，作为科学顾问参与美国海军部工作。
1944年（65岁）	为支持反法西斯战争，以600万美元拍卖1905年狭义相对论论文手稿。发表对罗素的认识论的评论。 12月，同斯特恩、玻尔讨论原子武器和战后和平问题，听从玻尔劝告，暂时保持沉默。
1945年（66岁）	3月，同西拉德讨论原子军备的危险性，写信介绍西拉德去见罗斯福，未果。 4月，从高等学术研究院退休（事实上依然继续照常工作）。9月以后连续发表一系列关于原子战争和世界政府的言论。
1946年（67岁）	5月，发起组织"原子能科学家非常委员会"，担任主席。5月，接受黑人林肯大学名誉博士学位。写长篇《自述》，回顾一生在科学上探索的道路。 5月，妹妹玛雅因中风而瘫痪，以后每夜爱因斯坦念书给她听。 10月，给联合国大会写公开信，敦促建立世界政府。

1947年（68岁）	继续发表大量关于世界政府的言论。 9月，发表公开信，建议把联合国改组为世界政府。
1948年（69岁）	4—6月，同天文学家夏普林利合作，全力反对美国准备对苏联进行"预防性战争"。 抗议美国进行普遍军事训练。 发表《量子力学和实在》。 前妻米列娃在苏黎世病故。 12月，做剖腹手术，在腹部主动脉里发现一个大动脉瘤。
1949年（70岁）	1月13日，爱因斯坦出院。 1月，写《对批评的回答》，对哥本哈根学派在文集《阿尔伯特·爱因斯坦：哲学家—科学家》中的批判进行反批判。 5月，发表《为什么要社会主义》。 11月，"原子能科学家非常委员会"停止活动。
1950年（71岁）	2月13日，发表电视演讲，反对美国制造氢弹。 3月18日，在遗嘱上签字盖章。内森博士被指名为唯一的遗嘱执行人。遗产由内森博士和杜卡斯共同托管。信件和手稿的最终储藏所是希伯莱大学。其他条款当中还有：小提琴赠给孙子伯恩哈德·凯撒。 4月，发表《关于广义引力论》。文集《晚年集》出版。
1951年（72岁）	连续发表文章和信件，指出美国的扩军备战政策是世界和平的严重障碍。 6月，妹妹玛雅在长期瘫痪后去世。 9月，"原子能科学家非常委员会"解散。
1952年（73岁）	发表《相对论和空间问题》、《关于一些基本概论的绪论》。11月以色列第一任总统魏斯曼死后，拒绝以色列政府请他担任第二任总统。
1953年（74岁）	4月3日，给伯尔尼时代的旧友写《奥林匹亚科学院颂词》，缅怀青年时代的生活。 5月16日，给受迫害的教师弗劳恩格拉斯写回信，号召美国知识分子起来坚决抵抗法西斯迫害，引起巨大反响。为纪念玻恩退休，发表关于量子力学解释的论文，由此引起两人之间的激烈争论。 发表《〈空间概念〉序》。

续表

1954年（75岁）	3月，75岁生日，通过"争取公民自由非常委员会"，号召美国人民起来同法西斯势力作斗争。 3月，被美国参议员麦卡锡公开斥责为"美国的敌人"。 5月，发表声明，抗议对奥本海默的政治迫害。 秋，因患溶血性贫血症卧床数日。 11月18日，在《记者》杂志上发表声明，不愿在美国做科学家，而宁愿做一个工匠或小贩。 完成《非对称的相对论性理论》。
1955年（76岁）	2—4月，同罗素通信讨论和平宣言问题，4月11日在宣言上签名。 3月，写《自述片断》，回忆青年时代的学习和科学探索的道路。 3月15日，挚友贝索逝世。 4月3日，同科恩谈论关于科学史等问题。 4月5日，驳斥美国法西斯分子给他扣上"颠覆分子"帽子。 4月13日，在草拟一篇电视讲话稿时发生严重腹痛，后诊断为动脉出血。 4月15日，进普林斯顿医院。 4月18日1时25分，在医院逝世。当日16时遗体在特伦顿火化。遵照其遗嘱，骨灰被秘密保存，不发讣告，不举行公开葬礼，不修坟墓，不立纪念碑。